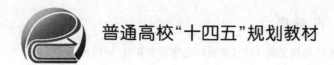
普通高校"十四五"规划教材

材料腐蚀原理与防护技术

李卫平　刘慧丛　陈海宁　朱立群　编著

北京航空航天大学出版社

内 容 简 介

腐蚀是材料在各种环境因素作用下发生的破坏和变质。材料腐蚀问题遍及各领域,给国民经济带来巨大损失。本书是"材料腐蚀理论与防护技术"课程的教材,重点介绍金属和工程结构材料腐蚀的基本原理和防护技术,帮助学生掌握材料腐蚀和防护技术的基本原理、规律及特征,了解腐蚀控制技术,掌握腐蚀评价、检测和监控的方法,理解典型材料工程应用中面临的腐蚀问题及其对环境、社会的影响。

本书适用于材料科学与工程专业高年级本科生和研究生学习,也可供有关科研人员参考使用。

图书在版编目(CIP)数据

材料腐蚀原理与防护技术 / 李卫平等编著. -- 北京 ：
北京航空航天大学出版社,2020.8
ISBN 978 - 7 - 5124 - 3126 - 3

Ⅰ. ①材… Ⅱ. ①李… Ⅲ. ①工程材料－腐蚀－高等学校－教材②工程材料－防腐－高等学校－教材 Ⅳ.
①TB304

中国版本图书馆 CIP 数据核字(2019)第 218931 号

材料腐蚀原理与防护技术
李卫平 刘慧丛 陈海宁 朱立群 编著
责任编辑 冯 颖 杨 昕
*
北京航空航天大学出版社出版发行
北京市海淀区学院路 37 号(邮编 100191) http://www.buaapress.com.cn
发行部电话:(010)82317024 传真:(010)82328026
读者信箱: goodtextbook@126.com 邮购电话:(010)82316936
北京建宏印刷有限公司印装 各地书店经销
*
开本:787×1 092 1/16 印张:13.25 字数:348 千字
2020 年 8 月第 1 版 2022 年 9 月第 2 次印刷
ISBN 978 - 7 - 5124 - 3126 - 3 定价:39.00 元

前　　言

　　腐蚀是材料在各种环境因素作用下发生的破坏和变质。材料腐蚀问题遍及各领域，给国民经济带来巨大损失。"材料腐蚀理论与防护技术"是材料科学与工程专业方向课，其目的是帮助学生掌握金属腐蚀的基本原理和控制腐蚀的主要途径，理解典型材料工程应用中面临的腐蚀问题及其对环境、社会的影响。

　　培养学生解决材料复杂工程的应用问题的能力是材料专业学生的毕业要求，将腐蚀基础理论应用于解决实际工程结构材料的腐蚀问题是学生学习过程中的难点。本教材在传统腐蚀理论和防护技术的基础上，增加了工程结构材料的大气腐蚀及海洋环境腐蚀、功能材料的环境腐蚀与元器件的老化失效等内容，以帮助学生掌握材料的腐蚀理论，了解腐蚀控制技术，掌握腐蚀评价、检测和监控的方法，熟悉材料防护科学与技术的基本知识，掌握材料防护主要工程技术的基本概念、原理与典型工艺，在基础理论与实际应用之间构建起联系。

　　本教材基于材料科学与工程方向本科生培养目标的达成，从材料腐蚀基本原理和防护技术两方面展开。全书共分7章：第1章，材料的服役环境特点与腐蚀防护技术的应用，重点介绍工程结构材料的主要特点和服役环境特点，产品结构服役过程中材料腐蚀老化失效案例，以及结构材料的腐蚀控制与防腐蚀技术的应用；第2章，金属电化学腐蚀热力学与动力学，从电化学腐蚀倾向的热力学判据、电化学腐蚀动力学方程、腐蚀极化图和混合电位理论等方面对电化学腐蚀原理进行系统介绍；第3章，金属电化学腐蚀的电极过程，分别以阴极过程和阳极过程作为控制因素的腐蚀特性进行介绍，帮助学生理解腐蚀控制步骤是防腐蚀的关键；第4章，金属电化学腐蚀的破坏形态，侧重于局部腐蚀带来的危害和形成原因；第5章，金属在环境因素作用下的腐蚀，重点介绍应力作用下的腐蚀和自然环境腐蚀特征，帮助学生理解环境是探讨腐蚀问题的重要因素；第6章和第7章，分别介绍了工程结构材料和功能材料的环境腐蚀与失效控制，结合具体材料介绍其腐蚀特点和防护技术。

　　本书主要编写人员有李卫平、刘慧丛、陈海宁、朱立群，同时课程组的李少杰、陈永俊、黄澄玉、赵婉琪、刘鸿萱等同学在图表绘制、公式编写上做了大量工作。

　　受限于笔者能力，本书的观点难免有不安之处，恳请读者批评指正。

作　　者

2020 年 5 月 11 日于北京

符 号 表

a	活度
A	相对原子质量
b_A	阳极塔菲尔斜率
b_C	阴极塔菲尔斜率
c_R	还原剂的浓度
c_O	氧化剂的浓度
D	扩散系数
e	电子
E	电动势
$\vec{E}_a$	氧化反应的活化能
$\overleftarrow{E}_a$	还原反应的活化能
F	法拉第常数
G	吉布斯自由能
ΔG	吉布斯自由能变化量
i	电流强度
i_{corr}	腐蚀电流
i_d	扩散电流密度
I_g	电偶电流强度
i_L	极限扩散电流密度
i_p	维钝电流密度
i_{pp}	致钝电流密度
I_ψ	塑性损失率
J	扩散流量
$\vec{k}$	氧化反应速率常数
$\overleftarrow{k}$	还原反应速率常数
K_{ISCC}	应力腐蚀临界强度因子
p_A	阳极极化率
p_C	阴极极化率
Q	扩散激活能
R	气体常数、电阻、应力比
RH	相对湿度
R_P	极化电阻
T	绝对热力学温度
$\vec{v}$	氧化反应速率

$\overleftarrow{\nu}$	还原反应速率
υ_d	深度法测定的平均腐蚀速率
$\bar{V}_H$	氢的偏摩尔体积
υ_w	重量法测定的平均腐蚀速率
W	可逆电池所做的最大有用电功
γ	电偶腐蚀效应
δ	扩散层有效厚度
$\dot{\epsilon}$	应变速率
η_A	阳极过电位
η_C	阴极过电位
η_H	析氢过电位
η_O	氧离子化过电位
ρ	密度
σ_h	流体静压力
σ_{th}	临界应力值
τ	点蚀的孕育期
φ^0	标准电极电位
φ_b	点蚀电位
φ_{corr}	腐蚀电位、开路电位
φ^e	平衡电极电位
φ_F	Flade 电位
φ_p	初始稳态钝化电位、再钝化电位
φ_{pp}	致钝电位
φ_{tp}	过钝化电位

目　　录

第1章　材料的服役环境特点与腐蚀防护技术的应用

材料的发展是国民经济发展的基础,是科学技术进步的重要体现,为社会的发展做出了不可磨灭的贡献。随着先进的高性能、高科技产品的不断涌现,需要一些能满足特殊功能要求和满足复杂工况、严酷多变环境的新型结构与功能材料。尤其是一些结构材料的抗腐蚀老化性能,是保证产品零部件使用安全与延长寿命的关键。因此,加强对工程应用结构材料的腐蚀特点、规律及原因的分析,并且针对不同的腐蚀问题采取相应的表面防腐蚀抗老化技术,最大限度地降低工程结构材料的腐蚀老化事故,成为材料领域亟待研究和拓展应用的重要课题。

1.1　工程结构材料特点

工程上,不同的结构材料具有不同的应用特性,比如航空航天结构材料的发展方向是随着飞行器的发展而发展的,飞行器不但要飞得高、快、远,性能稳定,同时还要有优良的机动操纵性、安全可靠性等。因此,飞机、发动机、导弹、航天器等必须要在保证必要的强度和刚度的前提下尽可能减轻结构材料的重量。航空航天产品与一般的工程结构和设备的强度与刚度要求不同,要求结构材料的比强度(材料的强度与密度之比)和比刚度(材料的刚度与密度之比)高。"轻、强、刚"是航空航天飞行器的材料结构特征。发动机也不例外,其主要性能指标不仅是推力的大小,还有推重比(发动机的推力与其自身重力之比)的高低。一般应用于地面的结构材料,如桥梁、高铁、石油化工、建筑机械等的结构材料具有高的比强度,但服役环境没有飞机这类飞行器的飞行环境复杂,大气环境中温湿度变化也没有那么剧烈,因此对服役材料的结构力学等特性的要求也就不一样。

工程结构越复杂,造价就越高,要求结构产品的寿命越长,可靠性越高,因此,在材料选用、加工成型、表面防护等方面都要慎重得多。一些与国民经济其他行业领域有着密切联系的高科技制造业,如航空航天领域,飞行器结构材料要有高的可靠性、适用性和可维修性,这样才能保证飞行器产品在规定的寿命期内保持应有的功能并正常服役。不仅长期服役的飞机、卫星、空间站如此,各类导弹、火箭也要在贮存、运输、安装和发射等过程中,保持高的可靠完整性。总之,结构系统复杂,工作负荷和环境条件严酷,要在规定条件下和规定时间内完成既定任务,就必须保证足够的结构完整性和耐久性,而所用结构材料就显得非常重要。

一些工程结构的复杂性是因为其外形设计要符合不同条件的要求,如全封闭、半封闭、开放式等,因此就要满足不同环境条件及相应的材料结构力学性能的要求等。结构内部空间以及相应的各种辅助系统,如控制系统、通信系统、特种设备系统等,需要设计为维护修理预设的各种系统通道和舱盖等。在航空航天、高铁、汽车轻量化等领域设计的一些整体结构上,还需要满足所用材料的"轻、强、刚"等要求,以实现低重量、高强度、高刚度等性能需要。

一些典型的工程结构的主要特点如下:

① 整体结构承载,为薄壁结构。构件由于减轻了重量,所以常用的材料壁薄、厚度小、面积小,在服役过程中,轻微损伤和腐蚀就有可能影响产品结构的强度和安全完整性。

② 承载零部件的形状复杂,如各种发动机等。为了使受力合理以及有限空间得到充分利用,常用一些不同零部件组装的结构,其空间构造非常复杂,形成许多空腔和不敞开结构,使用大量的铆接和螺栓连接造成各种缝隙和不同材料的偶接。再有就是产品结构内部易受温度变化影响,贮存湿气,凝聚水分,为材料的腐蚀失效提供了适宜的环境介质条件。这些复杂、紧凑而封闭的结构,难以检查、观察、难以维修,一些结构内部零件的表面即使出现了腐蚀坑洞也难以发现,因此结构复杂的零件内表面的防腐蚀措施尤为重要。

③ 结构设计要考虑安全系数的影响。在结构选用材料方面,如果产品结构空间条件允许,则可以选择强度裕量大的材料。在一般的结构产品中,都会尽量增加材料的安全系数,以保证结构材料的强度裕量。而结构复杂又有轻量化要求的产品(如航空航天飞行器),对于材料的轻量化要求更高,使得结构部件的承载和应力水平相对较高,所用材料厚度小,由环境条件引发的材料腐蚀失效的风险就会增大。

④ 结构产品需要多种类型的材料。一些产品结构的不同部位,不仅使用几种金属材料,而且也使用一些无机非金属材料和复合材料(如树脂基碳纤维复合材料等)。有的是传统高性能材料,有的是一些新的功能材料。从产品设计的角度看,选用的材料配置要符合"受载合理""物尽其用"的思想。但是一些异类材料和异种金属的接触就有可能发生电偶腐蚀,尤其是当服役环境中温湿度变化导致零件表面凝露积水时,就容易导致这种结构发生电偶腐蚀,从而影响产品结构的使用安全性与可靠性。

⑤ 使用的结构材料比强度高,增加了大载荷下材料的腐蚀风险,如一些超强铝合金(LC-4、LC-9、7000 系列等)、硬铝合金(LY-12、2000 系列等)、超高强度钢(30CrMnSiNiA、300M等)和高强度钢(30CrMnSi、ASTM4340 等)。在实际工程中使用这些高强度金属材料要考虑避免或者降低其应力腐蚀、氢脆和腐蚀疲劳敏感性。尤其是在焊接、电镀等加工过程后,要注意进行消除应力和除氢处理,以降低这类高强结构材料的应力腐蚀、氢脆和腐蚀疲劳等风险。

⑥ 结构部件制造工艺技术繁杂。一些结构复杂的产品部件,对零件的加工和装配技术要求高。如飞机机身和机翼蒙皮以及机身机翼连接处蒙皮(导弹也相同)都是变形量不大的三维不规则曲面,为了结构成型的需要,须采用蒙皮拉形技术而非简单的冲压技术;飞机长桁的微小变形,是用型材拉弯技术完成的。这些在材料成型过程中都会对零件施加拉应力。一些集中承载的重要受力构件,如飞机起落架支柱和翼梁对接接头,都是用超高强度钢材料制造的。为保证材料必需的静、动强度和抗疲劳性能,最终均需经高精度磨削加工,但是,由于零件形状复杂,容易产生磨削损伤。而像钛合金构件,因对重金属铅、锌、镉敏感,故在加工过程中必须防止被它们污染,导致钛合金零件在使用过程中出现脆断现象。

一些用铆接或螺栓连接的构件,或者用紧固件和紧固孔过盈配合的"干涉配合"机械连接等情况,虽然强化了连接效果,改善了机械结构性能,但导致了孔外围构件基体材料产生了拉应力,增加了结构材料的应力腐蚀敏感性。因此,对于这种连接可能出现的腐蚀破坏要给予高度重视,确保结构材料的强度和寿命。

1.2 结构材料的服役环境特点

通常,工程结构产品应用的环境条件主要是普通自然大气环境、海洋大气环境或高温高湿、低温干燥环境等,但有些结构产品零件所处的环境条件是变化的,如航空航天飞行器有时存放在地面大气环境中,有时又处在空中飞行的变化着的复杂环境中。而且航空飞行器与航天飞行器的服役环境也有很大差异。一般来说,能够满足航空航天飞行器环境使用的结构材料是可以用于其他一些工业部门的,且应用材料的服役环境特性可供参考。

就航空飞行器的使用环境而言,包括飞机的飞行环境和停放环境,一般来说,航空器的停放期约占其全寿命的 70%(民机)和 90%(军机)。环境的腐蚀作用并不因停飞而终止。相反,地面停飞时的环境影响有时还会在空中飞行时继续发挥作用,因此,重视结构材料服役环境的变化对于材料性能的影响十分关键。

产品的服役环境一般分为以下三类:

① 产品待机所处环境为总体环境,多为自然大气环境。

② 产品的不同部位、不同部件、组合配件等因其功能和作用不同,工作环境条件各异,除受一般总体环境作用外,还有部件自身特殊环境的影响。例如发动机短舱温度高、油箱易积水、起落架滑跑时砂石磨损、空气污染等。因仅以局部情况出现,故称为局部环境(亦称工况环境或诱导环境)。

③ 第三类环境称为细节环境,其影响范围仅涉及产品结构的细节,如一个接头、一个盖,甚至一个紧固件连接或一段搭接缝等。一些产品结构材料的腐蚀常常由细节环境引起,因此不容忽视。

一般的工业产品在投入使用之前,在其生产制造、装配过程中,各种零、部件都已受到了环境条件的影响,也有相应的总体环境、局部环境和细节环境的问题。工业产品零件的加工、制造、装配过程的环境条件也是不同的,工序间的存放条件不同,中间环节的表面防锈措施不同,这些都会影响产品零件的总体性能。另外,除产品部件遇到的总体自然环境(室内大气环境)外,也包括局部环境(零、部件加工环境等)和细节环境(连接部位等)。此时不仅要注意其在各个生产环节中不能因加工造成零件局部损伤,还要注意不要让环境条件带来结构零件的腐蚀隐患,成为日后产品使用过程中出现延迟性腐蚀破坏的原因。

1.2.1　产品结构的总体环境

不论是飞机还是桥梁、高铁等运输装备,其总体环境都为自然大气环境(包括海洋大气环境等)。当然水上飞机和舰载机在停放和起降时将受到海水的溅射和冲刷,属特定环境。与材料腐蚀有关的自然大气环境因素有:环境温湿度变化、雨量、盐分、空气中工业污染物种类和浓度等。自然大气环境中的空气相对湿度越大,气温越高,空气污染越严重,产品结构材料的腐蚀也会越严重,当然海洋大气环境作为总体环境条件的材料腐蚀也是相当严重的。

美国洛克希德公司的 C - 130 型大型运输机,其结构材料的防护系统在美国本土使用时,一切正常。但在太平洋地区(如关岛基地、菲律宾、关塔那摩基地),飞机结构零件表面的防护层 18 个月便遭到浸蚀破坏。还有,在美国温带大陆服役的直升机发动机,涡轮叶片寿命达 12 000 h,而在越南热带海洋气候环境下,同样的发动机涡轮叶片寿命只有 1 200 h。当这种直升机用于海上石油平台时,因发动机叶片受海洋环境影响导致叶片发生热腐蚀,平均寿命不到 300 h。

总体环境中大气的湿度和下雨量是两个影响结构材料腐蚀的重要因素,这两个环境因素既相互独立,又密切相关。在下雨期间大气相对湿度可达 90%～98%。而且受气候、地形、海拔、纬度等因素的影响,不同的地区、不同的季节、不同的高度其大气环境湿度是不同的。如我国南方湿热沿海地区的广州和海口,其相对湿度年均值为 78%～90%,年降雨量为 1 680 mm

左右;我国西部干旱地区的兰州和西宁,相对湿度年均值为 59% 左右,年降雨量仅为 330 mm 左右;而西藏的拉萨市,年降雨量在 450 mm 左右,因海拔远高于兰州,相对湿度只有 45% 左右。在我国东北,冬天的环境温度可低于 $-40\ ℃$,材料易发生冷脆,对材料表面涂层有很大影响(易发生冷损伤)。由于自然大气环境条件的差异很大,所以就要求设计产品的选用材料不能完全相同,要有良好的环境适应性。

一般在大气对流层中,随着空间高度的增加,同一地方的大气相对湿度会降低。某地的湿度数据表明,海拔高度为零时其相对湿度高时为 95%,在海拔 3 000 m 时,环境相对湿度值降至 81%,在海拔 6 000 m 处,环境相对湿度值减至 66%。

自然环境中大气温度同大气湿度一样,也是随不同地区、不同季节、不同海拔高度而有很大差异。由材料腐蚀手册可知,大气温度对腐蚀速率既有直接影响(通过改变水膜与金属界面处面层中扩散速率和反应速率),也有因日夜温差和海拔高度变化的温度差导致在材料表面凝露,以及改变金属表面水膜厚度影响腐蚀速率的间接作用等。所以,在产品结构选材设计中要充分考虑环境条件变化的特点。

由于大气污染的影响,大气环境中的有害物质有煤粉尘、二氧化硫、二氧化碳、二氧化氮、碳化氢、硫化氢、氨以及细颗粒 PM2.5 等,我国部分城市大气监测表明,SO_2 平均浓度在 $0.02\sim 0.45\ mg/m^3$,NO_2 平均浓度在 $0.01\sim 0.09\ mg/m^3$。

PM2.5 细颗粒物的化学成分主要包括有机碳(OC)、元素碳(EC)、硝酸盐、硫酸盐、铵盐、钠盐(Na^+)等,它能较长时间悬浮于空气中,其在空气中浓度越高,空气污染就越严重,下雨时就会形成酸雨现象。一般农村雨水的 pH 值为 6.5 左右,沿海地区的 pH 值约为 6.9,而在污染严重的地区雨水的 pH 值为 $4.0\sim 4.8$,有的地区甚至更低,在 $3\sim 4$ 之间。2015 年,全国降水 pH 值年均在 4.2(浙江台州)~8.2(新疆库尔勒)之间。其中酸雨(降水 pH 年均值低于 5.6)、较重酸雨(降水 pH 年均值低于 5.0)和重酸雨(降水 pH 年均值低于 4.5)的城市比例分别为 22.5%、8.5% 和 1.0%。这个区域的雨水 pH 值越低,对飞行器结构材料的腐蚀影响就越大。随着国家生态环境建设和环境保护法规的严格执行,2017 年,广州市降水 pH 值为 5.96,比 2016 年上升 0.54 个 pH 单位;酸雨频率为 12.7%,比 2016 年减少 16.7 个百分点。2010—2017 年,降水 pH 值呈上升趋势,酸雨频率呈下降趋势,降水酸度继续减弱,酸雨污染持续减轻。还有重庆、江苏、浙江、山东等经济发达地区的降水酸度继续减弱,说明我国自然大气环境的改善,有效地降低了因环境污染导致的酸雨频率。

不但是航空飞行器,就连一些建筑物的防雷装置镀锌钢片,随着大气中酸雨酸性的提高(pH 值降低)和 SO_2 浓度的增加,金属材料的腐蚀速率也在增大,导致了建筑物防雷装置的有效寿命大幅缩短。

另外,我国从北到南海岸线长达万余公里,沿海岛屿大小 6 500 余个。37 万平方公里的领海、300 万平方公里的管辖海域及沿海地区都属海洋大气环境。海浪和海风将海水溅起后带入大气中,使大气中含有相当多的盐分,沿海地区一般大气中含盐量为 $0.11\sim 0.74\ mg/m^3$(月平均值)。大气中含盐量随距海岸距离的增加而降低,离海岸 20 km 时,大气中含盐量下降到原值的 1/50~1/100。但含盐的潮湿大气凝露后,经过反复蒸发-凝结,含盐浓度会不断增加,可以加速这种环境中的结构部件材料的腐蚀程度,因此,含盐大气环境是影响海洋环境应用装置材料腐蚀的主要因素之一。

对于海洋采油平台、水上飞机、航母舰载机、舰船直升机来说,时常要接触或浸入海水环境,受海浪溅起的海水喷淋等。海水的含盐浓度高达 3.3%~3.8%(不同海域略有差异),其中 NaCl 约占 78%,$MgCl_2$ 约占 11%,还有 $MgSO_4$、$CaSO_4$、K_2SO_4 等,都会加速对结构材料的腐蚀破坏。

除了飞机之外,我们生活中经常接触到汽车、火车、轮船、桥梁、发电装置、电缆架、移动信号装置等这些置于室外自然大气环境中的产品,其结构材料都会遇到日晒雨淋、温湿度变化等环境,结构材料的腐蚀失效就成了一个关键的问题。因此,保障其结构材料的抗腐蚀性能或者采取相应的表面防腐蚀措施就显得非常重要。

1.2.2　结构部件的局部环境

对于大部分产品的结构来说,其内部设计一般有控制部分、仪表和电子设备部分、动力部分等。此外,还有许多仅为满足外形和结构承载以及各种管路、线路和器件安装所需的盒形空腔等。这些空腔结构根据其功能需要,有些是密封的,有些是不密封的。即使是非密封部分,往往也不是敞开的,这些都属于产品结构材料的局部环境。

实际上,产品周围环境的温度与湿度变化也会影响结构内部材料的腐蚀性能。因为不同地区的自然环境温、湿度不同,昼夜 24 h 的变化等都会影响产品结构材料局部环境温、湿度的变化。例如,飞机在机场起飞线停机待命时,机舱内的温度很高。飞机飞行时,在爬升和下降过程中,环境温度的变化也很大,对舱内的温度、湿度都有影响。舱内湿度同样会随舱内温度变化而改变,夜间,舱内相对湿度达 90%~98%;白天,舱内相对湿度为 43%~80%。对客机舱,乘员呼吸和出汗不仅会排出水气,而且呼吸还会吐出 CO_2,导致舱内为弱酸性腐蚀湿气氛。随着飞行高度的上升,飞机内温度逐渐下降,舱内潮气会凝结成水分,停留在隔音层和蒙皮表面之间,成为腐蚀的主要介质。飞机降落到潮湿空气的地面上,在高空冷却了的材料表面易再次出现冷凝水分。一架载有 100 人的客机,在潮湿的夏天,从广州起飞到武汉,再返回广州,在机舱出水口汇集处可收集 40~60 kg 的冷凝水。中短程飞机起降频繁,凝水更多,比远程飞机材料腐蚀更严重。

运输机空运牲畜的货运舱,从牲畜的饲养到排泄,均有污物产生,对飞机结构材料有较强的腐蚀作用,长期还会滋生细菌微生物,导致局部区域材料的细菌微生物腐蚀。客机的厨房、厕所等专用舱内的湿度较大,这些部位的飞机结构材料也易遭受腐蚀。而飞机发动机的短舱,无论是停放还是飞行期间,都是敞开的,日夜温差也易导致舱内底部暖流积水,引起结构材料的腐蚀损坏。

舱外局部环境也会对飞机结构部件造成材料腐蚀。例如,飞机在跑道状态下会给起落架及其短舱、飞机机体材料的腐蚀造成影响,即机场常有意外散落物,飞机起降时有可能因跑道上的意外散落物扬起而撞击飞机的某些部位造成损伤,包括表面防护涂层的损伤。在严寒的冬季,用一些氯化物融雪剂清除飞机跑道上的冰雪,使飞机机体及起落架等处于含浓盐腐蚀介质的环境。尤其在盐碱土壤区和海岛机场,飞机起降时卷起的含盐、碱的砂土,均会冲刷、损伤飞机结构部件表面的防护涂层,导致起落架和机体部件安全隐患。

一些外场装备和产品结构都有可能会遇到恶劣的天气情况,包括大气中的沙尘暴、冰雹、暴风雨等的袭击,均会损伤其结构材料的外表面,甚至导致材料表面防护涂层的破坏损伤。这种表面涂层的损伤,会加速结构材料局部的腐蚀。

此外,一些外部装置系统带内部热源,给其他相关部位的温度变化带来影响,其中的一些局部金属薄壁结构,热传递快,温度达到平衡仅需 20~30 s,这样,产品结构的局部温度环境就会因为温度的升高而加快其部位的腐蚀速度。

一些燃气涡轮发动机,其构造相当复杂,工作环境条件苛刻。压气机冷端部件与燃气涡轮、加力燃烧室热端部件的工况环境差异很大,所以这些部位出现的材料腐蚀情况也不同。

在海洋大气和工业污染的大气中,发动机压气机会吸入一些腐蚀性大气成分。而涡轮进口受到的是燃烧室排出的高温燃气,腐蚀性强,不仅含有氧化性高温气体,还含有 SO_2 和 SO_3 以及某些金属氧化物甚至盐类,如 Na_2SO_4、$Na_2O \cdot V_2O_5$ 等,它们都是空气和燃油中含有的杂质燃烧后形成的。盐类和固态氧化物微粒沉积于发动机热端零件上,在一定条件下会产生严重的材料热腐蚀。

油箱既是单独部件,也是整体结构的一部分(整体油箱),其内部燃油以及贮油过程中分离出来的积水,常引起油箱材料的严重微生物腐蚀。因为油箱积水非常有利于内部微生物繁衍,从而加速破坏油箱材料表面防护膜层,进而造成油箱材料的腐蚀。

当然,结构部件的局部环境除了飞机发动机之外,还有我们日常生活、工作中接触的家用电器、仪器框体、高速机车、汽车、风能发电控制系统等,其服役结构的局部环境同样会影响产品结构材料的腐蚀性能。

1.2.3 细节环境

很多产品结构需要大量的机械连接,如螺栓连接、铆接、焊接等,这些构成了产品的典型细节环境,同样会对产品结构材料的腐蚀失效带来影响。

螺栓连接、铆接均会构成一定的缝隙,狭窄的缝隙有毛细吸附作用,稍宽的也易滞留水分,而且缝隙内外有明显的氧浓度差,由于环境条件的影响,缝内环境便会因闭塞电池效应而酸化,加速了缝隙部位材料的腐蚀。即便是缝外为中性($pH=6\sim8$)的溶液环境,但吸入缝内并发生材料腐蚀后,其缝隙内的 pH 值也会降至 $2\sim4$,处于一种酸化的环境条件,更进一步加剧材料的局部腐蚀。

另外,在产品结构中,存在一些异金属材料的接触,如钢与铝合金、不锈钢与碳钢、铜与钢等。在适当的环境条件下(潮湿、材料表面吸附水膜),其中电位较正的金属会促进环境对与之接触的电位较负的金属的腐蚀。例如,钢螺栓螺帽与铝合金板材紧固连接时,铝合金材料就更易腐蚀。所以,在结构设计方面要采取必要的紧固件防接触(电偶)腐蚀的保护措施(绝缘、封闭等)。

还有一些产品结构存在金属-非金属材料的接触情况,当金属与导电的非金属材料接触时(如碳纤维增强复合材料与铝合金材料的接触,以及碳纤维增强铝基复合材料本身),如同电偶作用一样,均会促进电位较负的铝合金材料的腐蚀。当金属与非导电的非金属材料(如绝热、隔音、绝缘)接触时,这类材料常含有容易被环境中水沥滤出(或浸出)的腐蚀性化学成分,当有水附着其上时,长时间的积聚便可形成腐蚀介质,引起金属材料的腐蚀。

仪表壳体塑料以及内部构造所用材料可逸出腐蚀性有机气体,如甲醛、乙酸、甲酸以及氨等,它们封闭在仪表壳内,容易导致内部金属零件以及镉、锌镀层的腐蚀。

在产品制造加工过程中,从备料、零件加工、装配,直至总装、整机喷涂等众多工序,都有可能因为接触到一些工作介质而导致结构部件材料的腐蚀风险。如钣金成型零件的润滑剂、机械加工零件的切削液,都要经试验证明对加工零件无腐蚀作用;焊接助剂及焊接气体应不腐蚀金属材料;不得在零件表面处理的除油、酸洗、电镀、除氢等工序中发生零件材料腐蚀;手持产品零部件要注意手汗(腐蚀介质)可能带来的腐蚀;钛合金零件对某些清洗溶液敏感,易引起应力腐蚀开裂,如盐酸、三氯乙烯、四氯化碳、甲醇、含氯化物的切削液等都是敏感环境介质。

在实际产品的服役中,总会有处于一定腐蚀性环境的情况发生,所以,要从总体自然环境、局部环境到细节环境等方面思考,分析结构零件在所处环境条件中的材料腐蚀风险。因为不同的产品,所处不同的环境、不同的阶段,结构不仅要经受不同的载荷(尤其是受疲劳载荷),也要同时经受不同的环境条件,其所带来的材料腐蚀特征和风险也不相同。需要说明的是结构应用材料类型越多,使用环境条件差异越大,材料的腐蚀老化规律越不相同,如金属结构材料的腐蚀多为延滞破坏,环境作用与力学作用常无法同步;有机玻璃、树脂基复合材料以及胶铆结构的胶接缝等,对于环境温度、湿度和光照等因素的影响很敏感。因此环境载荷对产品结构材料的腐蚀影响就非常复杂,需要根据具体情况,是总体环境、局部环境还是细节环境,进行具体的分析,并采取相应的材料表面防腐蚀、抗老化的措施。

1.2.4　航天器使用环境特点

航天器的发展与进步既代表一个国家的经济实力,又代表一个国家的科学技术水平。我们通常说的航天器主要指各种太空飞行器如人造卫星、太空探测器、空间站,以及宇宙飞船、航天飞机,也包括导弹和运载火箭等。

不同的航天器产品的功能是不同的,从出厂到完成设计目标,常经历若干阶段,并且在不同的阶段环境中,任何不利的环境因素均有可能导致航天产品的结构材料的腐蚀损伤、设备故障和功能失效,从而引起航天飞行器的事故,甚至出现灾难性的后果。当一个航天飞行器组装完成后,还需要经历运输、贮存、运输发射、动力飞行等阶段。因为环境条件的变化,各个阶段都有可能会影响航天飞行器结构和设备材料腐蚀,其中不同阶段的主要环境因素有:

运输阶段——环境温度、湿度、气压、沙尘、盐雾、雨、雪、大气污染物等;

贮存阶段——温度、湿度、盐雾、霉菌、大气污染等;

运输发射阶段——温度、湿度、气压、雾、雨雪、沙尘、盐雾、海浪、太阳辐射、爆炸性大气等;

动力飞行阶段——温度、湿度、气动力加热、爆炸性大气等。

当然,像弹道导弹、宇宙飞船、空间站等航天器,除上述基本阶段外,还有再入大气层的任务阶段,这一阶段的环境条件更加严酷(如原子氧辐射等)。

目前,在上述这些阶段如何克服环境因素对材料腐蚀的影响,航天科技工作者已经积累了成熟的航天飞行器材料的腐蚀控制方法和相应措施,也有很好的材料腐蚀控制效果的评价标准。

一般来说,运载火箭的特点是长期贮存,多是一次性使用(少量回收),而导弹则是长期存储停放,一次性使用。需要注意的是,航天器停放期间还会遭遇非自然的与发射和飞行有关的诱导环境的作用。如美国肯尼迪宇航中心和美国空军的卡那维拉尔角发射中心由于不断发射太空飞行器,运载火箭排出的废气和燃烧残余物与环境湿气反应生成盐酸雾,与发射场自然海洋大气的腐蚀性共同作用,构成了发射架装置材料的严重腐蚀环境。

导弹大部分在海防前线地区贮存;安装在舰艇上的巡航导弹担任执勤任务时,会遭受盐雾、海水、湿热、霉菌等环境因素的影响,导致导弹及发射设备材料发生腐蚀而出现故障。从产品结构的局部环境来讲,使用液体火箭发动机的飞航导弹、弹道导弹和运载火箭,其零部件除环境因素之外,还要遭受发射化学介质的腐蚀作用。所以燃料贮箱、发动机壳体等动力系统的管材一定要能抗硝酸、偏二甲肼等介质的腐蚀。

导弹在大气层中以极高的速度飞行,因空气摩擦产生的气动热使导弹处于严酷的高温环境中,远程导弹进入大气层时,弹头前端温度达几千摄氏度,即使中程导弹,在主动段飞行时,仪器舱表面的温度也达数百摄氏度。当飞航导弹以两倍声速超低空（数米至数十米）飞行时，弹体表面温度达 200 ℃ 以上。飞航导弹的飞行速度越快，弹体表面温度越高。而导弹多为薄壁结构，气动加热的平衡时间仅需 20～30 s，结构内部（舱内）温度若不控制，则设备将因零件、材料的快速腐蚀老化而无法正常工作。此外，液体火箭发动机的火药起动器、燃气发生器和燃烧室均在高温下工作(526～2 700 ℃)，固体火箭发动机工作时产生的高温高压燃气流，温度达 3 000 K 以上。因此，无论是气动加热严重的部位，还是受高温高压燃气作用的部位，都需要注意部件处理的热腐蚀与热防护的问题（比自然大气环境中的材料腐蚀更复杂）。

卫星和空间站等属于长期使用的航天飞行器，须具备足够的安全耐久可靠性。这些航天器的外部环境属近地太空，运行轨道在地面以上 100～1 000 km 范围（通常在 250～700 km 高度范围）。航天器在这一近地外层空间中运行，环境比较严酷，可能会遭遇强辐射、高温和原子氧的浸蚀。原子氧是太阳紫外线把残余在大气中的分子氧光解离的结果（光解作用）。如果航天飞行器以 8 km/s 的相对速度在 300 km 高度飞行，平均每 1 s/m^2 将有 1 015 个相对动能为 5 eV 的氧原子迎面冲击到航天器上。正是因为近地外层空间的严酷环境，才使卫星的存空寿命缩短。此外，像空间站这类长期载人航天器，其内部环境要适应航天员的生存和活动需要。在这样的温度和湿度下，常会在内表面形成微生物膜，它们将导致空间站结构表面的聚氨酯有机防护涂层加速老化。

总之，航空航天飞行器材料的腐蚀问题更具特点，有时需要关注自然大气环境的影响，有时要关注高温环境的影响，所采取的材料表面的防腐蚀措施比普通的地面装备结构材料的表面防腐蚀措施更复杂、更严苛。

1.3 产品结构服役过程中材料腐蚀老化失效案例

很多产品在服役环境中由于材料的腐蚀老化失效，发生了不同的故障或者事故，影响了生产及设备装置的安全可靠性，如飞机部件、交通运输、电子信息等因为材料腐蚀引起的各种故障等。石化行业中炼制高酸原油常见的碳钢、不锈钢、双相钢、低合金钢、内衬钛材料制备的换热器出现的腐蚀失效案例等，都与结构材料的环境腐蚀老化失效有关。

自 1915 年德国飞机设计师容克斯（Hugo JunKers）设计制造了世界上第一架全金属飞机 J-1 开始，飞机金属材料的腐蚀问题就已存在了。为了保障飞机的安全，减少和防止金属材料的腐蚀，从事结构材料、腐蚀领域研发工作的科技人员为此做出了很大努力，"对症治疗"解决了不少飞机结构材料的腐蚀问题，包括早期发明至今仍沿用的用包纯铝的技术防止铝-铜合金（硬铝）的晶间腐蚀等。经过近一个世纪，尤其是近 30 来年的发展，不断汲取相关科学技术领域的最新成就，使得航空航天材料的表面防护科学技术取得了长足进步。从 20 世纪 60 年代到现在，军用飞机的使用寿命从 1 500 飞行小时提高到 5 000～10 000 飞行小时；民用飞机则从 20 000 飞行小时提高到 30 000～60 000 飞行小时；航天领域的"和平号"空间站设计寿命为 5 年，实际上使用了 15 年。

金属材料的腐蚀与纯机械破坏不同。表面磨损、过载和过量变形等纯机械作用，虽破坏材料，但不改变材料的成分。而材料腐蚀的结果是形成腐蚀产物，使材料原有性质和成分都改变了（变质了）。由于除真空外一切自然大气环境几乎都有一定程度的腐蚀破坏性，在人们的生活和工作中，真正的纯机械磨损和纯机械断裂，其实是很少见的，往往伴有材料的腐蚀氧化过程而发生了结构材料的腐蚀磨损、腐蚀疲劳和腐蚀断裂（如应力腐蚀开裂）等失效形式。

　　实际工程中涉及的结构材料的腐蚀与防护技术,集中于工业产品的设计、制造、储运、使用直到报废的全寿命周期。每个具体过程中都有可能存在材料的腐蚀与防护问题。生产车间厂房、机器设备、辅助设施以及产品装备的使用、维修中的辅助设备等都有腐蚀控制与防护技术,读者可以参考专门的书籍手册。

　　此外,一些特殊环境条件下应用的产品零件,如航空航天飞行器结构材料的腐蚀控制与防护技术,它与航空航天器部件选用材料本身的腐蚀与防护性能密切相关,又有一定的区别。一般来说,单纯的某个材料发生腐蚀要比飞行器结构和装备的材料发生腐蚀的原因、环境要简单,也易进行防护处理。而对于航空航天飞行器,由于结构、服役环境条件的复杂,分析其发生材料腐蚀的原因和需要采取的材料表面防护技术要困难一些。因为,航空航天飞行器结构零件往往要在超高温、超低温、高真空、高应力、强腐蚀等极端环境条件下服役工作,而且还受到重量和容纳空间的限制,因此需要体积小和重量轻的结构材料,在同样的情况下发挥等效功能。在大气层中或外层空间长期运行的航天飞行器,停机检查或更换零件比较困难,因此要保证其高可靠性和功能性。对于航空航天结构材料来说,满足服役环境条件不断变化:高比强度和比刚度、优良的耐高低温性能、耐老化和耐腐蚀、适应复杂环境、可靠的寿命和安全性是必需的。

　　但是,复杂环境的影响与结构设计局限也会导致航空航天飞行器结构零部件材料发生腐蚀老化,从而使飞行器的安全可靠性出现隐患。

　　一些典型的飞机事故都与材料、制造工艺、服役环境条件、结构特点有关,如某型轰炸机主起落架固定螺桩应力腐蚀断裂;歼 X 型飞机主起落架腐蚀疲劳断裂;运 8 型运输机襟翼滑轨氢致开裂;歼 X 型机身对接框由低合金高强度贝氏体钢 18Mn2CrMoBA 冲压成型制造,再电镀锌,由于镀锌前需经反复冷作敲打校形,增加了结构材料的残余应力水平,同时在随后的电镀锌过程中渗氢量增加,虽然经过除氢处理,但仍然有一部分氢存在于部件内部,出现了氢致开裂破坏的事故;还有某涡喷型燃气涡轮发动机九级压气机盘镉脆断裂、压气机铝合金叶片严重剥蚀等。

　　2008 年 2 月 23 日,一架美国 B-2 隐形轰炸机自关岛基地起飞后不久即告坠毁,调查显示事故原因是由于飞机长期处于潮湿的环境,导致机上飞行控制系统紊乱,使飞机在飞行中猛然抬头急升,造成空中熄火从而坠毁。这种 B-2 轰炸机在美国只生产了 21 架,损失一架就 14 亿美元。

　　2007 年 8 月 20 日,日本冲绳那霸机场发生空难,中国台湾的一架客机降落时不幸起火,随后爆炸解体。通过机场监控摄像头,全世界都目睹了当时惊心动魄的场面,浓烟滚滚,飞机尾部的紧急安全门被打开,乘客们顺着充气滑梯鱼贯而下,紧急逃生。事故是由飞机发动机某个部位的螺丝松动导致的(见图 1.1)。对于出事客机螺丝松动的原因,东京大学飞行力学教授加藤宽一郎提出 4 种可能:① 飞机吸入的异物撞上螺丝,造成螺丝受损松动;②"肇事"螺丝本身的强度不够,出现金属疲劳;③ 固定螺丝的零件脱落;④ 螺丝长期受潮后发生腐蚀。实际结果分析,认为发动机螺丝腐蚀是事故的起因,因为这个松动的螺丝具有明显的腐蚀特征。

　　2003 年,我国一架民航客机的右起落架轮轴枢轴销掉落在大连某中学楼板上,万幸的是中午学校没人,飞机迫降成功。分析右起落架轮轴枢轴销断裂的原因,发现这个零件表面的镀铬层发生了磨损与腐蚀(见图 1.2),在机械载荷作用下导致右起落架轮轴枢轴销表面镀铬层大面积脱落,进而发生腐蚀断裂。

　　1985 年 8 月 12 日,日本一架波音 B747 客机因结构部件发生应力腐蚀断裂而坠毁,死亡

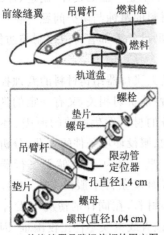

(a) 前缘缝翼吊臂杆前螺栓固定图

(b) 现场找到的腐蚀断裂的前缘缝翼吊臂杆前螺栓

图 1.1 降落起火爆炸解体客机发动机前缘缝翼吊臂杆前螺栓固定示意图

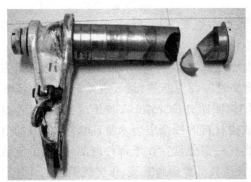

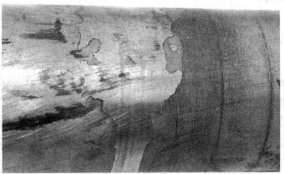

(a) 右起落架轮轴枢轴销

(b) 枢轴销表面镀铬层大面积脱落

(c) 枢轴销裂纹源毗邻表面出现的磨损腐蚀形貌

图 1.2 某民航客机的右起落架轮轴枢轴销腐蚀破坏

人数达几百人。英国彗星式客机和美国 FⅢ 战斗机坠毁事件,是国际上著名的材料应力腐蚀断裂事故。1981 年 8 月 22 日,台湾一架波音 B737 客机由台北飞往高雄,途中在苗栗县上空爆炸坠毁,机上 104 名乘客及 6 名机组成员全部罹难。事后经调查发现,该机后机体发生了严重腐蚀,导致机身蒙皮破裂,进而发生飞机解体的事故。

　　在我国海南机场服役的一架飞机,飞行 20 多个小时叶片表面就出现了点蚀、晶间腐蚀,进而诱发了应力腐蚀断裂。这与叶片的热处理工艺不当,出现了晶间贫铬有关,在海南地区高温、高湿和盐雾的环境下就容易出现叶片的应力腐蚀破坏,并且由于叶片的断裂,打坏了飞机发动机压气机,造成了飞行员跳伞飞机完全破坏的重大事故。

　　因此,环境及飞机结构件存在的残余应力导致的应力腐蚀和疲劳腐蚀要引起飞行器设计、加工、装配等部门的高度关注,因为一旦发生零部件的应力腐蚀和疲劳腐蚀断裂,就有可能导致出现灾难性、危及人们生命安全的重大事故。

　　除了飞机应用的金属材料出现腐蚀引发的破坏事故外,飞机上一些非金属材料也会出现腐蚀老化现象。如一架空客 A321 飞机在检修过程中发现,后货舱底部蒙皮外表面的有机高分子涂层出现了局部老化脱落现象(见图 1.3),且高分子涂层下的金属材料也已产生了腐蚀,这些都会给飞机的安全带来隐患。

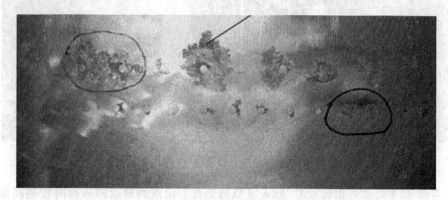

图 1.3　后货舱底部蒙皮外表面的有机高分子涂层的局部老化脱落

　　还有飞机上的一些辅助部件也会受恶劣环境的影响,或者飞机的一些器件出现了腐蚀而影响其性能。如在美国夏威夷空军基地,跑道海拔 1.8 m 且距海边只有 91.4 m,波浪常冲击到跑道上,使飞机上的镀铜天线过不了几天就腐蚀,无论飞机是在飞行还是在机场上停放,每隔七天就要更换一次天线,即便是镀镉的短波天线和偶极板天线仅 15 天就会出现严重的腐蚀。

　　某型轰炸机受恶劣环境的影响,外部 24 个传感器中有 3 个受潮,导致飞行计算机错误地计算了起飞所需的飞行速度和上升角度,在传感器受潮时校准各种数据,得到的是错误的数据信息,机上两名飞行员发现后,试图修改这些错误数据,但飞机突然熄火,左侧机翼猛烈撞击地面,飞行员弹射逃生。这是飞机电子设备的环境适应性问题,如果及时进行加温除湿,事故就可避免。

　　除了飞机出现的一些事故与环境作用下材料出现腐蚀相关外,在航天领域,飞行器结构材料也会受服役环境与结构特点的影响而出现严重的事故。

　　美国阿波罗登月飞船贮存高能燃料 N_2O_4(氧化剂)的钛合金贮罐,当空气中含有 SO_2 时,会进一步氧化使钛合金贮罐出现应力腐蚀断裂的现象,导致该航天飞行器发射时间的推后。

　　1986 年 1 月 28 日,美国"挑战者号"航天飞机载 7 名宇航员,进行第 25 次飞行。成千上万名参观者聚集到肯尼迪航天中心,等待一睹"挑战者号"腾飞的壮观景象。上午 11 时 38 分,竖立在发射架上的"挑战者号"点火升空。飞到 73 s 时,突然传来一声闷响,"挑战者号"顷刻之间爆裂成一团橘红色火球,碎片拖着火焰和白烟四散飘飞,坠落到大西洋。"挑战者号"发生爆炸,酿成一场惨祸(见图 1.4)。这是一起震惊世界的重大事故,调查发现,其主要原因是航天飞机助推器上"O"形橡皮圈老化失效,由此引发装有液态氢箱子的爆炸。

图 1.4 美国"挑战者号"航天飞机因助推器上"O"形橡皮圈老化失效出现爆炸

2003 年 2 月 1 日,"哥伦比亚号"航天飞机防热瓦上出现裂缝返回地面时使超高温气流乘虚而入,机体材料瞬间熔化,飞机解体,航天员全部遇难。据说航天飞机起飞时,燃料箱保温用的海绵套掉块,击破了高温防护用的防热瓦(用作轨道器返回时的防热),经空气层时其表面高温防护层失效,引发航天飞机爆炸,造成机毁人亡的大事故。

换热器在石油、化工等行业中是一个常用的产品,实际上这种产品发生腐蚀失效的案例也很多。其中主要涉及的有 5 种金属材料:碳钢、常用不锈钢、双相不锈钢、低合金钢、内衬钛材料。据统计,碳钢换热器腐蚀占到了石化炼厂总腐蚀失效案例中的 63%,碳钢包括 10 号钢、20 号钢,这两种材料发生腐蚀失效较频繁,是由于其材料的电位较负,易出现坑蚀等破坏。另外,其接触的腐蚀介质也有很大影响,有循环水引起的、油品(油中含水)引起的、酸性介质引起的、碱性介质引起的、盐溶液引起的以及蒸气冲刷引起的等。其中碳钢换热器由于循环水引起的材料腐蚀占总案例的 37%,其次是酸介质引起的腐蚀占总案例的 21%。

不锈钢换热器多应用在环境恶劣或者高温部位,从腐蚀案例来看,不锈钢换热器出现的腐蚀类型可分为裂纹、缝隙腐蚀以及焊缝缺陷三大类。出现腐蚀现象的不锈钢换热器材料包括 321 材质及 316 材质,其中以 316 材质的换热器出现管板面边缘缝隙腐蚀占的比例最多为 20%;其次为换热器的焊接部位存在缺陷,该类型占了不锈钢腐蚀案例中的 20%,这是由于不锈钢换热器的制备工艺要求高,容易在生产过程中出现制备缺陷。

内衬钛金属材料的换热器,一般因为成本高而应用较少,所以相对出现的腐蚀案例也不是很突出。

还有矿业、机械、建筑、运输、电子信息等行业存在的破坏案例大部分都与结构材料的腐蚀、老化有关,现已引起了人们的高度关注。

1.4　结构材料的腐蚀控制与防腐蚀技术的应用

结构材料的腐蚀控制与表面防护技术发展到今天,无论是在结构材料的腐蚀机理还是在防腐蚀技术方面都取得了很大进步。结构材料的腐蚀失效在一定意义上讲是一种严重的结构损伤。所以,防止结构材料腐蚀对于保证产品安全与可靠是非常重要的。随着高新技术产业向高性能、多用途、智能化方向的发展,其长寿命、安全性、可维修性、循环经济的要求也越来越高。

1.4.1　新型结构材料服役中的腐蚀控制特点与规律

人们对于传统结构材料以及所遇到的腐蚀老化失效问题有了很多的研究和应用经验,总结出了很多有价值的材料环境腐蚀类型和腐蚀特点规律,对不同应用服役环境中使用的结构材料的腐蚀损伤类型、出现的频率等积累了大量的材料腐蚀与控制数据。对于以结构材料开裂和腐蚀老化为主要损伤形式的情况,除要认识到结构材料出现的纯疲劳裂纹源外,还要重视一些结构零部件材料出现的腐蚀点、坑、孔等,这也有可能成为导致结构材料腐蚀破坏的主要原因;另外结构零部件还有应力腐蚀开裂、腐蚀疲劳、氢脆、摩耗腐蚀等材料损伤。这些与产品零部件的机械损伤、疲劳断裂一样,也是影响结构材料完整性、可靠性、安全性和寿命的重要因素。

随着产品结构性能的提升,一些轻质高性能的先进结构材料和先进功能材料在很多功能结构、部件上得到了应用,如树脂基复合材料、新型铝合金、钛合金、镁合金等。这些材料根据产品结构的需要而应用在服役环境比较复杂的情况下。尤其是严酷的腐蚀环境导致结构材料发生腐蚀、老化、失效等破坏的风险较大。大量的钛合金、新型不锈钢、碳纤维复合材料、无机与有机新材料等在结构部件上的应用,这些相对于传统金属材料的耐腐蚀性能优良的材料,是否就不用考虑可能存在的腐蚀、老化等方面的问题呢?不是的,这些材料尽管有好的耐腐蚀性能,但是在一些特殊复杂的交互变化的环境中也会有材料的腐蚀、老化问题,以及这些材料在特殊环境下的腐蚀特点与规律,因此,开展结构部件新型材料在不同服役过程中腐蚀规律的研究就显得非常重要。

1.4.2　表面防护新技术应用

人们在研究结构材料的腐蚀老化特点与规律的同时,作为材料腐蚀控制的重要手段,也开展了在这些材料表面进行防腐蚀技术方面的研究,并且有很多成熟的表面防护技术应用于不同的结构材料表面,来控制或者减缓这些结构材料可能遇到的腐蚀老化失效问题。

产品结构零部件必须具有更优良的表面涂镀层才能满足其在服役环境中的性能需要,如在零件表面进行喷涂涂层,或者进行电镀处理、阳极氧化等表面处理。这是希望在零部件表面进行一定的表面处理,使零件表面满足服役环境所需要的耐腐蚀、耐磨等功能要求。

表面防腐蚀工程技术所涉及的内容十分广泛,而且具有特殊工艺的特点。

常用的表面处理工艺技术有镀锌、镀镉、铜-镍-铬电镀、镀锡、镀银、镀金镀铜合金、镀镍合金、化学镀镍磷合金等。其中镀锌、镀镉、铜-镍-铬电镀、化学镀镍磷合金等,主要用于一些结构零件的表面防腐蚀。考虑航空航天零部件表面的功能要求与特点,有时同一种电镀技术,也有不同的工艺,如碱性、酸性,光亮、半光亮工艺等。

为提高发动机叶片榫头的可靠性,就采用了专门的保护性镀层,如涡喷系列发动机的钛合金转子叶片榫头表面是镀银。涡扇发动机的钛合金转子叶片榫头也是镀银,而钛合金的风扇叶片榫头则是干膜润滑剂处理工艺。

为提高一些传动转动装置轴的耐腐蚀性能和表面耐磨性能,通常对其表面进行镀铬、镀镍、镀镉、镀铜等工艺。为减少电镀铬工艺对环境的污染,人们开发了复合镀(镍+碳化硅等)的技术,波音公司和美国空军对其进行了评价试验,结果表明复合镀获得的镀层耐磨性与硬铬镀层相当,氢脆敏感性也能够符合安全要求,这种工艺适用于超高强度钢材料制作的零件,可以代替起落架等部件表面的硬铬镀层。

一些紧固件如螺栓、螺母、卡圈、锁片等是采用的镀银、镀铜、镀锌、镀镉等表面处理工艺。环境温度较高情况下应用的管接件接头螺纹镀的是铜层,用于防止螺纹的粘结。

还有一些情况,是将电镀与热处理结合起来,压气机叶片就是在不锈钢叶片上先镀 8~12 μm 厚的镍层(阴极保护层),再在上面镀 3~5 μm 厚的镉层,在 350 ℃下进行 1 h 的扩散热处理,以形成 Ni-Cd 合金扩散层和金属间化合物,这对不锈钢基材来说就具有了牺牲性阳极的保护作用,同时扩散层在一定程度上可以降低叶片的振动疲劳。

化学镀镍工艺是一种重要的表面防护技术,如在航空发动机的涡轮机或压缩机的叶片上,镀厚度为 25~75 μm 的镍磷合金镀层,可防止燃气腐蚀,其疲劳强度降低比电镀铬少 25%。飞机上的辅助发电机经化学镀镍后其寿命可提高 3~4 倍。镍-铊-硼三元合金化学镀用于喷气发动机的多种零件,可以提高抗擦伤和微动磨损的能力。

铝质雷达波导管镀 25 μm 厚的化学镀镍层可防止陆地和海上腐蚀,化学镀镍层的均匀性,也能满足各种波导管的技术要求。

航空母舰上飞机弹射机罩和轨道可以用化学镀镍磷合金层进行保护。弹射机的工作环境非常恶劣,飞机发动时的高温气流冲刷轨道,弹射时巨大的作用力,海洋气候条件的腐蚀,使得航母上飞机弹射系统仅能使用 6~12 个月。因此要采用合适的表面处理工艺才能进行有效的防护。所采用的复合保护层为:电镀镍+化学镀镍+电镀镉+铬酸钝化,这样的复合保护技术可以改善零件表面的耐磨和抗微振磨损性能,使得弹射系统的使用寿命可延长至 10 年以上。

在航天宇航系统中,金属制的光镜其基体为强度高、重量轻的铍或铝材料,经过化学镀镍磷合金(含磷量为 12%)并抛光至 9 级,如此高的精度在低惯性的宇宙空间里,有着卓越的性能。

另外,还有一些新型化学或者电化学转化膜在结构材料上的应用。一些高分子有机树脂涂层也得到了应用,利用这些涂层的功能为不同用途的结构部件提供防腐蚀、防冰、防污且易清洁等性能。

达克罗涂层近年在很多结构产品上取得了良好的应用效果,处理工艺是将达克罗涂料(由超细片状锌、铝粉,铬酸,乙二醇钝化还原剂,纤维素类粘结剂,水作为溶剂)浸涂、刷涂或喷涂于零部件表面,经烘烤固化形成以鳞片状锌和锌的铬钝化生成物为主要成分的无机防腐蚀涂层。在涂覆、固化过程中,六价铬被乙二醇等有机物还原,生成不溶于水的无定形铬氧化物,作为结合剂,与数十层的锌片相互结合,同时铬酸与锌片反应,生成类似镀锌钝化膜的成分组织,使达克罗涂层相当于数十层镀锌钝化膜的积层结构。

达克罗涂层的防护原理是利用涂层的鳞片锌铝积层结构的屏蔽保护作用,六价铬对锌、铝片及基体的钝态保护作用,积层锌铝片的牺性保护作用,以及涂层的自修复作用等复合效应,所以具有较强的抗腐蚀性能。

达克罗涂层技术可以部分替代镀锌、镀镉零件,达克罗涂层的加工过程不排放有害废水和废气,属清洁生产技术,而且在航天领域发挥了重要作用。某运载火箭有一个重要机构的零件,为避免电镀锌可能带来的氢脆隐患,选用了达克罗涂层,并开展相关工艺试验。对达克罗技术获得的涂层进行测试,结果表明,达克罗涂层能够满足性能要求,该重要机构的零件均采用达克罗涂层代替电镀锌。其他航天产品也陆续采用达克罗涂层,包括抗拉强度≥1 300 MPa 的高强钢电镀锌、镉的生产。

由于达克罗涂料里面含有铬酸成分,所以发展的方向是研制无铬的达克罗涂料,使之更加符合环保和清洁生产的要求。

1.4.3　防腐蚀新材料的应用

金属目前是很多行业应用的主要结构材料,除了要不断开发出耐腐蚀及力学性能好的新型合金材料外,还应考虑不同金属材料在不同环境中的腐蚀规律以及材料腐蚀控制技术的发展。

一些因气动力加热要求材料具有耐高温和耐腐蚀等特点,如耐热和耐蚀的钛合金和不锈钢薄板作高温部位蒙皮,克服了航空航天技术发展中的“热障”问题。提高航空发动机推重比,是发展高性能飞机的必要条件,该比值大于 10 的发动机其涡轮进口温度已达 1 650 ℃,更高推力则要求温度在 1 930 ℃以上。在这样的高温和环境介质(空气、燃气)作用下,没有足够耐热和耐高温的材料和表面防护涂层是不可能研制出先进的发动机的。

显著提高超强铝合金的抗应力腐蚀和剥蚀能力是生产高性能产品的关键。为满足结构材料的高性能和耐腐蚀性,美军 F - 16 的机身隔框采用比强度更高的新型高强度铝-锂合金 2097 来取代原来的铝-铜系合金 2124 - T851。这种材料不仅结构性能更好,而且耐腐蚀性也明显提高,零件表面经同样的铬酸阳极氧化和化学转化处理,2097Al - Li 合金要比 2124 - T851 更能有效限制点腐蚀的发生和成长。空客公司在空客 Airbus 机身上采用新型可焊接铝-镁-钪(AlMgSc)合金后,不仅机身整体重量减轻使营运费用减少,制造成本和维修费用降低,而且其耐腐蚀性也大大提高。

在不锈钢材料应用方面,应选用耐蚀性好且强度较高的沉淀硬化不锈钢,如 A286、17 - 4pH(沉淀、硬化、马氏体不锈钢)、15 - 5pH(析出硬化、铬镍铜马氏体不锈钢)等棒材制作紧固接头、紧固件、锁扣、弹簧等零件,以取代带镀层的低合金高强度钢,这样可较好地解决由这类尺寸虽小但数量很大的零件因自身镀层失效而造成的严重的结构材料腐蚀问题。

钛合金材料,由于钛的相对密度(4.5)和强度均介于铝和钢之间,如 TC4 钛合金材料的比强度在室温和中高温度下比铝合金 LC4、高强度钢 30CrMnSiA 都高,而且又有优良的耐腐蚀性能,所以是工程上常用的结构材料。美军 F - 4 鬼怪式飞机每架用钛量达 1 000 lb(1 lb＝0.453 6 kg);F - 15 飞机的钛合金用量占全机重量的 26.9%(不含发动机和电子设备),而铝合金和钢材分别占 35.8%和 4.4%。在世界各地各种气候、环境中使用后并无一件钛合金构件需维修或更换,这对保证飞机的安全可靠性、降低维修成本有着重要意义。

航天飞行器的发展也对结构部件材料的防腐蚀提出了新的要求。当初美国的阿波罗登月计划曾因登月飞船 N_2O_4 的钛合金贮罐出现应力腐蚀开裂而受阻,若非后来研究出添加 0.6%的 NO 防止应力腐蚀的办法,该计划还要推迟若干年。在航天飞机的研制过程中,一个重要的问题便是再入大气层时机体外表面因气动力热导致的高温氧化(达 1 900 ℃),在采用硅瓦作高温防护层后,此计划才得以实现。

在航天领域,选用铝-锂合金 2195 材料取代过去的耐热、高强度、可焊的铝-铜合金 2219 材料,其既可以显著减轻航天飞行器结构的重量,也可以明显改善结构的力学性能和耐腐蚀性能。

基于对结构的高比强度和高耐蚀性的要求,促使人们寻找性能更好的新材料,如钛合金,这也推动了原有耐腐蚀性差的金属材料的"不锈化"。比如奥氏体不锈钢材料的耐腐蚀性好,可以用在强度要求不高而环境温度较高的部位,如热空气导管和热交换器(环境控制系统)、导弹的液体火箭发动机和冲压发动机的燃烧室、扩压器、贮箱、导管等。另外还有一些不锈钢材料的应用,如 1Cr18Ni9Ti、304L 以及飞航导弹冲压发动机的火焰筒、稳定器和喷管常用的 Cr21Ni6Mn9N 等金属材料。

近年来高性能复合材料的发展远比金属材料的发展要快。目前已经能够通过改变基体和纤维材料、铺层方向和层数、制作工艺等,在一定范围内设计并实现了结构一体化所需结构的力学性能、耐腐蚀性能和其他物理性能,并在航空航天等领域获得了工程应用。从结构的力学性能和综合成本考虑,碳纤维/树脂基(常用改性双马来酰亚胺树脂)复合材料应用最广,有"钛强度、镁密度"材料之称。其可用来制造飞机的尾翼、襟翼、副翼、舵面、舱门,也可用于制造飞机机翼;在航天工业中则常用其制造导弹头锥壳体、仪器舱,飞航导弹的翼、副翼蒙皮和桁条结构。复合材料结构的原材料和结构形式主要根据承载大小和刚度要求确定。像飞航导弹一般头部用玻璃纤维/树脂复合材料面板、蜂窝夹芯,弹翼采用碳纤维复合材料蒙皮和桁条结构等。

总之,随着新的工程结构材料的快速发展与应用,既促进了航空航天、高速运输等工程领域的快速发展,又体现了新材料的工程背景需求而促进了新型材料的研发。这些都是新型结构工程材料和其他新的材料快速发展的强大动力。

1.4.4 防腐蚀设计的应用

产品的质量保证主要由产品设计与制造、装配、运输等阶段决定。而产品的可靠性(在规定寿命期内始终保持应有功能的能力)既取决于结构零部件的质量,也与产品的使用过程、服役环境密切相关。以飞机为例,无论是民用还是军用飞机,其大部分时间均处于地面停放状态,虽然飞行状态与地面停放状态所处的环境不同,但其对结构材料的腐蚀老化作用是一直存在的。因此,重视产品结构的环境影响和材料的腐蚀特点与规律是非常重要的,要从产品的防腐蚀设计开始来保证产品结构的安全与可靠。

众所周知,产品零部件的安全和使用寿命与选材和材料的防腐蚀设计有关,不同材料连接形成的产品部件结构是否具有高性能,与选材和表面防腐蚀设计有着密切的关系。另外,像航空航天、高铁、汽车等行业为了节约能源强调材料轻量化,就更需要满足"轻、强、刚"等技术指标要求。首先要分析结构材料在服役环境中常发生的腐蚀类型与特点,并对多种材料多种部位出现的各种类型的腐蚀原因进行分析,从材料和结构的腐蚀控制方面提出防腐蚀设计的思路、措施与相应的防腐蚀方法等。

结构零件材料发生腐蚀、造成破坏,其实质是:在自然界中污染的潮湿空气的冷凝水以及机体内的水形成的水膜,引起产品结构材料的电化学腐蚀。因此,在产品结构设计时,要从多方面预防和控制结构材料的腐蚀失效。

如进行结构密封,防止水的进入;设计合理的通风结构(气窗、通风口),甚至可引入去湿机,排出结构内部的潮湿空气;对于结构外形的设计,要防止水进入缝隙凹槽;在易形成凝露积水的部位,要设计导流槽和必要的排水孔,以方便将积水及时排除等。

为了控制不同金属接触而加速另一种金属腐蚀(发生接触腐蚀或者电偶腐蚀)的情况发生,结构设计要注意:尽量采用同种金属或电位差小的不同金属相互连接;在阴极性零件表面镀覆一层与阳极性零件相容的金属镀层;在两种金属之间垫入不吸水的非金属垫圈、衬垫或涂覆密封胶;使连接部分中阳极性零件的面积明显大于阴极性零件的面积;金属螺钉或螺栓在与异种金属接触前,在接触面涂覆密封胶或有机涂料,并在连接面的所有边缘进行密封。

对于产品结构材料出现应力腐蚀或腐蚀疲劳断裂的故障也要引起高度重视,为防止这类破坏的发生,在设计中要考虑:尽量控制结构零部件与环境中的介质直接接触;选择在该环境介质中对应力腐蚀和腐蚀疲劳不敏感的合金材料;采取严格的消除残余拉伸应力,甚至可以有意引入表面压应力的处理措施,如喷丸强化、孔挤压强化等工艺。

几乎所有工程用产品的金属零件表面都要采用镀层或涂层进行覆盖式防护,这样可以在很大程度上提高结构金属材料的耐腐蚀性能。当然,在提高防腐蚀性能的同时,产品零部件表面的镀层、涂层选择得当,也可以改善产品零部件表面的耐磨、导电、减摩、隔热、耐热、装饰等性能。因此,在防腐蚀设计中应选择防护涂层和防护体系,尤其对那些在腐蚀环境恶劣条件下工作的重要零部件和对腐蚀敏感的材料,更要严加把握,其选择原则是:掌握各种防护镀覆层、有机涂层的性能数据,选择耐腐蚀性和功能性好的涂镀层防护体系;在设计时要把握这些镀层、转化膜层、氧化膜层、有机涂层等的选用依据、适用范围、设计要求与限制;还要考虑选择的防护层和防护体系在施加过程中会不会对基材产生不良的影响;注意无机镀涂层或有机涂层的底层、中间层和面层及其所接触零件之间的相容性等。

1.4.5　防腐蚀制造技术的应用

在结构材料表面进行防腐蚀设计,要求设计人员经常关注近代材料科学、腐蚀科学、表面技术等学科的发展,选择更加适合、适当的新材料、新技术。另外,在精心进行防腐蚀设计的同时,要求严格控制结构零部件的加工过程。控制加工过程应不损伤材料固有的耐蚀性,确保加工制造过程的质量,以达到工程结构材料防腐蚀设计的目标。

一些构造复杂、材料品种繁多、制造技术五花八门,且加工精度要求很高的产品,例如飞机起落架减震支柱的表面必须磨削加工。一般机械产品零件磨削加工司空见惯,只要保证尺寸精度和表面粗糙度等级便可。但经淬火的超高强度钢,如30CrMnSiNi2A、4340、300M、G04等国内外材料制成的飞机起落架,为防止强度损失、应力腐蚀和氢脆,必须优化制造加工工艺参数,保证磨削表面完整性,即保证磨削后表面组织不过烧、磨削产生的拉伸残余应力减至最低、无显微磨削裂纹、无微磨屑黏附等。机械铣切铝合金壁板件(如下翼面)也会使加工表面产生拉伸残余应力,增加材料的应力腐蚀、剥蚀的敏感性。改用非机械加工的化学铣切,即将铝合金壁板待加工面裸露并置于化学铣切溶液(一般主要成分为 $NaOH$)中处理便可以提高结构零件的耐腐蚀性能。

有时一些装置需要大量的薄壁结构零件,而且需要经过钣金加工成型,如冲压、碾压、落锤成型、蒙皮拉形、型材拉弯乃至手打成型等。钣金成型后常会使零部件材料产生残余拉应力,导致零部件材料对应力腐蚀、晶间腐蚀敏感。因此,应用时要注意消除这种加工带来的残余应力。常用的消除应力的方法是将成型零件进行热处理。但是,要注意当时效硬化类高强度铝合金的淬火加热温度与消除应力的热处理温度相近时,将无法获得满意的消除应力的效果。因此对于这类材料的零件常用机械法,即在固溶处理后时效前在室温下通过拉伸校形等来消除零件的残余拉应力。而喷丸成型则可在成型的同时使零件表面产生残余压应力(压应力一般不会产生应力腐蚀断裂)。钛合金零件因对重金属(熔点较低,如镉、铅、锌)的污染敏感,也会导致脆性断裂,钣金成型如落锤成型时,还必须防止落锤模金属的污染。为防止铝合金板材表面包铝层的划伤,在机械加工时禁止用钢针划线;装配时禁止工人穿带钉的鞋等。

实践表明,结构零件的损伤无论是疲劳破坏还是应力腐蚀断裂,大多源自紧固连接的紧固孔边以及承受集中载荷的结构零件等局部结构、部位。因此,采用孔冷挤压、表面喷丸、"干涉"配合铆接和螺栓连接等局部强化技术,可显著提高结构零件的抗疲劳、抗应力腐蚀和腐蚀疲劳性能。因为在基体材料的弹性变形约束下,经局部挤压、胀孔、喷丸等冷加工后的孔壁、表面层内形成残余压应力,产生塑性变形层,塑性变形层内出现亚晶粒组织、位错密度增加等,从而阻碍因表层存在拉应力导致的疲劳损伤裂纹和应力腐蚀裂纹的形成,提高了结构零件的抗疲劳和应力腐蚀性能。

上述这些防腐蚀制造技术与方法现已用于一些实际工程产品的加工、制造等过程。特别是零部件的"干涉"配合连接,紧固件使紧固孔胀满,堵塞缝隙,腐蚀介质不能进入,同时还起到了密封作用,进一步提高了结构零件的耐腐蚀性等。但是"干涉"配合机械连接的"干涉"量,即过盈量如果过大,或者仅根据疲劳性能的提高选用较大干涉量,则会在紧固孔周边离孔一定距离的区域产生因外围弹性约束引起的峰值拉应力,当其值超过应力腐蚀临界应力时,应力腐蚀裂纹便在该处形成,并成为疲劳或腐蚀疲劳裂纹源,或在负载拉应力和腐蚀环境作用下出现应力腐蚀裂纹扩展,可见"干涉"配合连接技术必须应用得当,否则后果适得其反(如美军 F-111 的襟翼滑轨提前破坏的事故,便是此因)。孔冷挤压的相对挤压量同干涉配合连接"干涉"量一样有双重效应,不可过大。而喷丸加工工艺参数,包括弹丸材料、尺寸、硬度、速度、流量,喷射角度、时间、喷嘴距离等也应选择适当,避免因过喷丸导致低硬度材料表面粗糙度增加和高强度钢表面出现微裂纹而降低其疲劳性能和耐腐蚀性能。

结构材料连接技术除机械连接(铆接、螺栓连接)外,还有焊接、胶接、胶铆和胶接点焊(胶焊)等,这些结构连接要注意可能引起的缝隙腐蚀和电偶腐蚀等。工业上最常用的焊接技术有电弧焊、氩弧焊、原子氢焊、等离子焊、CO_2 保护焊、氧乙炔焊等熔焊技术以及点焊、滚焊等接触焊和钎焊等。飞机起落架撑杆、轮叉、发动机架、机身骨架、防弹钢板、发动机不锈钢尾喷管等均为焊接。焊接工艺简单,并且可以节省原材料,而且还可以减轻结构部件的重量,减少制造复杂构件且不产生缝隙。但焊缝处的力学性能、疲劳性能可能会有所降低并且焊接变形和残余应力较大,特别是铬镍不锈钢容易在焊接热影响区出现晶间腐蚀等。因此对结构零件的焊接工艺质量有严格的规定。

胶接的结构有较高连接强度,胶接缝连续且有一定弹性,承载时应力分布均匀,应力集中比机械连接、点焊轻微,使结构零件抗疲劳性能特别是抗噪声疲劳性能得到显著提高。因胶接无缝隙且胶缝有一定介电能力,又没有紧固件和紧固孔,不仅结构耐电偶腐蚀、缝隙腐蚀、应力腐蚀,剥蚀性能明显改善,而且结构重量也大大减轻。又因为胶接表面光滑平整、气动外形和密封性好,工艺简便,所以其在很多领域获得越来越广泛的应用。重型超音速轰炸机使用的胶粘剂每架已超过 400 kg。如美国民航客机 L-1011 采用双层、三层及搭接胶接钣金壁板构件作机身主结构。航天飞机为防再入大气层时高温焚毁,保证重复使用 100 次和 10 年总寿命的设计目标,采用耐高温高弹性常温固化硅橡胶连接的防热瓦结构,也获得了成功。但是,需要注意的是,胶接在长期恶劣复杂的环境中使用,因为其连接强度会因树脂成分的环境老化而降低,因此抗剥离强度和抗冲击强度会下降。影响胶接质量的工艺因素有很多,而且胶接质量的无损检验技术尚不尽完善。为此,在结构设计、制造过程中还需要采用胶-铆和胶接点焊等复合连接技术,以提高结构零件的胶接接缝强度。

需要注意的是,带包铝的铝合金板材的胶接会因板材的切边裸露,与胶膜粘接的包铝层构成电偶,而发生电化学腐蚀使胶接缝开胶(脱层),因此,为保证胶接强度,美军标 MIL - STD - 1568A 规定胶接构件的胶接部位应该采用无包铝层铝合金板。若必须采用包铝板材,应使胶粘剂在胶缝外口覆盖铝合金板材的端面,防止包铝产生电化学接触腐蚀。此外,铝合金板材在胶接前经磷酸阳极氧化处理(提高胶接性能)要比化学氧化、铬酸阳极氧化和硫酸阳极氧化更能保证和改善胶接缝的抗老化、抗疲劳和抗应力腐蚀性能。美军飞机已普遍采用了胶粘剂/底胶双层胶膜体系(在底胶中加有缓蚀剂),虽增加了施工工序,但可以使航空航天胶接结构零件的强度、耐蚀性有明显提高。

密封是结构材料常常应用的又一项防腐蚀重要制造技术。用密封材料堵塞结构零件连接产生的缝隙,以防环境中腐蚀介质渗漏进入缝隙内部导致的腐蚀(缝隙腐蚀)。有缝内密封(密封材料填在结构缝隙内)、缝外密封(密封材料涂覆于缝隙相邻零件边缘或紧固件周边处)、表面密封(将稀释过的密封材料涂覆于密封区)以及将上述方法搭配使用的混合密封等。混合密封主要用于密封要求严格的飞机整体油箱、增压气密舱以及水密隔舱的结构零件密封。为确保结构部件的密封质量,要有一定的规范和标准(国外也有相应的规定与标准)。在产品装配工序中采用的"湿装配"技术,就是在零部件装配时同时涂上湿状态的密封胶,一定时间后得到非常好的密封效果。如密封铆接是在铆钉成型前,先将铆钉表面或钉孔表面涂上密封胶而后进行铆接,这样的结构部件连接密封质量非常可靠。

结构零部件在热加工过程中,如果处理工艺条件选用不当,则会直接影响它的耐腐蚀性。如将 2024 铝合金的自然时效 T3 热处理改为过时效 T651 处理,则该合金的应力腐蚀、晶间腐蚀敏感性便大大提高。同样超高强度钢的热处理制度也对该钢的耐腐蚀性有明显影响。不仅如此,采用真空冶炼、真空重熔冶炼、多向锻造、电子束焊接等技术,对提高此类高强度钢材料的抗应力腐蚀敏感性也有重要作用。

1.4.6　防腐蚀管理技术的应用

由于材料是个复杂的系统工程,影响结构材料的腐蚀老化性能的因素除了选材、防腐蚀设计、防腐蚀制造之外,还有防腐蚀管理技术。如果在选材、设计、加工制造、装配等环节中进行了严格的规定并指定了相关标准,那么在产品的运输、使用、维护维修等环节,实施防腐蚀管理技术包括防腐蚀控制大纲就显得十分重要。

早在 20 世纪 70 年代美国就根据材料腐蚀与防护的系统工程性质,提出了飞机结构零件的腐蚀预防与控制大纲。规定从事飞机生产的技术、加工人员从飞机研制的最初阶段,工程设计、研制和加工阶段以及使用维护维修阶段,"对材料的腐蚀的考虑和采取的控制措施是真正完善的,符合飞机的规定寿命期要求和任务目标要求"。

生产加工企业对每个型号的飞机产品都应提出腐蚀预防与控制大纲,其内容必须覆盖与飞机有关的所有结构和设备,并从设计方案论证直到产品报废的全寿命过程,自始至终监督执行。此外还必须建立岗位责任制,明确负责执行腐蚀控制大纲的机构和人员。

考虑到所有产品最终都将"老龄"化的问题,因此规定,所有飞机不管机龄多少都需拥有与上述要求相符的腐蚀预防与控制大纲。美国联邦航空管理条例 FAR Parts 121、125、129 和 135 中明确规定:"任何航空飞行器没有腐蚀预防与控制大纲便不得使用"。我国和其他国家也对结构材料腐蚀控制从材料到结构都作出了相应的严格规定和有关标准,并且成为工程、生产部门必须贯彻的指令性文件。同样,不同的行业背景服役的结构材料,都有一整套防腐蚀控制大纲与质量控制标准。

通常工程应用产品(包括航天飞行器、国际空间站乃至"哈勃"望远镜等)在它的使用寿命期内,不应因腐蚀或意外损伤造成飞行器的灾难性破坏。为此,各国都规定了对于产品的关键零部件"所用材料的适用性和耐久性"必须建立在经验和试验基础上,符合经过批准的标准,性能数据要保证符合设计要求,同时还要考虑服役环境中如温度、湿度等变化的影响,要求结构零部件必须防止使用中因气候、腐蚀、磨损引起的损伤或强度损失。还必须提供"维护指令性"文件如应进行的清洁维护、阶段检查、调试和润滑的推荐周期以及材料返修周期、检测频率和检测范围等。

总之,通过防腐蚀管理技术来延长结构材料的服役寿命和提高产品的安全可靠性是今后发展的重要方向之一,相信防腐蚀管理技术的标准化对于提高产品装备的品质和结构材料的抗腐蚀性能可发挥更大作用。

思考题与习题

1. 根据典型的工程结构的特点,结合航空航天行业特色,分析讨论结构材料发生腐蚀失效的风险。

2. 工程结构材料的服役环境复杂,影响严重体现在什么方面?探讨飞机部件材料在总体环境、局部环境和细节环境中的腐蚀特点,提出相应的防腐蚀措施。

3. 分析讨论航天飞行器从生产到发射经历不同阶段的环境因素,以及环境因素对其结构材料的腐蚀影响。

4. 分析产品结构服役过程中材料腐蚀老化失效案例,讨论产品结构的材料因素、制造加工过程、服役环境条件对于材料腐蚀老化失效的影响,请提出相应的防腐蚀措施与建议。

5. 比较分析结构材料的表面防腐蚀新技术与防腐蚀新材料的应用特点。

6. 如何从防腐蚀设计的角度减轻结构材料的腐蚀?请举例说明。

7. 如何从防腐蚀制造的角度减轻结构材料的腐蚀?请举例说明。

8. 如何从防腐蚀管理的角度减轻结构材料的腐蚀?请举例说明。

第 2 章　金属电化学腐蚀热力学与动力学

2.1　金属腐蚀的基本概念

2.1.1　金属腐蚀的定义

金属材料作为应用广泛的一类工程材料,在使用过程中会遭受不同形式直接或间接的损坏,最重要、最常见的损坏形式包括断裂、磨损和腐蚀。

断裂(Fracture)是由于构件所受应力超过其弹性极限、塑性极限而导致的破坏。例如,轴的断裂、钢丝绳的破断等均属此类。断裂可分为脆性断裂、塑性断裂、沿晶断裂、穿晶断裂等,断裂的结果是构件失效。断裂的金属构件可以作为炉料重新进行熔炼获得再生。

磨损(Wear and Tear)是指金属表面与其相接触的物体或与周围环境发生相对运动,因摩擦而发生的损耗或破坏。例如,活塞环的磨损、机车的车轮与钢轨间的磨损。在很多情况下,磨损了的零件是可以修复的,例如,采用堆焊和刷镀可以修复已磨损的轴。

腐蚀(Corrosion)是指金属在周围环境的作用下引起的破坏或变质现象。可从不同的角度给腐蚀下定义,例如:

英国腐蚀专家 Evans 给出的定义为:金属腐蚀是金属从元素态转变为化合态的化学变化及电化学变化。

美国腐蚀专家 Fantana 给出的定义为:① 由于材料与环境及应力作用而引起的材料的破坏和变质;② 除机械破坏以外的材料的一切破坏;③ 冶金的逆过程。

材料的腐蚀是一个渐变的损坏过程,是材料受环境介质的化学、电化学或物理作用破坏的现象。例如,钢铁的锈蚀就是最常见的腐蚀现象。腐蚀使金属转变为化合物,是不可恢复的,不易再生。材料在服役损坏过程中,腐蚀与磨损、腐蚀与断裂往往协同进行,甚至三种损坏同时发生。因此,广义的腐蚀包括了腐蚀与磨损、断裂等的协同作用,属于交叉学科的领域。

金属腐蚀学是金属学、金属物理、物理化学、电化学、力学等学科基础上发展起来的一门综合性边缘科学,学习和研究金属腐蚀学的主要目的和内容如下:

① 研究和了解金属材料与环境介质作用的普遍规律,不但要从热力学方面研究金属腐蚀进行的可能性,更为重要的是要从动力学方面研究腐蚀进行的速度和机理。

② 研究和了解金属及其环境所构成的腐蚀体系,以及该体系中发生的化学、电化学反应,特别是相界面的反应。

③ 研究金属不同环境中的腐蚀破坏形式,掌握不同腐蚀发生、发展的历程。

2.1.2　金属腐蚀的分类

由于腐蚀领域广而且种类繁多,所以可以有不同的分类方法,最常见的分类角度包括:腐蚀环境、腐蚀机理、腐蚀形态、腐蚀材料、应用范围、防护方法等。其中按照腐蚀机理可将金属腐蚀分为物理腐蚀(Physical Corrosion)、化学腐蚀(Chemical Corrosion)和电化学腐蚀(Electrochemical Corrosion)。

1. 物理腐蚀

物理腐蚀是指金属由于单纯的物理作用引起的破坏。熔融金属中的腐蚀就是固态金属与熔融液态金属相接触引起的金属溶解或开裂。这种腐蚀不是由于化学反应,而是由于物理作用,形成合金,或液态金属渗入晶界造成的。例如:热浸锌用的铁锅,由于液态锌的溶解作用,使铁锅很容易发生腐蚀破坏。

2. 化学腐蚀

化学腐蚀是指金属表面与非电解质直接发生纯化学作用而引起的破坏。其反应历程的特点是金属表面的原子与非电解质中的氧化剂直接发生氧化还原反应,形成腐蚀产物。腐蚀过程中电子的传递是在金属与氧化剂之间直接进行的,因而没有产生电流。

纯化学腐蚀的情况并不多,主要为金属在无水的有机液体或气体中,以及干燥气体环境中的腐蚀。金属的高温氧化,在 20 世纪 50 年代前一直被作为化学腐蚀的典型例子,但是 1952 年瓦格纳(C. Wagner)根据氧化膜的近代观点提出,高温气体中的金属氧化最初虽是通过化学反应,但随后膜的生长过程则属于电化学机理,这是因为金属表面的介质已由气相改变为既能电子导电,又能离子导电的半导体氧化膜。金属可在阳极(金属/膜界面)离解后,通过膜把电子传递给膜表面的氧,使其还原变成氧离子(O^{2-}),而氧离子和金属离子在膜中又可进行离子导电,即氧离子向阳极(金属/膜界面)迁移和金属离子向阴极(膜/气相界面)迁移,或在膜中某处进行二次化合。所有这些均已划入电化学腐蚀机理的范畴,因此,现在金属的高温氧化不再被视为单纯的化学腐蚀。

3. 电化学腐蚀

电化学腐蚀是指金属表面与离子导电的介质(电解质)发生电化学反应而引起的破坏,任何以电化学机理进行的腐蚀反应至少包含一个阳极反应和一个阴极反应,并以流过金属内部的电子流和介质中的离子流形成回路。阳极反应是氧化过程,即金属离子从金属转移到介质中并放出电子;阴极反应为还原过程,即介质中的氧化剂组分得到来自阳极的电子的过程。

与化学腐蚀不同,电化学腐蚀的特点在于,其腐蚀历程可分为两个相对独立进行的过程,存在着在空间上可分开的阳极区和阴极区,腐蚀反应过程中电子的传递可通过金属从阳极区流向阴极区,这种因电化学腐蚀而产生的电流与反应物质的转移,可通过法拉第定律定量地联系起来。

由于实际环境中满足电化学腐蚀的环境十分普遍,因此电化学腐蚀是金属材料中最普遍的腐蚀类型。例如,在潮湿的大气中桥梁、钢轨及各种钢结构件的腐蚀;飞机机体金属结构件在潮湿的、含有有害物质的空气中发生的腐蚀;采油平台、船舰壳体在海水中的腐蚀;化工生产设备遭受的酸、碱、盐的腐蚀,以及地下输油、气管道及电缆在土壤中的腐蚀等,都属于电化学腐蚀。

无论是发生化学腐蚀还是电化学腐蚀,都会使金属元素的价态升高而使金属氧化,但是电化学腐蚀与化学腐蚀还是有着显著的区别的。表 2.1 对电化学腐蚀和化学腐蚀的主要特点进行了比较分析。

表 2.1　电化学腐蚀与化学腐蚀的比较

项　目	化学腐蚀	电化学腐蚀
介质	干燥气体或非电解质溶液	电解质溶液
反应式	$\sum_i \nu_i M_i = 0$	$\sum_i \nu_i M_i{}^{n+} \pm ne^- = 0$
过程规律	化学反应动力学	电极过程动力学
能量转换	化学能与热能	化学能与电能
电子传递	直接的,不具备方向性,测不出电流	间接的,有一定的方向性,能测出电流
反应区	在碰撞点上瞬时完成	在相对独立的阴、阳极区同时完成
产物	在碰撞点上直接形成	一次产物在电极上形成,二次产物在一次产物相遇处形成
温度	主要在高温条件下	室温和高温条件下

2.2　金属电化学腐蚀热力学

2.2.1　电化学腐蚀电池的工作历程

为了解释金属发生电化学腐蚀的原因,人们提出了"腐蚀原电池"模型。原电池是一个可以将化学能转变为电能的装置,丹尼尔电池是人们熟知的一种原电池(如图 2.1 所示)。它可简单地表示为

$$(-)Zn \mid ZnSO_4(水溶液) \mid\mid CuSO_4(水溶液) \mid Cu(+)$$

其中"|"表示有两相界面存在;"||"表示"盐桥",它可以基本消除两溶液之间的液体接界电位。

电化学定义规定:电极电位较低的电极称为负极,电极电位较高的电极称为正极;发生氧化反应的电极称为阳极,发生还原反应的电极称为阴极。在腐蚀原电池中,一般采用阴极、阳极对电池的两个电极进行命名,电位较负的电极上发生的是氧化反应,称为腐蚀电池的阳极;电位较正的电极上发生的是还原反应,称为腐蚀电池的阴极。

如图 2.1 所示,把大小相等的锌(Zn)片和铜(Cu)片同时置入盛有稀硫酸(H_2SO_4)的容器里,当用导线将锌片、铜片、电流表和负载串联起来接通时,会立刻发现毫安表的指针转动,说明有电流通过,电流的方向是从铜片经导线流向锌片。由于锌的电极电位较低(负),铜的电极电位较高(正),在两个电极上分别进行以下电极反应。

锌电极作为阳极,发生氧化反应:

$$Zn \longrightarrow Zn^{2+} + 2e^-$$

锌不断发生溶解,以 Zn^{2+} 离子进入溶液,锌电极上积累的电子通过导线流到铜电极。

铜电极作为阴极,发生还原反应:

$$Cu^{2+} + 2e^- \longrightarrow Cu$$

整个电池总反应:

$$Cu^{2+} + Zn \longrightarrow Zn^{2+} + Cu$$

在电池工作期间,电子经外电路从锌电极流向铜电极,而在溶液中,电荷移动依靠溶液中的阴阳离子的迁移完成,整个电池形成一个电流回路,将化学能转化成电能,可借助负载对外

做功。

如果将图 2.1 中所示原电池的两个电极短路如图 2.2 所示,则此时尽管电路中有电流通过,但是由于电池体系是短路的,电极反应释放的化学能虽然也转化成了电能,但是不能对外做功,只能以热的形式散发掉。因此,短路原电池已经失去了"原电池"的原有的含义,其结果是作为阳极的金属材料不断被氧化而腐蚀。因此,我们可以将这种导致金属发生腐蚀而不能对外做功的短路原电池称为腐蚀原电池或腐蚀电池。

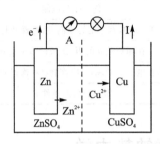

图 2.1　原电池示意图

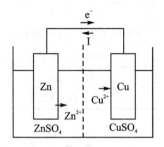

图 2.2　腐蚀电池示意图

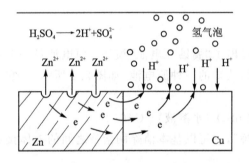

图 2.3　与铜接触的锌在硫酸中的溶解示意图

实际上,在电解液中的两种金属并不需要借助导电连接来组成腐蚀电池,两种直接相连的金属也能组成腐蚀电池,如图 2.3 所示。将铜片和锌片直接接触浸入到稀硫酸溶液中,就可以观察到锌表面被逐渐溶解的同时,铜表面有大量气体析出。在这种情况下,电子通过直接接触的金属进行了传递,腐蚀电池工作的结果是电位较负的金属锌遭到更为严重的腐蚀。

腐蚀电池是由相互连接的阳极和阴极共同浸泡在电解质环境中组成的。腐蚀电池的工作包括以下三个基本过程:

阳极过程:金属以离子形式溶解而进入溶液,等电量的电子则留在金属表面,并通过电子导体向阴极区迁移,即阳极发生氧化反应:

$$M \longrightarrow M^{n+} + ne^-$$

阴极过程:电解质溶液中能够接受电子的物质从金属阴极表面捕获电子而生成新的物质,即阴极发生还原反应:

$$D + ne \longrightarrow [D \cdot ne]$$

腐蚀的阴极还原反应能够吸收电子的氧化性物质 D,称为阴极去极化剂(Cathodic Depolarizer),阴极过程又称为去极化过程。多数情况下 H^+ 和 O_2 起去极化剂的作用,它们在阴极上能够吸收电子而发生还原反应,生成 H_2 和 OH^- 等。

电荷传递:电荷的传递在金属中是依靠电子从阳极流向阴极,在溶液中则是依靠离子的电迁移。

如图 2.4 所示为腐蚀电池工作历程示意图,通过阴、阳极反应和电荷的流动使整个电池体系形成一个回路,阳极过程就可以连续地进行下去,使金属遭到腐蚀。按照这种电化学历程,金属的腐蚀破坏将集中出现在阳极区,阴极区将不发生可觉察的金属损失,它只起了传递电荷的作用。因此,除金属外的其他电子导体,如石墨、过渡族元素的碳化物和氮化物,某些氧化物

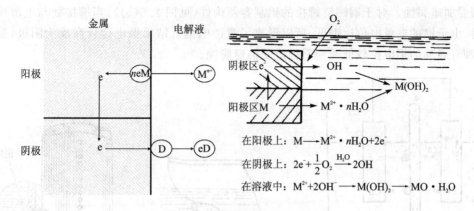

图 2.4　腐蚀电池工作历程示意图

（如 PbO_2、MnO、Fe_3O_4）和硫化物（如 PbS、CuS、FeS）等均可成为腐蚀电池中的阴极。

腐蚀电池工作时阳极氧化、阴极还原、电荷传递三个环节既相互独立，又彼此制约，其中任何一个受到抑制，都会使腐蚀电池工作强度减少。应当指出的是按照现代电化学理论，金属电化学腐蚀能够持续进行的条件是溶液中存在着可以使金属氧化的去极化剂，而且这些去极化剂的阴极还原反应的电极电位要比金属阳极氧化反应的电极电位高。所以只要溶液中有去极化剂存在，即使是不含杂质的纯金属（起阴极作用）也可能在溶液中发生电化学腐蚀。在这种情况下，阳极和阴极的空间距离可以很小，小到可以用金属的原子间距计，而且随着腐蚀过程的进行，数目众多的微阳极和微阴极不断地随机交换位置，以至于经过腐蚀以后，金属表面上无法分辨出什么地方是腐蚀电池的"阳极区"，什么地方是"阴极区"，在腐蚀破坏的形态上呈现出均匀腐蚀的特征。所谓电化学腐蚀是指金属材料和电解质接触时，由于腐蚀电池作用而引起的金属材料腐蚀破坏。其实质是浸在电解质溶液中的金属表面上在进行阳极氧化溶解的同时，还伴随着溶液中去极化剂在金属表面上的还原，其腐蚀破坏规律遵循电化学腐蚀原理。

2.2.2　电化学腐蚀电池的类型

根据组成腐蚀电池的电极大小、形成腐蚀电池的主要影响因素和腐蚀破坏的特征，一般将腐蚀电池分为三大类：宏观腐蚀电池、微观腐蚀电池和超微观腐蚀电池。

1. 宏观腐蚀电池

宏观腐蚀电池是指由肉眼可见的电极所构成。它具有阴极区和阳极区保持长时间稳定，并常常产生明显的局部腐蚀的特征。常见的宏观腐蚀电池有以下几种：

（1）异种金属接触电池

异种金属接触电池是指两种或两种以上不同的金属相互接触（或用导线连接起来）并处于某种电解质溶液中所构成的腐蚀电池。由于两金属的电极电位不同，故电极电位较低的金属将不断遭受腐蚀而溶解，而电极电位较高的金属则得到了保护。这种腐蚀现象称为电偶腐蚀或异种金属接触腐蚀。

① 异种金属浸于不同的电解质溶液中，如图 2.5(a)所示的丹聂尔电池，其中锌为阳极发生溶解，铜为阴极，溶液中的 Cu^{2+} 离子接受电子还原为铜而析出。

② 异种金属在同一腐蚀介质中相接触，构成腐蚀电偶电池，如图 2.5(b)中，由于在海水中，青铜的电位较钢的电位更正，所以钢质船壳与青铜推进器构成电偶电池，钢制船壳成为阳

极而遭受加速腐蚀。对于铜铆钉铆接的铝制容器构件(见图 2.5(c)),当铆接处与电解质溶液接触时,由于铝的电极电位比铜低,所以形成了腐蚀电池。结果铜电位较高成为阴极,受到保护,而铆钉周围的铝电位较低成为阳极遭受加速腐蚀。

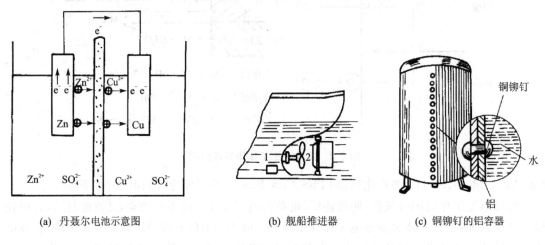

(a) 丹聂尔电池示意图　　(b) 舰船推进器　　(c) 铜铆钉的铝容器

1—舰壳(铜板);2—青铜推进器

图 2.5　异种金属构成的腐蚀电池

(2) 浓差电池

浓差电池的形成是由于同一金属的不同部位所接触的介质的浓度不同所致。最常见的浓差电池有两种:

① 盐浓差电池:这种电池是由于同一金属浸入不同浓度的电解液中形成的。例如,一根长铜棒的两端分别与稀硫酸铜溶液和浓硫酸铜溶液相接触,与较稀硫酸铜溶液接触的铜棒一端因其电极电位较低,作为腐蚀电池的阳极将遭受到腐蚀,但与浓硫酸铜溶液接触的铜棒另一端由于其电极电位较高,作为腐蚀电池的阴极,故溶液中的 Cu^{2+} 离子将在这一端的铜上面析出。这种溶解和析出反应一直进行到铜棒两端所处溶液中硫酸铜浓度相等为止。

② 氧浓差电池:它是由金属与含氧量不同的溶液相接触而形成的腐蚀电池,又称差异充气电池或供氧差异腐蚀电池。它是造成金属局部腐蚀的重要因素之一,也是普遍存在且危害性很大的一种腐蚀破坏形式。

金属浸入含有氧的中性溶液里会形成氧电极,并发生如下的电极反应:

$$O_2 + 2H_2O + 4e^- = 4OH^-$$

如果溶液中各部分含氧量不同,就会因氧浓度的差别产生氧浓差电池。与缺氧溶液接触的金属表面电位较与富氧溶液接触的金属表面电位低,同时两区域金属表面临近的溶液层的组成随着腐蚀过程的进行发生不同的变化,由此引起金属表面阳极溶解动力学的不同变化,其结果使与缺氧溶液接触的金属表面的阳极溶解速度远大于与富氧溶解接触的金属表面的溶解速度,从而导致局部腐蚀的发生。

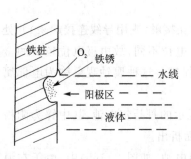

图 2.6　水线腐蚀示意图

例如,铁桩半浸入水中,靠近水线的下部区最容易腐蚀(见图 2.6),故常称为水线腐蚀。这是因为在水线处的金属铁直接接触空气,水层中含氧量高,而水线下面的金属铁表面处的氧溶解度低,这样就形成了氧浓度电池,由此导致水线下部铁的加速腐蚀。这种水线腐蚀是生产上最为普遍的一种局部腐蚀形式。此外,氧浓差电池还是引起缝隙腐蚀、沉淀物腐蚀、盐滴腐蚀和丝状腐蚀的主要原因。

（3）温差电池

温差电池是由于浸入电解质溶液中的金属处于不同的温度区域而形成的。常发生在热交换器、锅炉、浸式加热器等设备中。例如,在检查碳钢制成的换热器时,可发现其高温端比低温端腐蚀严重,这是因为高温部位的碳钢电极电位比低温部位的碳钢电极电位低,而成为腐蚀电池的阳极。但是,铜、铝等在有关溶液中不同温度下的电极行为与碳钢相反。如在硫酸铜溶液中低温端铜电极是阳极,高温端铜为阴极。

对于因氧浓差和温差而形成的腐蚀电池,其两个电极区的电位属于非平衡电位,故不能简单地套用能斯特公式说明其极性。

2. 微观腐蚀电池

由于金属表面的电化学不均匀性,故在金属表面产生许多微小的电极,由此而构成各种各样的微观腐蚀电池,简称为微电池。微电池产生的原因主要有以下几个方面。

（1）金属化学成分的不均匀性引起的微电池

众所周知,绝对纯的金属是没有的,尤其是工业上使用的金属常常含有各种杂质,当金属与电解质接触时,这些杂质便以微电极的形式与基本金属构成许多短路的微电池,如图 2.7(a)所示。若杂质作为微阴极存在,则它将加速基体金属的腐蚀;反之,若杂质是微阳极,则基体金属受到保护而减缓其腐蚀。例如,工业纯锌中的 Fe 杂质（以 $FeZn_7$ 存在）,工业纯铝中的杂质 Fe 和 Cu 等,都是微电池的阴极,它们在电解液中都可加速基体金属的腐蚀。此外,合金凝固时产生的偏析造成的化学成分不均匀性,也是引起电化学不均匀性的原因。

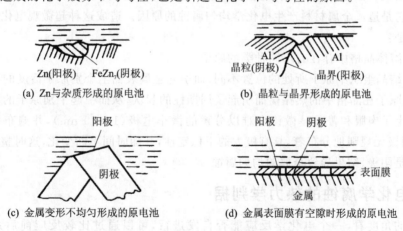

图 2.7　金属组织、表面状态等不均匀所导致的微观腐蚀原电池

（2）金属组织结构的不均匀性构成的微电池

大多数金属为多晶体材料,多晶的晶界区域一般具有以下特点：①原子排列较为疏松而紊乱;②晶体缺陷（如位错、空穴和点阵畸变）密度大,因此晶界比晶粒内部更为活泼,通常具有更低的电位值,因此构成晶粒-晶界腐蚀微电池（见图 2.7(b)）。

所谓组织结构,在这里是指组成合金的粒子种类、数量和它们的排列方式的统称。在同一金属或合金内部存在着不同组织结构区域,因而有不同的电极电位值。多相合金中不同相之间的电位是不同的,这同样也是形成腐蚀微电池的重要原因之一。例如：Al - Cu 和 Al - Mg -

Cu 系铝合金处理,θ相($CuAl_2$)沿晶界析出,其电位为-0.53 V,富铜的 θ 相沿晶界析出的结果,使晶界附近形成贫铜区,其电位为-0.78 V,而晶体内的电位为-0.68 V,可见贫铜区电位最负为阳极区,θ 相和基体为阴极区。因此在 3% 的 NaCl 溶液中,溶解过程将沿贫铜区进行。这是这类合金发生晶间腐蚀和应力腐蚀断裂的重要原因。

(3) 金属物理状态的不均匀性引起的微电池

金属在机械加工或构件装配过程中,由于金属各部分形变的不均匀性或应力的不均匀性,都可形成微电池。一般情况下变形较大和应力集中的部位因电位较低而成为阳极。例如,铁板或钢管弯曲处易发生腐蚀就是这个原因(见图 2.7(c))。

(4) 金属表面膜不完整引起的微电池

金属表面膜,通常指钝化膜或其他具有电子导电性的表面膜或涂层,如果这层表面膜存在孔隙或破损,则该处的基体金属通常因比表面膜的电极电位低,而形成膜-孔腐蚀电池,孔隙下的基体金属将作为阳极而遭受腐蚀(见图 2.7(d))。例如,不锈钢在含有 Cl^- 离子的介质中,由于 Cl^- 离子对钝化膜的破坏作用,使得膜破坏处的金属成为微阳极而发生点蚀。这类微电池又常称为活化-钝化电池。它们与差异充气电池相配合,是引起易钝化金属的点蚀、缝隙腐蚀、晶间腐蚀和应力腐蚀开裂的重要原因。

需要指出的是,由于金属的电化学不均匀性而形成的微电池并不是金属发生电化学腐蚀的充分条件,要发生电化学腐蚀,溶液中还必须同时存在着可使金属氧化的物质(阴极去极化剂),它与金属构成了热力学不稳定体系。如果溶液中没有合适的氧化性物质作为阴极去极化剂,即使金属表面具有电化学不均匀性,电化学腐蚀过程也不能进行下去。

3. 超微观腐蚀电池

所谓超微观腐蚀电池,是指由于金属表面上存在着超微观的电化学不均匀性产生了许多超微电极。它是造成金属材料产生电化学均匀腐蚀的原因。造成这种超微观电化学不均匀性的原因可能是:

① 在固溶体晶格中存在有不同种类的原子;

② 由于结晶组织中原子所处的位置不同,而引起金属表面上个别原子活度的不同;

③ 由于原子在晶格中的热振荡而引起了周期性的起伏,从而引起个别原子的活度不同。

由此产生了肉眼和普通显微镜也难以分辨的微小电极($1 \sim 10$ nm),并遍布整个金属表面,阴极和阳极无规则地分布着,具有极大的不稳定性,并随时间不断变化,这时整个金属表面既是阳极又是阴极,结果导致金属的均匀腐蚀。

2.2.3 电化学腐蚀的热力学判据

热力学的角度看,一个电化学反应能否自发进行,可以通过比较反应前后系统吉布斯(Gibbs)自由能的变化量(ΔG)来确定。因为大部分的反应一般而言都是在恒温恒压的敞口体系中进行的,如果满足 $\Delta G < 0$ 的条件,则反应就可自发进行。在大多数情况下,金属的腐蚀是按电化学机理进行的,金属电化学腐蚀的自发倾向除了可以用 ΔG 作为判据外,也可以采用电极电位来判断。

当金属(例如 Zn、Cu、Ag、等)与相应盐溶液(如 $ZnSO_4$、$CuSO_4$、$AgNO_3$)组成可逆电极时,电极界面发生的电化学平衡反应如下:

$$M^{n+} \cdot ne^- + mH_2O \Longleftrightarrow M^{n+} \cdot mH_2O + ne^-$$

当电极反应达到平衡时,正、反向反应速率相等,即通过金属-溶液界面的物质转移和电荷转移速率在两个方向上都达到动态平衡。此时的电极电位称为平衡电极电位(φ^e)。平衡电极电位与溶液中金属离子的活度和温度有关。可根据化学热力学推导的能斯特(Nernst)方程计算,即

$$\varphi^e = \varphi^0 + \frac{RT}{nF} \ln \frac{a_{\text{氧化}}}{a_{\text{还原}}}$$

式中:φ^0 为标准电极电位,即当电极反应中各物质的活度为 1,气体逸度为 1 时,以标准氢电极作为参比电极测得的平衡电极电位;$a_{\text{氧化}}$、$a_{\text{还原}}$ 分别为氧化态物质和还原态物质的活度;n 为电极反应中电子的计算系数;F 为法拉第常数,96 484.6 C/mol;T 为绝对温度;R 为气体常数,8.314 J/(mol·K)。

当电化学阴阳极发生的是两个或两个以上不同物质参与的电化学反应时,电极界面难以满足物质交换和电荷交换均达到平衡状态的条件,例如,将铁浸在酸性溶液中,阴极与阳极分别发生的反应为

$$\text{阳极:} Fe \longrightarrow Fe^{2+} + 2e^-$$
$$\text{阴极:} 2H^+ + 2e^- \longrightarrow H_2 \uparrow$$

这种情况下的电极电位称为非平衡电极电位,或不可逆电极电位。因为电极过程中即使阴极与阳极过程反应速率相等,达到了电荷交换平衡,但物质交换达不到平衡。非平衡电极电位可以是稳定的,也可以是不稳定的。当从金属到溶液和从溶液到金属间的电荷转移速率相等时,就可以达到稳定电位,称为不可逆电极的稳定电位,也可称为金属的开路电位或自腐蚀电位。非平衡电位不遵循能斯特公式,只能通过测试得到,其值受金属性质、电极表面状态、电解质种类、温度、浓度、流速等因素影响。由于生产中金属处于自身离子溶液中的情况较少,而常常会接触各种电解质,因而在研究金属腐蚀问题时,非平衡电位有着十分重要的意义。

由电化学热力学知识可知,等温、等压条件下可逆电池所做的最大有用电功 W 等于系统反应吉布斯自由能的减小量:

$$W = nFE = -(\Delta G)_{T,P}$$

即

$$(\Delta G)_{T,P} = -nFE$$

式中:n 为参加电极反应的电子数;F 为法拉第常数;E 为可逆电池的电动势。

在忽略液接界电位的情况下,原电池的电动势 E 等于正极平衡电位与负极平衡电位之差,即等于阴极反应的平衡电位 φ_C^e 与阳极反应的平衡电位 φ_A^e 之差,即

$$E = \varphi_C^e - \varphi_A^e$$

可得到金属电化学腐蚀倾向的电极电位判据为:

当 $\varphi_A^e < \varphi_C^e$ 时,电位为 φ_A^e 的金属自发发生腐蚀;

当 $\varphi_A^e = \varphi_C^e$ 时,处于平衡状态;

当 $\varphi_A^e > \varphi_C^e$ 时,电位为 φ_A^e 的金属不会自发发生腐蚀。

当 $\varphi_A^e < \varphi_C^e$ 时,满足 $(\Delta G)_{T,P} < 0$ 的条件,金属的腐蚀可自发进行;否则,金属不会自发腐蚀。例如,在无氧的还原性酸中,只有金属的电位比该溶液中氢电极电位更低时,才能发生析氢腐蚀;在含氧的溶液中,只有金属的电位比该溶液中氧电极电位更低时,才能发生吸氧腐蚀。因此,依据金属在一定介质条件下电极电位的高低就可以判断某一腐蚀过程能否自发进行。

由于金属的平衡电极电位与金属本性、溶液成分、温度和压力有关,有些情况下不易得到平衡电极电位的数值,为简便起见,通常利用 25 ℃时金属的标准电极电位作为电化学腐蚀倾

向的热力学判据。

金属的标准平衡电极电位 φ^0 既可以从物理化学手册或电化学书籍中查到,也可以从电极反应的热力学数据计算出来。

$$(-)\ M\ |\ M^{n+}\ (a_{M^{n+}}=1)\ ||\ H^+\ (a_{H^+}=1),H_2\ (p_{H_2}=101\ 325\ Pa)\ |\ Pt\ (+)$$

标准金属电极   标准氢电极

该可逆电池的电动势 E^0 与该金属电极的标准电极电位(表示为 $\varphi^0_{M^{n+}/M}$)有如下关系:

$$E^0=\varphi^0_{H^+/H}-\varphi^0_{M^{n+}/M}=0-\varphi^0_{M^{n+}/M}=-\varphi^0_{M^{n+}/M}$$

由 $(\Delta G)_{T,P}=-nFE$,可知

$$\varphi^0=\frac{1}{nF}(\Delta G^0)_{T,P}$$

又因为

$$(\Delta G^0)_{T,P}=\sum \nu_i \mu_i^0=\sum \nu_i (\Delta G^0_{mf})_i$$

故

$$\varphi^0=\frac{\sum \nu_i \mu_i^0}{nF}$$

或

$$\varphi^0=\frac{\sum \nu_i (\Delta G^0_{mf})_i}{nF}$$

因此,根据电极反应式中各物质的化学计量系数 ν_i 和 i 物质的 μ_i^0 或 ΔG^0_{mf},可计算出该电极的标准电极电位。

按照金属在 25 ℃ 的标准电极电位 φ^0 值由低(负)值到高(正)值逐渐增大的次序排列,得到的次序表称为电动序或标准电位序。标准氢电极的电位规定为零,电位比氢的标准电极电位低(负)的金属称为负电性金属,而电位比氢的标准电极电位高(正)的金属称为正电性金属。金属的负电性越强,其转入溶液成为离子状态的趋势越大。利用电动序中的标准电极电位,可以方便地判断金属的电化学腐蚀倾向。

例如,铁在酸中的腐蚀反应,实际上分为铁的氧化和氢离子的还原两个电化学反应,即

$$Fe \longrightarrow Fe^{2+}+2e^-,\quad \varphi^0_{Fe^{2+}/Fe}=-0.440\ V$$

$$2H^++2e^- \longrightarrow H_2,\quad \varphi^0_{H^+/H_2}=0.000\ 0\ V$$

$$(\Delta G^0)_{T,P}=-nF(\varphi^0_{H^+/H_2}-\varphi^0_{Fe^{2+}/Fe})=-2\times 96\ 500\times 0.44=-84\ 920\ J/mol$$

可见,不管是根据 $\varphi^0_{Fe^{2+}/Fe}<\varphi^0_{H^+/H_2}$,还是根据 $(\Delta G^0)_{T,P}<0$,都说明 Fe 在酸中的腐蚀反应

$$Fe+2H^+=Fe^{2+}+H_2\uparrow$$

是能自发进行的。

同样地,铜在含氧和不含氧酸性溶液(pH=0)中可能发生的电化学反应式如下:

$$Cu=Cu^{2+}+2e^-,\quad \varphi^0_{Cu^{2+}/Cu}=+0.337\ V$$

$$2H^++2e^-=H_2\uparrow,\quad \varphi^0_{H^+/H_2}=0.000\ V$$

$$\frac{1}{2}O_2+2H^++2e^-=H_2O,\quad \varphi^0_{O_2/H_2O}=1.229\ V$$

因为 $\varphi^0_{Cu^{2+}/Cu} > \varphi^0_{H^+/H_2}$，故铜在不含氧酸中不会被 H^+ 氧化而腐蚀。

但是 $\varphi^0_{Cu^{2+}/Cu} < \varphi^0_{O_2/H_2O}$，故铜在含氧酸中可能发生腐蚀。

应当指出的是,用标准电极电位 φ^0 作为金属腐蚀倾向的判据虽简单易行,但很粗略,有一定的局限性:① φ^0 指标准电极电位,金属电极体系在大多数情况下是处于非标准状态,特别当 $[M^{n+}] \neq 1$ 时,会有误差;② 大多数金属表面被一层氧化膜所覆盖,此时的电极电位 $\varphi_M \neq \varphi_M^0$。而且氧化膜的致密、完整性的程度也将给金属腐蚀行为带来显著影响。

在实际的腐蚀介质中,金属腐蚀的可能性大小并不一定与电动序一致。例如在实际电偶腐蚀中,金属电极电位大多是不可逆电极电位。另外,目前使用的大多数工程材料都是合金。而合金一般含有两种或两种以上的反应组分,要建立它的可逆电极电位也是不可能的。因此,不能使用标准电极电位的电动序表作为电偶对中极性判断的依据。而只能使用实际测量得到的电极在溶液中的稳定电位,即采用金属(或合金)的电偶序作为判据。

所谓电偶序,指金属(或合金)在一定电解质溶液条件下测得的稳定电位的相对大小排列次序。例如,表 2.2 列出了常见金属在 3% NaCl 溶液中的电偶序。尽管 Al 的标准电极电位 $(-1.66\ V)$ 比 Zn$(-0.763\ V)$ 低,但是在 3% NaCl 溶液中 Al 的稳定电位 $(-0.53\ V)$ 比 Zn$(-0.83\ V)$ 高,Al 比 Zn 还耐腐蚀。因此,如果在 3% NaCl 溶液中将 Al 和 Zn 连在一起,则 Zn 将遭到腐蚀,这表明电偶序比电动序更能反映实际腐蚀介质中金属的耐蚀性能。

表 2.2　常见金属在 3% NaCl 溶液中的电偶序

金　属	电位(vs SHE)/V	金　属	电位(vs SHE)/V
Mg	+1.45	Ni	−0.02
Zn	−0.80	Cu	+0.05
Al	−0.53	Cr	+0.23
Cd	−0.52	Ag	+0.30
Fe	−0.50	Ti	+0.37
Pb	−0.30	Pt	+0.47

以上是从宏观热力学的观点阐述了金属发生腐蚀的根本原因,给出了金属发生腐蚀的热力学判据,不管是使用电极电位判据$(\varphi_A^e < \varphi_C^e)$,还是使用吉布斯自由能判据$((\Delta G)_{T,P} < 0)$,都只能判断金属腐蚀的可能性及腐蚀倾向的大小,而不能确定腐蚀速度的大小。这是因为在热力学方法中没有考虑到时间因素及腐蚀历程。腐蚀倾向大的金属不一定腐蚀速度大。速度问题是属于动力学讨论的范畴,金属实际的耐腐蚀性主要看它在指定环境下的腐蚀速度。为了准确地判断和人为地控制腐蚀速度,必须了解金属腐蚀的机理及影响腐蚀速度的各种因素,掌握腐蚀过程中的动力学规律。

2.3　金属电化学腐蚀动力学

2.3.1　腐蚀电池的极化现象

金属的电化学腐蚀是由阳极溶解导致的,因而电化学腐蚀的速率可以用阳极反应的电流密度来表征。法拉第定律指出,当电流通过电解质溶液时,电极上发生电化学变化的物质的量与通过的电量成正比,与电极反应中转移的电荷数成反比。因此电化学腐蚀速率可以用流过

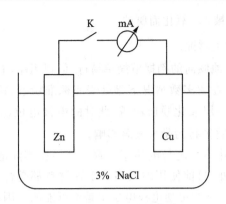

图 2.8 Cu‑Zn 腐蚀电池

腐蚀电池的电流密度表示。

首先来分析一个演示性试验。将面积各为 10 cm² 的 Zn 片和 Cu 片浸在质量分数为 3% 的 NaCl 水溶液中,用带有电流表和开关的外电路将 Zn 片和 Cu 片连接起来,构成一个腐蚀电池,如图 2.8 所示。已测知 Zn 和 Cu 在质量分数为 3% 的 NaCl 水溶液中的开路电位分别为 0.83 V 和 0.05 V,外电路电阻为 150 Ω,内电路为电阻 100 Ω。

当电路处于开路状态时,$R_外 \to \infty$,故 $i_0 = 0$。接通外电路瞬间,可观察到很大的起始电流,根据欧姆定律,该电流为

$$i_始 = \frac{\varphi_C - \varphi_A}{R} = \frac{0.05\ \text{V} - (-0.83\ \text{V})}{150\ \Omega + 100\ \Omega} = 3.5 \times 10^{-3}\ \text{A}$$

继续观察可以看到,在电流达到最大值后会迅速减小,最终达到一个稳定值 0.15 mA,为 $\dfrac{i_始}{23}$。

那么,电流为什么会减小呢?

根据欧姆定律,影响电流强度的因素有电池的电动势和整个电路中的电阻。由于外电路的电阻和电池的内阻基本不发生变化,因此电流的减小,只能是由于电动势发生变化的结果。测量结果表明,电池接通后阴极的电极电位逐渐降低,而阳极的电极电位逐渐升高。像这样当电极中有电流通过时,电极电位偏离平衡电位(对可逆电极)或稳定电位(对不可逆电极)的现象称为电极的极化现象,简称为极化。根据腐蚀电池极化发生的区域,可以把极化分为阳极极化和阴极极化(如图 2.9 所示)。

极化行为通常用极化曲线来描述。极化曲线是表示电极电位与极化电流强度 I 或电流密度 i 之间关系的曲线。图 2.8 中的原电池在短接后,铜电极和锌电极的极化曲线如图 2.10 所示。其中 $\varphi_{Zn}^e MA$ 是 Zn 阳极的极化曲线,$\varphi_{Cu}^e NC$ 是 Cu 阴极的极化曲线,曲线的倾斜程度表

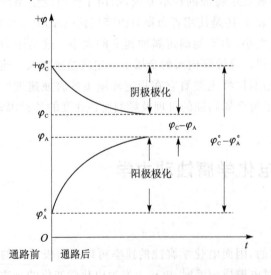

图 2.9 腐蚀电池电路接通前后阴、阳极的电位时间变化图

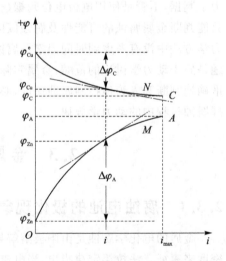

图 2.10 极化曲线示意图

示极化程度。曲线倾斜程度越大,极化程度就越大,电极过程就越难进行。

电极在任意一个电流下的极化程度可以用极化率来表示。用 $\dfrac{\Delta\varphi}{\Delta I}$(电位对电流的导数 $\dfrac{d\varphi}{dI}$)来表示极化率,则电流密度 i 下的极化率 $\dfrac{d\varphi_C}{di_C}$ 和 $\dfrac{d\varphi_A}{di_A}$,即为该电流密度 i 下的阴极极化率和阳极极化率。对于处于活化状态的金属,阳极极化程度不大,因此阳极极化曲线较平坦;如果发生钝化,则阳极极化曲线变得很陡,表明极化程度很大。

1. 腐蚀电池的阳极极化

电流通过腐蚀电池时,阳极的电极电位向正方向移动的现象,称为阳极极化。产生阳极极化的原因有如下三种:

电化学极化:在金属阳极溶解过程中,由于电子从阳极流向阴极的速率大于金属离子放电离开晶格进入溶液的速率,因此阳极的正电荷将随着时间的延长发生积累,使电极电位向正方向移动,发生电化学阳极极化,也称为活化极化。

浓差极化:阳极溶解产生的金属离子,在阳极表面的液层和溶液本体间建立浓度梯度,使溶解下来的金属离子不断向溶液本体扩散。如果扩散速率小于金属的溶解速率,则阳极附近金属离子的浓度会升高,导致电极电位升高,产生浓差阳极极化。

电阻极化:当腐蚀过程中金属表面生成或原有一层氧化物膜时,电流在膜中产生很大的电压降,从而使电位显著升高,由此引起的极化称为电阻极化。

对于腐蚀电池的阳极,极化程度越大,金属的阳极溶解越难进行,因此阳极极化对减缓金属腐蚀有利。

2. 腐蚀电池的阴极极化

电流流过腐蚀电池时,阴极的电极电位向负方向移动的现象,称为阴极极化。产生阴极极化的原因包括:

活化极化:当电子进入阴极的速率大于阴极电化学反应放电的速率时,电子在阴极发生积累,结果使阴极的电极电位降低,发生电化学阴极极化。

浓差极化:如果阴极反应的反应物或产物的扩散速率小于阴极放电速率,则反应物和产物分别在阴极附近的液层中浓度降低和升高,阻碍阴极反应的进一步进行,造成阴极电极电位向负方向移动,产生浓差阴极极化。

阴极极化程度越大,对阴极过程的阻碍作用越明显,由于阴极过程与阳极过程为共轭过程,因此阴极极化同样可以减缓金属腐蚀。

3. 腐蚀电位

如图 2.11 所示,构建腐蚀电池体系可用于测试腐蚀电池的阴阳极极化曲线,开路时测得阴、阳极的电位分别为 φ_C^e 和 φ_A^e。用高阻值的可变电阻把两电极连接起来,将可变电阻由大逐渐减小,相应测出各个电流下的阴、阳极的电极电位,作出阴、阳极极化曲线,如图 2.12 所示。

回路中电流随着电阻的减小而增大,同时电流的增大引起电极的极化,使阳极电位升高,阴极电位降低,从而使两极间的电位差变小。当可变电阻及电池内阻均趋于零时,电流达到最大值 I_{max},此时阴、阳极极化曲线交于点 S(见图 2.12),阴、阳极电位相等,即 $\Delta E = IR = 0$。在实际测定中是无法得到点 S 的,因为即使外电路短路电池内阻也不可能为零,电流只能接近但不能达到 I_{max}。

处于 S 点的金属已偏离其平衡状态,实际处于腐蚀状态,因此,S 点对应的电位称为金属的自腐蚀电位,简称腐蚀电位,用 φ_{corr} 表示;S 点对应的电流称为腐蚀电流,用 i_{corr} 表示。由于腐蚀电位是不可逆电极的非平衡电位,故只能由实验测得。

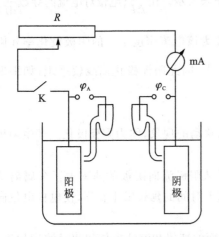

图 2.11 腐蚀电池极化行为测量装置示意图

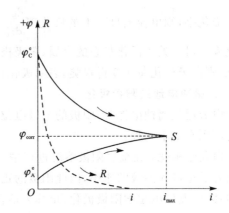

图 2.12 腐蚀电池的阴、阳极
电位随电流强度的变化

2.3.2 电化学腐蚀动力学方程

金属电化学腐蚀在自腐蚀电位下进行,此时阴、阳极过程的速度相等,在电极/溶液界面上是多相反应过程。根据电化学动力学理论,电极过程通常包括下面几个串联进行的基本步骤:

① 反应粒子向电极表面的传递,即液相传质步骤;

② 反应粒子在电极表面或表面附近液层中进行的前置转化步骤;

③ 反应粒子在电极/溶液界面上发生的电荷传递步骤;

④ 电荷传递步骤的产物在电极表面或表面附近液层中进行的随后转化步骤;

⑤ 反应产物转入稳定状态,或由电极表面附近向溶液内部传递。

电极反应的速率取决于上述串联步骤中速率最慢的步骤,称为控制步骤。如果电荷转移过程是整个电极过程的控制步骤,将发生电化学极化(活化极化)。如果溶液中反应物或反应产物的扩散过程是整个电极过程的控制步骤,则会发生浓差极化。

金属电化学腐蚀是在自腐蚀电位下进行的,其腐蚀速度由阴、阳极反应的控制步骤共同决定,金属腐蚀的电化学动力学特征也由阴、阳极反应的控制步骤的动力学特征决定。用数学公式描述金属腐蚀的动力学方程是研究金属腐蚀过程的重要理论基础。

电化学极化控制的腐蚀过程最常见的例子是:裸金属(无钝化膜)在不含 O_2 或其他阴极去极化剂的非氧化性酸中的情况,这种情况下溶液中唯一的阴极去极化剂为氢离子 H^+,而且氢离子的还原反应和金属的阳极溶解反应都由电化学极化控制。下面我们就讨论电化学极化状态下的腐蚀金属腐蚀动力学方程。

1. 单电极反应的电化学极化方程式

单电极电化学反应式如下:

$$R \rightleftharpoons O + ne^- \tag{2-1}$$

如果以"→"表示氧化反应,"←"表示还原反应,则氧化、还原反应速率 $\vec{v}$ 和 $\overleftarrow{v}$ 可分别表示为

$$\vec{v} = \vec{k} c_R \tag{2-2}$$

$$\overleftarrow{v} = \overleftarrow{k} c_O \tag{2-3}$$

式中：$\vec{k}$、$\overleftarrow{k}$ 分别表示氧化、还原速率常数，c_R、c_O 分别表示还原剂 R 和氧化剂 O 的浓度。

由于

$$\vec{k} = A_f \exp\left(-\frac{\vec{E_a}}{RT}\right) \tag{2-4}$$

$$\overleftarrow{k} = A_b \exp\left(-\frac{\overleftarrow{E_a}}{RT}\right) \tag{2-5}$$

式中：$\vec{E_a}$ 和 $\overleftarrow{E_a}$ 分别表示氧化、还原反应的活化能；A_f 和 A_b 为前置系数；R 为气体常数；T 为绝对温度。

若采用电流密度表示反应速率，则式（2-2）和式（2-3）可转化为

$$\vec{i} = nF\vec{k}c_R \tag{2-6}$$

$$\overleftarrow{i} = nF\overleftarrow{k}c_O \tag{2-7}$$

式中：$\vec{i}$、$\overleftarrow{i}$ 分别表示氧化、还原反应速率；n 为反应中的电子数；F 为法拉第常数。

当电极处于平衡状态时，氧化、还原反应速率相等，电极上没有净电流流过，其电极电位为平衡电位 φ^e，此时有

$$i^0 = \vec{i} = \overleftarrow{i} \tag{2-8}$$

即

$$i^0 = nF\vec{k}c_R = nFc_R A_f \exp\left(-\frac{\vec{E_a}}{RT}\right) = nF\overleftarrow{k}c_O = nFc_O A_b \exp\left(-\frac{\overleftarrow{E_a}}{RT}\right) \tag{2-9}$$

式中：i^0 为交换电流密度（简称交换电流），它表示一个电极反应的可逆程度，当电极面积相同时，i^0 越大表明正、逆反应进行得越快，电极反应的可逆程度越高。

对于金属阳极来说，晶格中的金属离子的能量会随着电极电位升高而增加，因此电位升高使金属离子更容易离开金属表面进入溶液，从而使氧化反应速率加快（如图 2.12 所示）。电化学理论已经证明电极电位的变化是通过改变反应活化能来影响反应速率的，具体来说就是，电位升高可使氧化反应的活化能下降，加快氧化反应速率；而电极电位降低可使还原反应的活化能下降，加快还原反应速率。

当电极电位比平衡电位高（$\Delta\varphi > 0$）时，电极上金属溶解反应的活化能将减小 $\beta nF\Delta\varphi$。对于还原反应则相反，将使还原反应的活化能增加 $\alpha nF\Delta\varphi$，即

$$\vec{E_a} = \vec{E_a^0} - \beta nF\Delta\varphi \tag{2-10}$$

$$\overleftarrow{E_a} = \overleftarrow{E_a^0} + \alpha nF\Delta\varphi \tag{2-11}$$

式中：α 和 β 为传递系数，分别表示电位变化对还原反应和氧化反应活化能影响的程度，且 $\alpha + \beta = 1$。α 和 β 可由实验求得，一般情况下可以粗略地认为 $\alpha = \beta = 0.5$。

将式（2-10）式（2-11）分别代入式（2-6）和式（2-7）得

$$\vec{i} = nFAC_R \exp\left(-\frac{\vec{E_a^0} - \beta nF\Delta\varphi}{RT}\right) = i^0 \exp\frac{\beta nF\Delta\varphi}{RT} \tag{2-12}$$

$$\overleftarrow{i} = nFAC_O \exp\left(-\frac{\overleftarrow{E_a^0} + \alpha nF\Delta\varphi}{RT}\right) = i^0 \exp\left(-\frac{\alpha nF\Delta\varphi}{RT}\right) \tag{2-13}$$

可见，当 $\Delta\varphi = 0$ 时，$\vec{i} = \overleftarrow{i} = i^0$，电极上无净电流通过。当 $\Delta\varphi \neq 0$ 时，$\vec{i} \neq \overleftarrow{i}$，这时正、逆方向

的反应速度不等,电极上有净电流通过,因此电极将发生极化。

阳极极化时,阳极过电位 η_A 为

$$\eta_A = \Delta\varphi_A = \varphi_A - \varphi_A^e \tag{2-14}$$

因为 $\Delta\varphi_A$ 为正值,使氧化反应的活化能减小,而使还原反应的活化能增大,故使 $\overrightarrow{i} > \overleftarrow{i}$。二者之差就是通过电极的净电流,即阳极极化电流 i_A 为

$$i_A = \overrightarrow{i} - \overleftarrow{i} = i^0 \left[\exp\frac{\beta n F \eta_A}{RT} - \exp\left(-\frac{\alpha n F \eta_A}{RT}\right) \right] \tag{2-15}$$

阴极极化时,由于 $\Delta\varphi_C$ 为负值,为使阴极过电位 η_C 取正值,令

$$\eta_C = -\Delta\varphi_C = \varphi_C^e - \varphi_C \tag{2-16}$$

因为 $\Delta\varphi_C$ 为负值,由式(2-12)和式(2-13)可知,$\overleftarrow{i} > \overrightarrow{i}$。二者之差就是通过阴极的净电流 i_C:

$$i_C = \overleftarrow{i} - \overrightarrow{i} = i^0 \left[\exp\frac{\alpha n F \eta_C}{RT} - \exp\left(-\frac{\beta n F \eta_C}{RT}\right) \right] \tag{2-17}$$

令 $b_A = \dfrac{2.3RT}{\beta n F}$,$b_C = \dfrac{2.3RT}{\alpha n F}$,$b_A$ 和 b_C 分别表示阳极和阴极极化曲线的斜率,称为塔菲尔(Tafel)斜率。

将 b_A 和 b_C 分别代入式(2-15)和式(2-17)后,可得

$$i_A = i^0 \left[\exp(2.3\eta_A/b_A) - \exp(-2.3\eta_A/b_C) \right] \tag{2-18}$$

$$i_C = i^0 \left[\exp(2.3\eta_C/b_C) - \exp(-2.3\eta_C/b_A) \right] \tag{2-19}$$

式(2-18)和式(2-19)就是单电极反应的电化学极化基本方程式,即巴特勒-伏尔摩方程式:

当 $\eta > 2.3RT/nF$ 时,阴、阳极反应中的逆向过程可以忽略,巴特勒-伏尔摩方程式中右侧第二项可忽略,简化成为

$$i_A = i^0 \exp(2.3\eta_A/b_A) \tag{2-20}$$

$$i_C = i^0 \exp(2.3\eta_C/b_C) \tag{2-21}$$

或者

$$\eta_A = -b_A \lg i^0 + b_A \lg i_A \tag{2-22}$$

$$\eta_C = -b_C \lg i^0 + b_C \lg i_C \tag{2-23}$$

式(2-22)和式(2-23)称为单电极反应的 Tafel 方程式。

2. 电化学极化控制下金属腐蚀动力学方程

金属发生电化学腐蚀时,至少有两对电极反应同时发生在金属表面。假设金属 M 在只有一种阴极去极化剂 O 的溶液中发生腐蚀,这时金属表面阳极区域和阴极区域至少存在以下两对电极反应:

阳极反应表示为

$$M \underset{\overleftarrow{i_1}}{\overset{\overrightarrow{i_1}}{\rightleftharpoons}} M^{n+} + n e^- \tag{2-24}$$

阴极反应表示为

$$R \underset{\overleftarrow{i_2}}{\overset{\overrightarrow{i_2}}{\rightleftharpoons}} O + n e^- \tag{2-25}$$

对于反应式(2-24)，在其平衡电位 φ_M^e 下，正、逆反应速率相等，氧化过程的电流等于还原过程的电流，即 $\overrightarrow{i_1}=\overleftarrow{i_1}=i_1^0$。这时如果溶液中不存在阴极去极化剂，则金属将保持平衡状态而不发生腐蚀。对于阴极区反应，在其平衡电位 $\varphi_{O/R}^e$ 下，同样存在 $\overrightarrow{i_2}=\overleftarrow{i_2}=i_2^0$，这时如果没有金属阳极，反应式也将保持在平衡状态。

当金属和阴极去极化剂同时存在时，由于 $\varphi_M^e < \varphi_{O/R}^e$，所以使平衡遭到破坏，引发电子流动，产生净电流，阴、阳极均发生极化。阳极电位向正方向移动，阴极电位向负方向移动，最后达到稳定的腐蚀电位 φ_{corr}。

在 φ_{corr} 下，对于金属来说，发生了阳极极化，产生的阳极过电位为

$$\eta_A = \varphi_{corr} - \varphi_M^e \tag{2-26}$$

此时反应式(2-24)中金属的氧化反应速度大于还原反应速度，形成了净氧化电流为

$$i_A = \overrightarrow{i_1} - \overleftarrow{i_1} \tag{2-27}$$

这个净电流是金属 M 氧化失去电子产生的结果，因此金属会发生腐蚀。

对于阴极去极化剂 O 而言，由于已偏离其平衡电位 $\varphi_{O/R}^e$ 发生了阴极极化，阴极过电位为

$$\eta_C = \varphi_{R/O}^e - \varphi_{corr} \tag{2-28}$$

此时反应式(2-25)中去极化剂 O 的还原反应速率大于氧化反应速率，形成的净还原电流为

$$i_C = \overleftarrow{i_2} - \overrightarrow{i_2} \tag{2-29}$$

在自腐蚀电位下，金属的净氧化反应速度 i_A 与阴极去极化剂 O 的净还原反应速度 i_C 相等，即金属腐蚀速率 i_{corr} 为

$$i_{corr} = i_A = i_C \tag{2-30}$$

即

$$i_{corr} = \overrightarrow{i_1} - \overleftarrow{i_1} = \overleftarrow{i_2} - \overrightarrow{i_2} \tag{2-31}$$

将式(2-18)和式(2-19)单电极反应的电化学极化方程式代入式(2-31)，可得金属腐蚀电流与腐蚀电位和过电位之间的关系式：

$$i_{corr} = i_1^0 \left[\exp \frac{2.3\eta_A}{b_{A1}} - \exp\left(-\frac{2.3\eta_A}{b_{C1}}\right) \right] \tag{2-32}$$

或

$$i_{corr} = i_2^0 \left[\exp \frac{2.3\eta_C}{b_{C2}} - \exp\left(-\frac{2.3\eta_C}{b_{A2}}\right) \right] \tag{2-33}$$

式中：i_1^0、i_2^0 分别表示腐蚀电池阳极反应式(2-18)和阴极反应式(2-19)的交换电流密度。

当过电位大于 $2.3RT/nF$ 时(25 ℃时，$2.3RT/nF = 0.059\ 1$ V)，即当过电位>59 mV 时，φ_{corr} 距离 φ_M^e 和 $\varphi_{O/R}^e$ 较远，式(2-31)中的 $\overleftarrow{i_1}$ 和 $\overrightarrow{i_2}$ 可忽略，简化为

$$i_{corr} = \overrightarrow{i_1} = \overleftarrow{i_2} \tag{2-34}$$

式(2-32)和式(2-33)可简化为

$$i_{corr} = i_1^0 \exp \frac{2.3\eta_A}{b_{A1}} \tag{2-35}$$

或

$$i_{corr} = i_2^0 \exp \frac{2.3\eta_C}{b_{C2}} \tag{2-36}$$

可见，金属的腐蚀速率 i_{corr} 与过电位、交换电流 i^0 和 Tafel 斜率有关。

对处于自腐蚀状态下的金属电极进行电化学极化时，相当于使整个金属腐蚀体系成为另一个电池的一个电极，金属电极上会产生净电流，因此极化状态下的金属电化学反应将会受到很大影响。

例如，对金属电极进行阳极极化时，金属所处电位高于腐蚀电位，即 $\varphi_A > \varphi_{corr}$，使金属电极净氧化反应电流 $(\vec{i_1} - \overleftarrow{i_1})$ 增加，净还原反应电流 $(\overleftarrow{i_2} - \vec{i_2})$ 减小，整个金属电极形成净电流 $i_{A外}$：

$$i_{A外} = (\vec{i_1} - \overleftarrow{i_1}) - (\overleftarrow{i_2} - \vec{i_2}) = (\vec{i_1} + \vec{i_2}) - (\overleftarrow{i_2} + \overleftarrow{i_1}) \tag{2-37}$$

实际上，在阳极极化电位 φ_{AP} 下，作为阳极的金属上所有的氧化过程的速度都将加快，而所有的还原过程的速度都将降低，因此电极上流过的净电流 $i_{A外}$ 等于电极上所有的氧化过程速度的总和 $\sum\vec{i}$ 减去所有还原过程速度的总和 $\sum\overleftarrow{i}$，即

$$i_{A外} = \sum\vec{i} - \sum\overleftarrow{i} \tag{2-38}$$

相反，在阴极极化电位 φ_{CP} 下，金属上所有的还原过程的速度都将加快，而所有的氧化过程的速度都将降低，因此总还原电流和总氧化电流之差即为外加阴极极化电流：

$$i_{C外} = (\overleftarrow{i_2} - \vec{i_2}) - (\vec{i_1} - \overleftarrow{i_1}) = (\overleftarrow{i_2} + \overleftarrow{i_1}) - (\vec{i_1} + \vec{i_2}) \tag{2-39}$$

或

$$i_{C外} = \sum\overleftarrow{i} - \sum\vec{i} \tag{2-40}$$

当自腐蚀电位 φ_{corr} 距离 φ_M^e 和 $\varphi_{O/R}^e$ 较远时，忽略 $\overleftarrow{i_1}$ 和 $\vec{i_2}$，则 $i_{corr} = \vec{i_1} = \overleftarrow{i_2}$，同时式(2-37)和式(2-39)可简化为

$$i_{A外} = \vec{i_1} - \overleftarrow{i_2} \tag{2-41}$$

$$i_{C外} = \overleftarrow{i_2} - \vec{i_1} \tag{2-42}$$

在外加极化电位 φ_P 下，相对于自腐蚀电位 φ_{corr} 的阳极电位变化为 $\Delta\varphi_{AP}$，则

$$\Delta\varphi_{AP} = \varphi_P - \varphi_{corr} \tag{2-43}$$

根据式(2-12)和式(2-35)得到氧化反应速度 $\vec{i_1}$ 与 $\Delta\varphi_{AP}$ 的关系为

$$\vec{i_1} = i_{corr}\exp\frac{2.3\Delta\varphi_{AP}}{b_A} \tag{2-44}$$

同样，设相对于自腐蚀电位 φ_{corr} 的阴极电位变化为 $\Delta\varphi_{CP}$，则

$$\Delta\varphi_{CP} = \varphi_P - \varphi_{corr} \tag{2-45}$$

根据式(2-13)和式(2-36)得到还原反应的速度 $\overleftarrow{i_2}$ 与 $\Delta\varphi_{CP}$ 的关系为

$$\overleftarrow{i_2} = i_{corr}\exp\left(-\frac{2.3\Delta\varphi_{CP}}{b_C}\right) \tag{2-46}$$

将式(2-44)和式(2-46)代入式(2-41)和式(2-42)，则腐蚀金属阳极极化时：

$$i_{A外} = i_{corr}\left[\exp\left(\frac{2.3\Delta\varphi_{AP}}{b_A}\right) - \exp\left(-\frac{2.3\Delta\varphi_{AP}}{b_C}\right)\right] \tag{2-47}$$

对腐蚀金属进行阴极极化时：

$$i_{C外} = i_{corr}\left[\exp\left(-\frac{2.3\Delta\varphi_{CP}}{b_C}\right) - \exp\left(\frac{2.3\Delta\varphi_{CP}}{b_A}\right)\right] \tag{2-48}$$

式(2-47)和式(2-48)为电化学极化控制下金属腐蚀动力学基本方程式,是实验测定电化学腐蚀速度的理论基础。

值得注意的是:式(2-47)和式(2-48)的应用是有条件的,即腐蚀电位 φ_{corr} 必须与 $\varphi_{\text{M}}^{\text{e}}$ 和 $\varphi_{\text{O/R}}^{\text{e}}$ 有较大差值(即电极电位偏离平衡电位较大),使 $\overleftarrow{i_1}$ 和 $\overrightarrow{i_2}$ 可以忽略。当 φ_{corr} 与 $\varphi_{\text{M}}^{\text{e}}$ 或 $\varphi_{\text{O/R}}^{\text{e}}$ 很接近,$\Delta\varphi_{\text{AP}}$ 或 $\Delta\varphi_{\text{CP}}$ 不够大,$\overleftarrow{i_1}$ 和 $\overrightarrow{i_2}$ 或二者其中之一不能忽略时,金属腐蚀动力学方程会变得较复杂。

3. 浓差极化控制下金属腐蚀动力学方程

腐蚀电池作为一类特殊的电池,其电极表面的传质过程同样主要是扩散过程。如果扩散过程成为控制步骤,则将发生浓差极化。实际上,当金属发生腐蚀时,在多数情况下阳极过程是电化学极化控制的金属溶解过程。而对于阴极去极化过程,去极化剂的扩散常常成为控制步骤,例如吸氧腐蚀的情况,氧分子扩散步骤往往是决定腐蚀速度的控制步骤。因此,对于腐蚀电池,研究浓差极化控制下的动力学特征也是十分必要的。

将腐蚀金属电极看作平面电极,这时只考虑一维扩散,如图 2.13 所示。

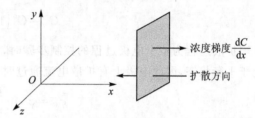

图 2.13　浓度梯度与扩散方向示意图

根据 Fick 第一扩散定律,电活性物质单位时间内通过单位面积的扩散流量与浓度梯度成正比。公式如下:

$$J = -D\left(\frac{\mathrm{d}C}{\mathrm{d}x}\right)_{x\to 0} \qquad (2-49)$$

式中:J 为扩散流量,单位为 $\text{mol}/(\text{cm}^2 \cdot \text{s}^1)$;$(\mathrm{d}C/\mathrm{d}x)_{x\to 0}$ 表示电极表面附近液层中电活性粒子的浓度梯度,单位为 mol/cm^4;D 为扩散系数,即单位浓度梯度下电活性粒子的扩散速度,单位为 cm^2/s,它与温度、粒子的大小及溶液粘度等有关。式中负号表示扩散方向与浓度增大的方向相反,如图 2.13 所示。

稳态扩散条件下,如果电极反应引起的溶液本体的浓度变化可以忽略不计,则浓度梯度 $(\mathrm{d}C/\mathrm{d}x)_{x\to 0}$ 为一常数,即

$$\left(\frac{\mathrm{d}C}{\mathrm{d}x}\right)_{x\to 0} = \frac{C^0 - C^{\text{s}}}{\delta} \qquad (2-50)$$

式中:C^0 为溶液本体的浓度;C^{s} 为电极表面浓度;δ 为扩散层有效厚度。

在稳态扩散下,单位时间内单位面积上扩散到电极表面的电活性物质的量等于参加电极反应的量,因此反应粒子的扩散流量也可以用电流表示。因为每消耗 1 mol 的反应物需要通过 nF 的电量。因此扩散总流量可用扩散电流密度 i_{d} 表示:

$$i_{\text{d}} = -nFJ \qquad (2-51)$$

式中负号表示反应物粒子的扩散方向与 x 轴方向相反,即从溶液本体向电极表面扩散。将式(2-49)和式(2-50)代入式(2-51)可得

$$i_{\text{d}} = nFD\left(\frac{\mathrm{d}C}{\mathrm{d}x}\right)_{x\to 0} = nFD\frac{C^0 - C^{\text{s}}}{\delta} \qquad (2-52)$$

因为在扩散控制条件下,当整个电极过程达到稳态时,电极反应的速度等于扩散速度。对于阴极过程,阴极电流 i_{C} 就等于阴极去极化剂的扩散速度 i_{d},即

$$i_C = i_d = nFD\frac{C^0 - C^S}{\delta} \tag{2-53}$$

随着阴极电流的增大，电极表面附近去极化剂的浓度 C^S 降低。在极限情况下，$C^S = 0$。这时扩散速度达到最大值，阴极电流也就达到极大值，用 i_L 表示，叫做极限扩散电流，即

$$i_L = nFD\frac{C^0}{\delta} \tag{2-54}$$

由此可见，极限扩散电流 i_L 与放电粒子浓度 C^0 成正比，与扩散层有效厚度 δ 成反比。加强溶液搅拌可导致 δ 变小，i_L 增大。

由式(2-53)和式(2-54)，可得

$$\frac{i_C}{i_L} = 1 - \frac{C^S}{C^0} \tag{2-55}$$

或

$$C^S = C^0\left(1 - \frac{i_C}{i_L}\right) \tag{2-56}$$

当扩散过程为整个电极过程的控制步骤时，电子传递步骤(电化学反应步骤)可以近似认为处于平衡状态，因此电极上有扩散电流通过时，可利用能斯特方程计算获得电极电位：

$$\varphi_C = \varphi_C^0 + \frac{RT}{nF}\ln C^S \tag{2-57}$$

考虑

$$\varphi_C^e = \varphi_C^0 + \frac{RT}{nF}\ln C^0 \tag{2-58}$$

由式(2-57)和式(2-58)得

$$\Delta\varphi_C = \varphi_C - \varphi_C^e = \frac{RT}{nF}\ln\frac{C^S}{C^0} \tag{2-59}$$

将式(2-55)代入得

$$\Delta\varphi_C = \frac{RT}{nF}\ln\left(1 - \frac{i_C}{i_L}\right) \tag{2-60}$$

这就是处于浓差极化控制下的阴极过程动力学方程式。

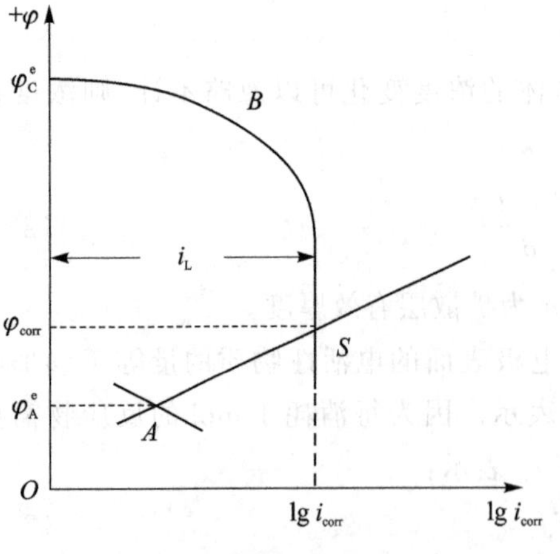

对于阳极过程为金属的电化学溶解而阴极过程为氧的扩散控制的腐蚀，其极化图如图2.14所示，其中曲线 $\varphi_C^e BS$ 表示是阴极扩散控制的极化曲线。

此时，腐蚀速度等于氧的极限扩散电流，与阳极金属的电极电位无关，即

$$i_{corr} = i_L = nFD\frac{C^0}{\delta} \tag{2-61}$$

图2.14 阴极过程为浓差极化控制的腐蚀极化曲线

由式(2-61)可以看出，对于扩散控制的腐蚀体系，影响 i_L 的因素，就是影响腐蚀速度的因素，具体包括：

① i_{corr} 和去极化剂浓度 C^0 成正比，降低去极化剂浓度可减小金属腐蚀速率。

② 搅拌溶液或使溶液流速增大，可减小扩散层厚度，增大极限扩散电流密度 i_L，导致金属

腐蚀速率增大。

③ 环境温度的升高可导致阴极去极化剂扩散系数 D 增大,引起金属腐蚀加速。

当对腐蚀金属进行外加电位极化时,如果阴极过程为扩散控制,则式(2-41)中的 $\overleftarrow{i_2}$ 等于极限扩散电流 i_1。这意味着式(2-47)中 $b_C \rightarrow \infty$。因此,式(2-47)简化为

$$i_{A外} = i_{corr}\left[\exp\left(\frac{2.3\Delta\varphi_{AP}}{b_A}\right) - 1\right] \tag{2-62}$$

式(2-62)即为阴极过程为浓差控制时,阳极金属电化学腐蚀的动力学方程式。

2.3.3　腐蚀极化图及其应用

1. 理想极化曲线和实测极化曲线

极化电位与极化电流或极化电流密度的关系曲线称为极化曲线。极化曲线可以通过实验进行绘制。根据实验中主变量和被测量的不同,实验方法又分为恒电流法和恒电位法。无论采用哪种方法,都是要得到极化电位和极化电流两个变量之间的对应数据,然后再根据这些数据绘制出 φ-i 或 φ-I 曲线。这样通过实验得到的极化曲线称为实测极化曲线。

理想极化曲线指在理想电极上得到的极化曲线。所谓理想电极指在平衡状态和极化状态下电极表面只发生一个半电池反应的电极。由此可见,平衡电位可理解为理想电极的开路电位。假设有两个不同的理想电极,按图 2.11 示意的构建电池体系,开路时测得阴、阳极的电位分别为 φ_C^e 和 φ_A^e。用高阻值的可变电阻把两电极连接起来,将可变电阻由大逐渐减小,相应测出各个电流下的阴、阳极的电极电位,作出阴、阳极理想极化曲线,如图 2.15 所示。

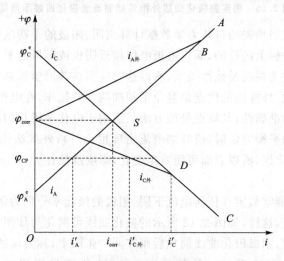

图 2.15　理想极化曲线和实测极化曲线的关系

由此可见,图 2.15 S 点之前的极化曲线是理想极化曲线,由于 S 点的金属已偏离其平衡状态,实际处于腐蚀状态,因此,S 点对应的电位是金属的自腐蚀电位,只能由实验测得。借助于图 2.15 可进一步理解理想极化曲线和实测极化曲线的关系。图中 $\varphi_C^e SDC$ 和 $\varphi_A^e SBA$ 分别表示理想阴、阳极极化曲线;$\varphi_{corr}DC$ 和 $\varphi_{corr}BA$ 分别表示实测阴、阳极极化曲线。

由此可见,理想极化曲线不能够用实验直接测定出来,通常是在实测极化曲线基础上绘制的。绘制理想极化曲线的方法有两种:

（1）根据实验数据计算出理想极化曲线

在测定极化曲线的过程中，不仅记录外加电位（或电流）值及其相对应的电流（或电位）值，同时针对不同的阴、阳极反应采用相应的分析方法（如对发生溶解的阳极采用重量法，对生成氢气的阴极采用容量法）准确测定金属的溶解量或阴极反应物的消耗量或产物生成量，进而根据法拉第定律计算出 i_A 和 i_C，然后利用 $i_{C外} = i_C - i_A$ 或 $i_{A外} = i_A - i_C$ 计算出未知的 i_A 或 i_C，这样即可得到在电极电位 φ_{CP} 下的 i_A 和 i_C 的值，并作出理想极化曲线。

（2）实测极化曲线的外推法

对于电化学控制的腐蚀体系，其实测极化曲线与理想极化曲线在强极化区（塔菲尔区）重合，因此可以利用实测极化曲线外推得到理想极化曲线，如图 2.16 所示。

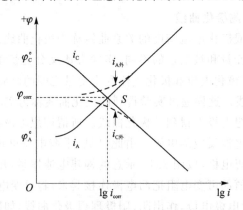

图 2.16 用实测极化曲线外推法绘制理想极化曲线示意图

采用外推法时还应当预先通过热力学数据计算出阴、阳极的平衡电位，这是因为在塔菲尔区的外推是在半对数坐标上进行的，而当电极电位接近阴极或阳极的平衡电位时，电极电位与电流之间不再是半对数关系而是线性关系，所以这时应当在普通坐标系下进行外推。

与第一种方法相比，外推法的优点是避免了烦琐的实验操作，在电极电位远离阴极或阳极的平衡电位时有较好的准确性；其缺点是该方法只适用于电化学极化的腐蚀体系；并且在电极电位接近阴极或阳极的平衡电位时（或外加电流密度很小时），外推法作图容易产生较大的误差；由于试样处于强极化区，所以表面可能发生变化，影响准确性。

2. 腐蚀极化图

为分析问题方便，通常假定在任何电流下阴、阳极的极化率分别为常数，即阴、阳极的极化曲线均可画成直线形式，这样，如图 2.12 所示的极化曲线可简化为如图 2.17 所示的直线。把表征腐蚀电池特征的阴、阳极极化曲线简化后画在同一张图上，称为腐蚀极化图。腐蚀极化图是由英国腐蚀科学家 U. R. Evans 及其学生于 1929 年首先提出并应用的，因此又称作 Evans 图。

图 2.17 中 φ_C^e 和 φ_A^e 分别表示起始时阴、阳极的平衡电位，阴、阳极极化曲线交于 S 点。S 点对应的电位称为金属的自腐蚀电位，简称腐蚀电位，用 φ_{corr} 表示；S 点对应的电流称为腐蚀电流，用 i_{corr} 表示。由于腐蚀电位是不可逆电极的非平衡电位，所以只能由实验测得。

当电流通过电池时，阴、阳极分别发生极化。如果电流增加电极电位变化很大，则表明电极过程受到的阻碍较大，即电极的极化率较大。反之，如果电流增加电极电位变化不大，则表明电极的极化率较小。在腐蚀极化图中，由于阴、阳极极化曲线均为直线，因此阴、阳极的极化率分别是阴、阳极极化曲线的斜率，如图 2.18 所示。

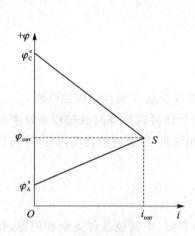

图 2.17　腐蚀极化图（Evans 图）

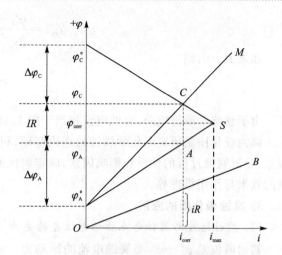

图 2.18　有欧姆电压降的腐蚀极化图

阴极极化率：

$$p_C = \frac{|\varphi_C - \varphi_C^e|}{i_{corr}} = \frac{|\Delta\varphi_C|}{i_{corr}} \tag{2-63}$$

阳极极化率：

$$p_A = \frac{\varphi_A - \varphi_A^e}{i_{corr}} = \frac{\Delta\varphi_A}{i_{corr}} \tag{2-64}$$

式中：φ_C 和 φ_A 分别是电流为 i_{corr} 时阴、阳极的极化电位，$\Delta\varphi_C$ 和 $\Delta\varphi_A$ 分别是电流为 i_{corr} 时阴、阳极的极化值。

当 R（欧姆电阻时）$\neq 0$，即 $IR \neq 0$ 时，必须考虑欧姆电位降的影响。如果 R 不随电流变化，则欧姆电位降与电流呈线性关系，在图 2.18 中以直线 OB 表示。把欧姆电位降直线与阴、阳极极化曲线之一相结合，可得含欧姆电位降的腐蚀极化图。图 2.18 中的 $\varphi_A^e M$ 是欧姆电位降直线与阳极极化曲线加和后得到的直线，$\varphi_A^e M$ 与阴极极化曲线 $\varphi_C^e S$ 交于一点 C，C 点所对应的电流值就是电阻为 R 时的腐蚀电流。从图 2.18 中可以看出，没有电流时腐蚀电池阴、阳极间的电位差（又称初始电位差）等于腐蚀电流 i_{corr} 下阴极极化电位降、阳极极化电位降及欧姆电位降之和，即

$$\varphi_C^e - \varphi_A^e = |\Delta\varphi_C| + \Delta\varphi_A + \Delta\varphi_R \tag{2-65}$$

由式（2-63）和式（2-64）可知：

$$\Delta\varphi_C = i_{corr} p_C \tag{2-66}$$
$$\Delta\varphi_A = i_{corr} p_A \tag{2-67}$$

又因为

$$\Delta\varphi_R = i_{corr} R \tag{2-68}$$

所以

$$\varphi_C^e - \varphi_A^e = i_{corr} p_C + i_{corr} p_A + i_{corr} R \tag{2-69}$$

$$i_{corr} = \frac{\varphi_C^e - \varphi_A^e}{p_C + p_A + R} \tag{2-70}$$

在腐蚀体系中阴、阳极通常处于短路状态，如果溶液中电阻不大，则体系中的欧姆电阻可以忽略不计，这时式（2-70）可以简化为

$$i_{corr} = \frac{\varphi_C^e - \varphi_A^e}{p_C + p_A}$$

如果 $R = 0$,则

$$i_{corr} = i_{max} = \frac{\varphi_C^e - \varphi_A^e}{p_C + p_A} \tag{2-71}$$

由于忽略了欧姆电阻,腐蚀电流相当于图 2.18 中极化曲线交点 S 对应的腐蚀电流 i_{max}。

腐蚀极化图是研究电化学腐蚀的理论基础,利用腐蚀极化图可以解释腐蚀过程所发生的现象,分析腐蚀过程的性质和影响因素,确定腐蚀的主要控制因素,计算腐蚀速度,研究防腐蚀剂的效果与作用机理等。

3. 腐蚀极化图的应用

(1) 腐蚀速度与腐蚀电池初始电位差的关系

初始电位差 $\varphi_C^e - \varphi_A^e$ 是腐蚀电池的原动力。式(2-70)表明,当其他条件完全相同时,初始电位差越大,腐蚀电流就越大。

如图 2.19 所示,因为 $(\varphi_C^e - \varphi_{A,1}^e) > (\varphi_C^e - \varphi_A^e) > (\varphi_{C,1}^e - \varphi_{A,1}^e)$,所以,$i_1 > i_2 > i_3$。又如图 2.20 所示,不同金属具有不同的平衡电位,当阴极反应及其极化曲线相同时,如果金属阳极极化程度较小,则金属的平衡电位越负,腐蚀电池的初始电位差越大,腐蚀电流越大。

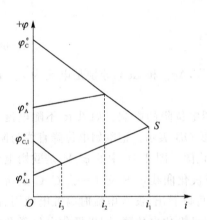

图 2.19 初始电位差对腐蚀电流的影响

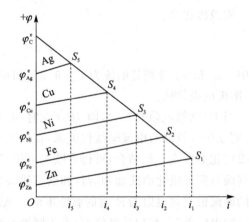

图 2.20 金属的平衡电位对腐蚀电流的影响

(2) 极化性能对腐蚀速度的影响

如果电池中的欧姆电阻 R 可以忽略不计,则电极的极化性能 p_C、p_A 对 i_{corr} 必然有很大影响。在其他条件相同时,p_C 和 p_A 越小,i_{corr} 越大,即腐蚀速度越大,如图 2.21 所示,阴极极化曲线 $\varphi_C^e S_1$ 和 $\varphi_C^e S_2$ 的极化率分别为 $p_{C,1}$ 和 $p_{C,2}$,很显然,$p_{C,1} < p_{C,2}$,因此 $i_1 > i_2$。又如图 2.22 表示不同种类的钢在非氧化性酸溶液中的腐蚀极化图,图中 $\varphi_H^e S_1$ 和 $\varphi_{Fe}^e S_2$ 表示钢中有大量渗碳体 Fe_3C 存在而没有硫化物时的阴、阳极极化曲线。因为氢在渗碳体上析出的过电位比在 Fe 上低,所以含 Fe_3C 的钢的阴极极化程度小,因此 S_1 点比 S_2 点对应的腐蚀电流大,即含渗碳体 Fe_3C 时钢的腐蚀速度更快。当钢中无渗碳体而含有硫化物时,由于 S^{2-} 不仅能催化阳极反应,而且还可以使 Fe^{2+} 大大降低,能起到阳极去极化剂的作用,从而降低了阳极的极化速度,加速了腐蚀的进行,如图 2.22 所示,S_4 点对应的腐蚀速度大于 S_2 点对应的腐蚀速度。

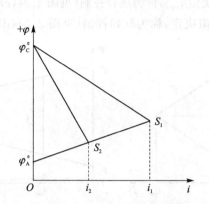

图 2.21　极化性能对腐蚀电流的影响，$p_{C,1} < p_{C,2}$

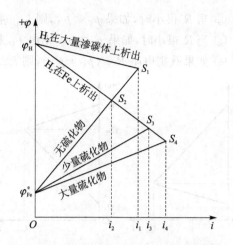

图 2.22　钢在非氧化性酸中的腐蚀极化图

（3）溶液中去极化剂浓度及配合剂对腐蚀速度的影响

当金属的平衡电位高于溶液中氢的平衡电位（$\varphi_{Cu}^e > \varphi_H^e$），并且溶液中无其他去极化剂时，

金属不会发生腐蚀，如铜在还原性酸溶液中。但当溶液中含有别的去极化剂时，情况就发生了变化，例如，铜在含氧的溶液或氧化性酸中会发生腐蚀，这是由于氧的平衡电位比铜高，可以构成阴极反应，组成腐蚀电池，如图 2.23 所示。当氧含量降低时，氧分子的去极化作用减小，阴极极化程度高，腐蚀电流较小（如图 2.23 中 S_1 点对应的电流）。当溶液中氧含量增大时，阴极去极化作用使得阴极极化度降低，腐蚀电流较大（如图中 S_2 点对应的电流），对应金属腐蚀速度增大。

如果溶液中存在配合剂，则它们与阳极溶解下来的金属离子形成配合离子，根据能斯特方程金属配离子的形成将会使金属在溶液中的平衡电极电位

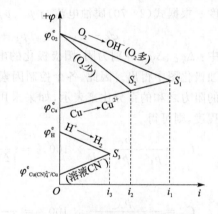

图 2.23　铜在含氧分子的酸溶液和含氰化物的溶液中的腐蚀极化图

向负方向移动，进而使原本不能构成腐蚀电池的金属在溶液中构成腐蚀电池，发生溶解。

如铜在还原性酸溶液中是不发生腐蚀的，但如果溶液中存在配合剂 CN^- 时，由于可以形成 $Cu(CN)_4^{2-}$ 配离子，使 $\varphi_{Cu(CN)_4^{2-}/Cu}^e < \varphi_H^e$，这样铜在含 CN^- 的还原性酸中发生溶解，其腐蚀电流对应于图 2.23 中 S_3 的数值。

（4）利用腐蚀极化图分析腐蚀速度控制因素

根据式（2-70）可知，影响腐蚀速度的因素：① 阴、阳极间的初始电位差 $\varphi_C^e - \varphi_A^e$；② 极化率 p_C 和 p_A；③ 欧姆电阻 R。其中 $\varphi_C^e - \varphi_A^e$ 是腐蚀的原动力，而 p_C、p_A 和 R 则是腐蚀过程的阻力。

在腐蚀过程中如果某一步骤的阻力与其他步骤相比大很多，则这一步骤对于腐蚀进行的速度影响最大，称为腐蚀的控制步骤，其参数称为控制因素。利用腐蚀极化图可以非常直观地判断腐蚀的控制因素。如图 2.24 所示，腐蚀控制的基本形式有以下 4 种：

① 当 R 很小时，如果 $p_C \gg p_A$，则 i_{corr} 主要取决于 p_C，称为阴极控制（见图 2.24(a)）；

② 当 R 很小时,如果 $p_C \ll p_A$,则 i_{corr} 主要取决于 p_A,称为阳极控制(见图 2.24(b));

③ 当 R 很小时,如果 $p_C \approx p_A$,则由 p_C 和 p_A 共同决定 i_{corr},称为混合控制(见图 2.24(c));

④ 如果欧姆电阻 $R \gg (p_C + p_A)$,则 i_{corr} 主要由电阻决定,称为欧姆控制(见图 2.24(d))。

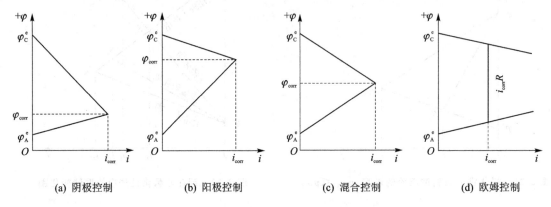

(a) 阴极控制　　　　(b) 阳极控制　　　　(c) 混合控制　　　　(d) 欧姆控制

图 2.24　不同控制因素的腐蚀极化图

从腐蚀极化图不仅可以判断各个控制因素,而且还可以计算出各因素对腐蚀过程的控制程度。根据式(2-70)腐蚀电流与 p_C、p_A、R 及初始电位差有如下关系:

$$\varphi_C^e - \varphi_A^e = i_{corr}(p_C + p_A + R) = |\Delta\varphi_C| + \Delta\varphi_A + \Delta\varphi_R$$

式中:$\Delta\varphi_C$、$\Delta\varphi_A$ 分别为阴、阳极极化的电位降,$\Delta\varphi_R$ 为欧姆电位降。$\Delta\varphi_C$、$\Delta\varphi_A$ 和 $\Delta\varphi_R$ 可以从腐蚀极化图中得出。因此,各个控制因素的控制程度可以用各控制因素的阻力与所有控制因素的阻力之和的百分比来表示,如果采用 C_C、C_A 和 C_R 分别表示阴极、阳极和欧姆电阻的控制程度,则可得

$$C_C = \frac{p_C}{p_C + p_A + R} \times 100\% = \frac{|\Delta\varphi_C|}{|\Delta\varphi_C| + \Delta\varphi_A + \Delta\varphi_R} \times 100\% = \frac{|\Delta\varphi_C|}{\varphi_C^e - \varphi_A^e} \times 100\%$$

$$(2-72)$$

$$C_A = \frac{p_A}{p_C + p_A + R} \times 100\% = \frac{|\Delta\varphi_A|}{|\Delta\varphi_C| + \Delta\varphi_A + \Delta\varphi_R} \times 100\% = \frac{\Delta\varphi_A}{\varphi_C^e - \varphi_A^e} \times 100\%$$

$$(2-73)$$

$$C_R = \frac{R}{p_C + p_A + R} \times 100\% = \frac{|\Delta\varphi_R|}{|\Delta\varphi_C| + \Delta\varphi_A + \Delta\varphi_R} \times 100\% = \frac{\Delta\varphi_R}{\varphi_C^e - \varphi_A^e} \times 100\%$$

$$(2-74)$$

例题: 25 ℃,Fe,pH=7,3% NaCl,测得其腐蚀电位 $\varphi_{corr}=0.350$ V(vs SHE)。

已知欧姆电阻很小,可以忽略不计,试计算该腐蚀体系中阴、阳极的控制程度。

已知 $\varphi_{Fe^{2+}/Fe}^0 = -0.44$ V,$\varphi_{O_2/OH^-}^0 = 0.401$ V,$K_{sp}(Fe(OH)_2) = 1.65 \times 10^{-15}$,氧气的分压为 0.21 atm。

分析: 在计算控制程度时,首先要知道腐蚀电位 φ_{corr} 和开路时金属在该介质中的平衡电位 φ_A^e 以及阴极反应的平衡电位 φ_C^e,这样才能够计算出阴、阳极的极化电位降 $\Delta\varphi_C$ 和 $\Delta\varphi_A$。

解: 腐蚀电池的阳极反应为:$Fe - 2e^- = Fe^{2+}$,标准电极电位:$\varphi_{Fe^{2+}/Fe}^0 = -0.44$ V。

根据能斯特方程可得 Fe 在 3% NaCl 中的平衡电极电位为

$$\varphi_{Fe^{2+}/Fe}^e = \varphi_{Fe^{2+}/Fe}^0 + \frac{2.3RT}{2F} \lg[Fe^{2+}]$$

式中：$[Fe^{2+}]$可由 Fe(OH)$_2$ 的溶度积计算得到。已知 Fe(OH)$_2$ 的 $K_{sp}=1.65\times10^{-15}$，有

$$K_{sp}=[Fe^{2+}][OH^-]^2=1.65\times10^{-15}\left(K_{sp}=a_{Fe^{2+}}\cdot a_{OH^-}^2\right)$$

$$[Fe^{2+}]=\frac{1.65\times10^{-15}}{[10^{-7}]^2}=0.165\ mol/L$$

因此

$$\varphi^e_{Fe^{2+}/Fe}=-0.44+\frac{0.0591}{2}\lg0.165=-0.463\ V$$

该腐蚀电池的阴极反应为

$$O_2+2H_2O+4e^-=4OH^-$$

此反应的标准电极电位为

$$\varphi^0_{O_2/OH^-}=0.401\ V$$

阴极反应在 3% NaCl 溶液中的平衡电极电位为

$$\varphi^e_{O_2/OH^-}=\varphi^0_{O_2/OH^-}+\frac{2.3RT}{4F}\lg\frac{p_{O_2}}{[OH^-]^4}=0.401+\frac{0.0591}{4}\lg\frac{0.21}{10^{-7\times4}}=0.805\ V$$

由此可以计算出阴、阳极极化电位降为

$$|\Delta\varphi_C|=|\varphi_{corr}-\varphi^e_{O_2/OH^-}|=|-0.350-0.805|=1.155\ V$$

$$\Delta\varphi_A=\varphi_{corr}-\varphi^e_{Fe^{2+}/Fe}=-0.350-(-0.463)=0.113\ V$$

根据式(2-72)和式(2-73)可计算出 C_C 和 C_A：

$$C_C=\frac{|\Delta\varphi_C|}{\Delta\varphi_C+\Delta\varphi_A}\times100\%=\frac{1.155}{1.155+0.113}\times100\%=91\%$$

$$C_A=\frac{\Delta\varphi_A}{\Delta\varphi_C+\Delta\varphi_A}\times100\%=\frac{0.113}{1.155+0.113}\times100\%=9\%$$

由此可知，该腐蚀过程主要是氧去极化腐蚀控制，其控制程度高达 91%。

确定某一因素的控制程度是很重要的，这可以使我们有针对性地采取措施影响主控因素，最大限度地降低腐蚀速度。

对于阴极控制的腐蚀，由于 $p_C\gg(p_A+R)$，如使阴极极化率 p_C 增大，则 i_{corr} 减小；而该体系中，影响阳极极化率的因素在一定范围内不会影响腐蚀速度。例如：金属、冷水中的腐蚀通常受氧的阴极还原过程控制。如使 C_{O_2} 降低，则可使 p_C 增大，可以达到明显的缓蚀效果。

对于阳极控制的腐蚀，即 $p_A\gg(p_C+R)$，如使阳极极化率 p_A 增大，则对减小腐蚀速度有贡献；而此时在一定范围内改变影响阴极反应的因素则不会引起腐蚀速度的明显变化。例如：被腐蚀的金属在溶液中发生钝化，这时的腐蚀是典型的阳极控制。如果在溶液中加入少量促使钝化的试剂，可以大大降低反应速度；相反，若向溶液中加入阳极活化剂，则可破坏钝化膜，加速腐蚀。此时，氧的浓度影响不明显。

应当指出，虽然腐蚀极化图对于分析腐蚀过程很有价值，但它是建立在阴、阳极极化曲线基础上的。因此可以说，准确地绘制出极化曲线是应用腐蚀极化图的前提。

2.3.4　混合电位理论及其应用

1. 混合电位理论

1938 年 Wager 和 Traud 首次提出了混合电位理论，这一理论对电化学腐蚀机理做了更

加完善的阐述,它扩充和部分取代了经典的微电池腐蚀理论,能够很好地解释局部腐蚀和微观尺寸的均匀腐蚀,是基于两个基本假设提出的:

① 任何电化学反应都能分成两个或更多个的局部氧化反应和局部还原反应;

② 在电化学反应过程中不可能有净电荷积累。

任何一个电化学反应都包括一种或多种氧化剂得到电子被还原;同时,一种或多种还原剂失去电子被氧化的过程。实验证明电子过程和失电子过程可以发生在不同区域,因此第一个假说是不难理解的。

由于电化学过程必须遵从电荷守恒定律,所以第二个假说是电荷守恒的必然结果,即一块金属在溶液中发生腐蚀时,氧化反应的总速度等于还原反应的总速度,阳极电流一定等于阴极电流。

根据混合电位理论,金属发生腐蚀时的腐蚀电位 φ_{corr},由金属氧化和阴极去极化剂的还原过程决定,是整个体系的混合电位,称为混合电位 φ_{mix}。

孤立的金属电极 M(如 Fe、Zn 等)发生电化学腐蚀时,假设 M 在只有一种阴极去极化剂 O 的溶液中发生腐蚀,这时腐蚀电池的阴极、阳极可分别看做单一的电极体系,金属表面阳极区域和阴极区域至少存在以下两对电极反应:

阳极反应是金属的氧化-还原反应,即

$$M \underset{\overset{\leftarrow}{i_2}}{\overset{\overset{\rightarrow}{i_1}}{\rlap{\longleftrightarrow}{=\!=\!=}}} M^{n+} + n e^- \qquad (2-75)$$

阴极发生的是去极化剂 O 的氧化-还原反应,即

$$R \underset{\overset{\leftarrow}{i_2}}{\overset{\overset{\rightarrow}{i_2}}{\rlap{\longleftrightarrow}{=\!=\!=}}} O \qquad (2-76)$$

当金属处于腐蚀电位 φ_{corr} 时,阴、阳极均有净电流通过,并且阴极净电流和阳极净电流相等并都等于 i_{corr}。对于上面的反应阳极净电流是阳极正、逆反应的净结果,即

$$i_A = \overset{\rightarrow}{i_1} - \overset{\leftarrow}{i_1} \qquad (2-77)$$

阴极将发生净还原反应,其净还原电流为

$$i_C = \overset{\leftarrow}{i_2} - \overset{\rightarrow}{i_2} \qquad (2-78)$$

因为 $i_A = i_C$,所以

$$\overset{\rightarrow}{i_1} - \overset{\leftarrow}{i_1} = \overset{\leftarrow}{i_2} - \overset{\rightarrow}{i_2} \qquad (2-79)$$

于是有

$$\overset{\rightarrow}{i_1} + \overset{\rightarrow}{i_2} = \overset{\leftarrow}{i_1} + \overset{\leftarrow}{i_2} \qquad (2-80)$$

由此可见,金属处于自腐蚀状态时,腐蚀过程中总氧化反应电流与总还原反应电流相等,即

$$\sum \vec{i} = \sum \overset{\leftarrow}{i} \qquad (2-81)$$

根据混合电位理论推导出的式(2-81)对于多电极体系也同样存在。混合电位理论在腐蚀理论中的地位极为重要,它与腐蚀动力学方程一起构成了现代腐蚀动力学的理论基础。

2. 多阴极去极化剂体系的混合电位

在实际中,经常遇到金属所处的腐蚀介质中含有两种或更多阴极去极化剂,由于存在两个或多个阴极还原反应,因此腐蚀电位和腐蚀电流将由金属阳极氧化过程和多个阴极还原过程共同确定。例如,金属 M 在含氧化剂 Fe^{3+} 的酸中发生腐蚀时,阳极同时进行着如下的氧化还

原过程(以"→"表示氧化过程,以"←"表示还原过程):

$$M \underset{\overleftarrow{i_1}}{\overset{\overrightarrow{i_1}}{\rlap{=\!=\!=}}} M^{n+} + ne^-$$

阴极同时进行着如下的还原反应过程:

$$H_2 \underset{\overleftarrow{i_2}}{\overset{\overrightarrow{i_2}}{\rlap{=\!=\!=}}} 2H^+ + 2e^-$$

和

$$Fe^{2+} \underset{\overleftarrow{i_3}}{\overset{\overrightarrow{i_3}}{\rlap{=\!=\!=}}} Fe^{3+} + e^-$$

考虑到腐蚀是电化学极化控制,金属 M 的腐蚀极化图采用半对数坐标更为方便,图 2.25 画出了各氧化还原过程的极化曲线和总的极化曲线,其中总阳极极化曲线中的电流 $\sum \overrightarrow{i} = \overrightarrow{i_1} + \overrightarrow{i_2} + \overrightarrow{i_3}$,而总阴极极化曲线中的电流 $\sum \overleftarrow{i} = \overleftarrow{i_1} + \overleftarrow{i_2} + \overleftarrow{i_3}$。根据混合电位理论,当金属 M 处于腐蚀电位时,腐蚀过程的氧化反应的总电流必须等于总还原电流,即 $\sum \overrightarrow{i} = \sum \overleftarrow{i}$。由于在腐蚀电位下阳极发生的净反应是氧化反应,而阴极的净反应是还原反应,因此 $\overrightarrow{i_1} \gg \overrightarrow{i_2} + \overrightarrow{i_3}$,$\overleftarrow{i_1} \ll \overleftarrow{i_2} + \overleftarrow{i_3}$,于是金属 M 的腐蚀极化图中总阳极电流为 $\overrightarrow{i_1}$,而总阴极电流为 $\overleftarrow{i} = \overleftarrow{i_2} + \overleftarrow{i_3}$(图 2.25 中的点画线)。

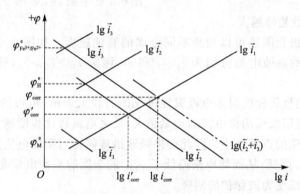

图 2.25　金属 M 在含 Fe^{3+} 的酸溶液中的腐蚀极化图

总阳极极化曲线和总阴极极化曲线的交点对应的电位即是腐蚀电位 φ_{corr},对应的电流为腐蚀电流 i_{corr}。从图 2.25 中可以看出体系不含 Fe^{3+} 时,体系的腐蚀电位和腐蚀电流分别为 φ'_{corr} 和 i'_{corr}。加入 Fe^{3+} 后,由于 Fe^{3+} 可以作为阴极去极化剂,并且 $Fe^{3+} + e^- \longrightarrow Fe^{2+}$ 的反应速度很快(交换电流大),整个体系的腐蚀电位和腐蚀电流均有所升高。

必须指出,当腐蚀介质中加入氧化剂时,腐蚀速度是否会增加还要看氧化剂反应的动力学过程。由于整个阴极反应电流为

$$\sum \overleftarrow{i} = \overleftarrow{i}_{原去极化剂} + \overleftarrow{i}_{加入去极化剂}$$

如果加入氧化剂的阴极反应速度很慢,使 $\overleftarrow{i}_{加入去极化剂} \ll \overleftarrow{i}_{原去极化剂}$,则阴极电流不会因该氧化剂的加入产生显著变化,即对整个腐蚀速度几乎没有影响。如果加入的氧化剂阴极反应速度很快,使 $\overleftarrow{i}_{加入去极化剂}$ 接近或大于 $\overleftarrow{i}_{原去极化剂}$,则这时氧化剂的加入会大大加快腐蚀速度。当然,如

果加入氧化剂后使金属发生钝化，则阳极极化程度将大大增加，这时尽管腐蚀电位升高，但腐蚀电流会大大减小，即腐蚀速度大大降低。

3. 多电极体系的混合电位

在实际工作中金属制品通常为多相合金或多元金属组合件，相互导通的不同金属相构成了很多腐蚀电池，这时通常采用多电极体系的腐蚀极化图来分析腐蚀过程。假设有五种金属 M_1、M_2、M_3、M_4、M_5，它们在腐蚀介质中的平衡电位依次为：$\varphi_5^e > \varphi_4^e > \varphi_3^e > \varphi_2^e > \varphi_1^e$，用实验测

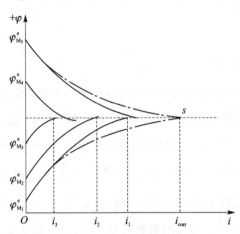

定出每种金属在该介质中的极化曲线，如图 2.26 所示。用总氧化电流 $\sum \vec{i}$ 对 φ 作图得到总的阳极极化曲线，用总还原电流 $\sum \overset{\leftarrow}{i}$ 对 φ 作图得到总的阴极极化曲线，两条总极化曲线的交点所对应的电位和电流分别是腐蚀电位 φ_{corr} 和总腐蚀电流 i_{corr}。

从图 2.26 可知，当金属在腐蚀介质中的平衡电位高于 φ_{corr} 时，该金属作为阴极，在该金属上发生阴极去极化剂的还原反应，而它本身被保护（如图 2.26 中的金属 M_5 和 M_4）；当金属的平衡电位低于 φ_{corr} 时，该金属作为阳极，发生腐蚀，如图 2.26 中的 M_1、M_2 和

图 2.26　多电极体系的腐蚀极化图

M_3，而且 φ^e 越低，腐蚀趋势越大。

利用多电极腐蚀极化图还可以判断不同金属的腐蚀速度。如图 2.26 所示，在腐蚀电位下，金属 M_1、M_2、M_3 的腐蚀电流分别为 i_1、i_2 和 i_3，因为 $i_1 > i_2 > i_3$，所以它们的腐蚀速度 $M_1 > M_2 > M_3$。

应当指出，电极的极化程度对多电极腐蚀极化图有较大影响，电极的极化程度越小，极化曲线越平坦，该电极对阳极或阴极电流的贡献越大；反之电极极化程度越大，极化曲线越陡，该电极对阳极或阴极电流的贡献越小。因此如果采取措施降低对阳极电流贡献最大的电极的极化程度，则可能使 φ_{corr} 降低，从而使原来略低于 φ_{corr} 的金属的平衡电位变得高于 φ_{corr}，这样该金属从发生腐蚀的阳极变为被保护的阴极。

2.3.5　腐蚀速度的电化学测定方法

在腐蚀金属的研究中，人们最为关心的问题是腐蚀的速度。测定金属腐蚀速度的方法有很多种，其中应用最为普遍的是失重法。失重法的优点是准确可靠，但是这种方法实验周期长，需要做多组平行实验，费工、费时，难以满足快速、现场监测的需要。用电化学方法测定腐蚀速度，实验周期短并且易于现场监控，因而电化学方法成为测定金属腐蚀速度的重要方法之一。下面简单介绍应用最多的三种测定腐蚀速度的电化学方法。

1. 塔菲尔直线外推法

对于电化学极化控制的腐蚀体系，极化电流遵从式（2-47）式（2-48）表达的金属腐蚀基本动力学方程。如果外加极化电位与自腐蚀电位的差值足够大（$|\Delta\varphi_{AP}| > 50$ mV 或 $|\Delta\varphi_{CP}| > 50$ mV），忽略式（2-47）和式（2-48）中的后一项得到

$$i_{A外} = i_{corr} \exp\left(\frac{2.3\Delta\varphi_{AP}}{b_A}\right) \qquad (2-82)$$

或

$$\Delta\varphi_{AP} = -b_A \lg i_{corr} + b_A \lg i_{A外} \tag{2-83}$$

$$i_{C外} = i_{corr} \exp\left(-\frac{2.3\Delta\varphi_{CP}}{b_C}\right) \tag{2-84}$$

或

$$\Delta\varphi_{CP} = b_C \lg i_{corr} - b_C \lg i_{C外} \tag{2-85}$$

由式(2-83)和式(2-85)可知,如果用 $\Delta\varphi_{AP}$ 和 $\Delta\varphi_{CP}$ 分别对 $\lg i_{A外}$ 和 $\lg i_{C外}$ 作图,将得到两条直线,在 φ-$\lg i$ 图中,这一段直线段被称为强极化区,也叫塔菲尔区。式(2-83)和式(2-85)中的 b_A 和 b_C 是塔菲尔常数。

在用塔菲尔直线外推法测定腐蚀速度时,先要用实验测定得到腐蚀体系的 $\Delta\varphi$-$\lg i$ 极化图,如图 2.27 所示。在强极化区,由于 $\vec{i_1}$ 和 $\vec{i_2}$ 可以忽略,所以外加极化电流 $i_{A外}$ 和 $i_{C外}$ 分别与腐蚀体系中的金属氧化电流 $\vec{i_1}$ 和阴极去极化剂的还原电流 $\vec{i_2}$ 相等,因此在阴、阳极塔菲尔直线的延长线的交点 S 处有:$\vec{i_1} = \vec{i_2}$,即 S 点对应的电位为金属的自腐蚀电位 φ_{corr},S 点对应的电流为金属的自腐蚀电流 i_{corr}。

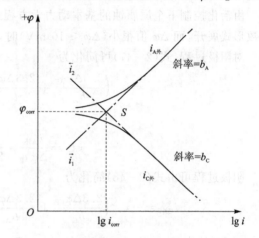

图 2.27　由阴、阳极塔菲尔直线外推法求腐蚀速度

如果已经测得金属的腐蚀电位 φ_{corr},则也可以由阴、阳极极化曲线中任意一条塔菲尔直线和 $\varphi = \varphi_{corr}$ 水平直线相交得到 S 点,如图 2.28 所示,进而在图中得到腐蚀电流 i_{corr}。另外,利用极化图中塔菲尔直线段的斜率还可以得到 b_A 和 b_C。

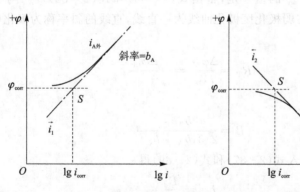

图 2.28　由阳极或阴极塔菲尔直线外推与 φ_{corr} 水平直线相交求腐蚀速度

采用塔菲尔直线外推法测量金属的腐蚀速度有严格的理论根据。对于钢、铁和铝在非氧化性酸溶液中腐蚀速度的测定,该方法得到的结果与化学分析方法得到的结果基本一致。由于塔菲尔直线外推法可以方便地确定腐蚀体系的 φ_{corr}、i_{corr}、b_A 和 b_C 等动力学参数,因而该方法便于研究缓蚀剂对这些动力学参数的影响,确定缓蚀机理。

必须指出,塔菲尔直线外推法也存在着缺点,由于该方法必须应用在强极化区,而在强极化区内,腐蚀体系偏离金属的自腐蚀电位很远,极化程度很高,对腐蚀体系干扰太大。例如,测定阳极极化曲线时可能出现钝化,而在测定阴极极化曲线时,金属表面原来的氧化膜发生还原反应引起极化的变形,造成较大的测量误差。

2. 线性极化法

对于阴、阳极过程均为电化学极化控制的腐蚀体系,当极化程度较大时,体系的阴、阳极电极电位与电流的关系均服从塔菲尔方程,可以采用塔菲尔直线外推法求腐蚀速度。而当体系极化程度较小时,可以采用线性极化法。

线性极化法是斯特恩(Stern)和盖里(Geary)等人于1957年首先提出并发展起来的一种快速而有效的腐蚀速度测试方法,这一方法是以过电位很小($\Delta\varphi < 10$ mV)时,过电位与极化电流呈线性关系作为理论依据的。

由活化控制下金属腐蚀的基本动力学方程式(2-47)和式(2-48)可知,当将其指数项以级数形式展开,而$\Delta\varphi$值很小($\Delta\varphi < 10$ mV)时,级数中的高次项可忽略。

对阳极过程,式(2-47)可简化为

$$i_{A外} = i_{corr}\left(\frac{2.3\Delta\varphi_{AP}}{b_A} + \frac{2.3\Delta\varphi_{AP}}{b_C}\right) = i_{corr}\Delta\varphi_{AP}\left(\frac{2.3}{b_A} + \frac{2.3}{b_C}\right) \tag{2-86}$$

或

$$i_{corr} = \frac{i_{A外}}{\Delta\varphi_{AP}} \cdot \frac{b_A b_C}{2.3(b_A + b_C)} \tag{2-87}$$

阴极过程可由式(2-48)简化为

$$i_{C外} = -i_{corr}\left(\frac{2.3\Delta\varphi_{CP}}{b_C} + \frac{2.3\Delta\varphi_{CP}}{b_A}\right) = -i_{corr}\Delta\varphi_{CP}\left(\frac{2.3}{b_C} + \frac{2.3}{b_A}\right) \tag{2-88}$$

或

$$i_{corr} = -\frac{i_{C外}}{\Delta\varphi_{CP}} \cdot \frac{b_A b_C}{2.3(b_A + b_C)} \tag{2-89}$$

对于一定的腐蚀体系,i_{corr}的值一定,根据式(2-86)和式(2-88),$i_{A外}$与$\Delta\varphi_{AP}$成正比,$i_{C外}$与$-\Delta\varphi_{CP}$成正比,因此在弱极化区极化曲线为一直线,直线的斜率称为极化电阻,用R_P表示,即

$$R_P = \frac{\Delta\varphi_{AP}}{i_{A外}} = -\frac{\Delta\varphi_{CP}}{i_{C外}} \tag{2-90}$$

设

$$B = \frac{b_A b_C}{2.3(b_A + b_C)} \tag{2-91}$$

将式(2-90)和式(2-91)代入式(2-87)和式(2-89)得

$$i_{corr} = \frac{B}{R_P} \tag{2-92}$$

式中:常数B的单位为V;R_P的单位为Ω。

由式(2-92)可知,在弱极化区,R_P越大,i_{corr}越小。当测得R_P和b_A、b_C后,就可求出腐蚀速度i_{corr}。获得b_A和b_C的方法有多种,如:

① 已知有关电极反应的能量分配系数α和β,可直接计算获得b_A和b_C。

② 利用弱极化区的三点法求b_A和b_C,可参见本小节的"3. 弱极化区三点法"。

③ 若腐蚀体系中阴、阳极过程均为电化学极化控制,则可以对腐蚀体系进行强阳极极化

和强阴极极化,然后由塔菲尔直线的斜率求出 b_A 和 b_C。

测定极化电阻的方法有很多,最常用的方法有直流线性极化法和交流方波法。

直流线性极化法:首先测出腐蚀体系在自腐蚀电位 φ_{corr} 附近的极化曲线 $\varphi - i$,确定 φ_{corr} 附近的直线段,即弱极化线性极化区,然后求出该直线的斜率,即得到极化电阻 R_P。

交流方波法:该方法又分为方波电流法和方波电位法,以上两种方法均使用小幅度交流方波作极化源。为了快速测得瞬间腐蚀速度,已根据方波电流法原理和方波电位法原理设计制造出了商品化的方波电流腐蚀仪和方波电位腐蚀仪。利用这些仪器可以直接读出极化电阻 R_P 或腐蚀电流 i_{corr} 的数值,具有测试简便,电极表面状态影响小,腐蚀电位 φ_{corr} 漂移小等优点。但方波频率对 R_P 的测试结果影响较大,应注意选择适当的频率,以保证实现稳定的测量。有关交流方波法可参考电化学测量技术的书籍和文献。

3. 弱极化区三点法

通过前面的介绍可知塔菲尔直线外推法可以方便地确定腐蚀体系的 φ_{corr}、i_{corr}、b_A 和 b_C 等动力学参数,但是由于极化程度高,对体系的干扰很大,而且只能适用于电化学极化控制的腐蚀体系;线性极化法虽然快速、灵敏且可连续测量瞬时腐蚀速度,但要求腐蚀体系在腐蚀电位附近线性度好,还必须知道或测得塔菲尔常数。相对于这两种方法,弱极化测量技术既不受腐蚀体系线性度的限制,也无需知道塔菲尔等常数,更没有经过近似简化处理,是普遍适用的精确方法。

测量腐蚀速度的弱极化区三点法是 1970 年 Barnartt 首先提出并应用的,可同时测定腐蚀体系的 i_{corr} 和塔菲尔常数。三点法及其他弱极化区测试方法,通过选取几组具有一定比例关系的极化电位值,测量出相应的极化电流,然后根据测量数据进行计算得出腐蚀速度。若腐蚀体系的阴、阳极反应均受电化学极化控制,且自腐蚀电位 φ_{corr} 距阴、阳极反应的平衡电位较远,则可在与自腐蚀电位差值为 $10 \sim 70$ mV 的范围内任选一个电位差 $\Delta\varphi$,测定三个相关的数据点 A_1、A_2 和 C,如图 2.29 所示。此时,A_1 点阳极,过电位为 $\Delta\varphi$,电流为 $i_{A,\Delta\varphi}$;A_2 点阳极,过电位为 $2\Delta\varphi$,电流为 $i_{A,2\Delta\varphi}$;C 点阴极,过电位为 $-2\Delta\varphi$,电流为 $i_{C,-2\Delta\varphi}$。

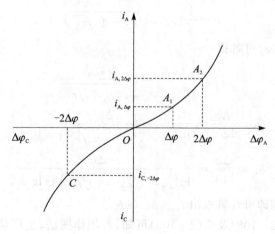

图 2.29　三点法测量腐蚀速度

因为是弱极化,故可直接利用电化学极化控制下金属腐蚀速度的基本动力学方程式(2-47)和式(2-48)写出三个相关数据点电流的表达式:

$$i_{A,\Delta\varphi}=i_{corr}\left[\exp\left(\frac{2.3\Delta\varphi}{b_A}\right)-\exp\left(-\frac{2.3\Delta\varphi}{b_C}\right)\right] \tag{2-93}$$

$$i_{A,2\Delta\varphi}=i_{corr}\left[\exp\left(\frac{4.6\Delta\varphi}{b_A}\right)-\exp\left(-\frac{4.6\Delta\varphi}{b_C}\right)\right] \tag{2-94}$$

$$i_{C,-2\Delta\varphi}=i_{corr}\left[\exp\left(-\frac{4.6\Delta\varphi}{b_C}\right)-\exp\left(\frac{4.6\Delta\varphi}{b_A}\right)\right] \tag{2-95}$$

令
$$u\equiv\exp\left(\frac{2.3\Delta\varphi}{b_A}\right) \tag{2-96}$$

$$v\equiv\exp\left(\frac{-2.3\Delta\varphi}{b_C}\right) \tag{2-97}$$

则
$$i_{A,\Delta\varphi}=i_{corr}(u-v) \tag{2-98}$$
$$i_{A,2\Delta\varphi}=i_{corr}(u^2-v^2) \tag{2-99}$$
$$i_{C,-2\Delta\varphi}=i_{corr}(v^{-2}-u^{-2}) \tag{2-100}$$

式(2-99)比式(2-98)得
$$r_2\equiv\frac{i_{A,2\Delta\varphi}}{i_{A,\Delta\varphi}}=\frac{u^2-v^2}{u-v}=u+v \tag{2-101}$$

式(2-99)比式(2-100)得
$$r_1\equiv\frac{i_{A,2\Delta\varphi}}{i_{C,-2\Delta\varphi}}=\frac{u^2-v^2}{v^{-2}-u^{-2}}=u^2v^2 \tag{2-102}$$

由式(2-101)和式(2-102)可得两个对称的一元二次方程:
$$u^2-r_2u+\sqrt{r_1}=0 \tag{2-103}$$
$$v^2-r_2v+\sqrt{r_1}=0 \tag{2-104}$$

根据 u 和 v 的定义可知 $u>1$ 和 $v<1$,因此得
$$u=\frac{1}{2}\left(r_2+\sqrt{r_2^2-4\sqrt{r_1}}\right) \tag{2-105}$$

$$v=\frac{1}{2}\left(r_2-\sqrt{r_2^2-4\sqrt{r_1}}\right) \tag{2-106}$$

由此并根据式(2-98)可解得
$$i_{corr}=\frac{i_{A,\Delta\varphi}}{u-v}=\frac{i_{A,\Delta\varphi}}{\sqrt{r_2^2-4\sqrt{r_1}}} \tag{2-107}$$

$$b_A=\frac{\Delta\varphi}{\lg u}=\frac{\Delta\varphi}{\lg\left(r_2+\sqrt{r_2^2-4\sqrt{r_1}}\right)-\lg 2} \tag{2-108}$$

$$b_C=\frac{\Delta\varphi}{\lg v}=\frac{-\Delta\varphi}{\lg\left(r_2-\sqrt{r_2^2-4\sqrt{r_1}}\right)-\lg 2} \tag{2-109}$$

这样,测量一组数据即可计算求出 i_{corr}、b_A 和 b_C。

由式(2-107)、式(2-108)及式(2-109)可知,若用作图法,也可从直线的斜率求得 i_{corr}、b_A 和 b_C,并且结果比代入三点实际数据计算所得的结果更加可靠。图解法需要在多个给定的 $\Delta\varphi$ 下测量数组 $i_{A,\Delta\varphi}$、$i_{A,2\Delta\varphi}$ 和 $i_{C,-2\Delta\varphi}$ 的值,然后计算出每个给定的 $\Delta\varphi$ 下的 r_1 和 r_2,再用 $\sqrt{r_2^2-4\sqrt{r_1}}$ 对 $i_{A,\Delta\varphi}$ 作图,斜率即为 i_{corr}^{-1},如图2.30所示;用 $\lg\left(r_2+\sqrt{r_2^2-4\sqrt{r_1}}\right)-\lg 2$ 和 $\lg\left(r_2-\sqrt{r_2^2-4\sqrt{r_1}}\right)-\lg 2$ 分别对 $\Delta\varphi$ 作图,从直线的斜率可分别得到 b_A 和 b_C,如图2.31

所示。

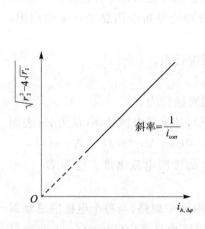

图 2.30　图解三点法求 i_{corr}

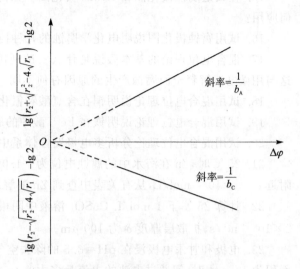

图 2.31　图解三点法求 b_A 和 b_C

思考题与习题

1. 电化学腐蚀的热力学判据有几种？举例说明它们的应用和使用的局限性。

2. 何谓腐蚀电池？腐蚀电池和原电池有无本质区别？原因何在？

3. 腐蚀电池由几个部分组成？其基本过程是什么？

4. 腐蚀电池分类的根据是什么？它可分为几大类？

5. 什么是异金属接触电池、浓差电池和温差电池？举例说明这三类腐蚀电池的作用原理。

6. 何谓标准电极电位？试指出标准电位序和电偶序的区别。

7. 把 Zn 浸入 pH＝2 的 0.001 mol/L 的 $ZnCl_2$ 的溶液中,计算该金属发生析氢腐蚀的理论倾向(以电位表示)。

8. 计算下列电池的电动势:

$$Pt|Fe^{3+}(a_{Fe^{3+}}=0.1),\quad Fe^{2+}(a_{Fe^{2+}}=0.001)||Ag(a_{Ag^+}=0.01)|Ag$$

并写出该电池的自发反应,判定哪个电极为阳极。

9. 锌浸在 $CuCl_2$ 溶液中时会发生什么样的反应？当 Zn^{2+}/Cu^{2+} 活度比等于何值时,这个反应才会停止？

10. 计算在 25 ℃ 充空气的水环境中,静止状态镉发生腐蚀所需的氢气压力。作为腐蚀产物,$Cd(OH)_2$ 的溶度积为 $2.0×10^{-14}$。

11. 已知电极反应 $O_2＋2H_2O＋4e^-＝4OH^-$ 的标准平衡电位等于 0.401 V,请计算电极反应 $O_2＋4H^+＋4e^-＝2H_2O$ 的标准电极电位。

12. 已知电极反应 $Fe＝Fe^{2+}＋2e^-$ 和 $Fe^{2+}＝Fe^{3+}＋e^-$ 的标准电极电位分别为 -0.44 V 和 0.771 V,请计算电极反应 $Fe＝Fe^{3+}＋3e^-$ 的标准电极电位。

13. 在电化学极化控制下决定腐蚀速率的主要因素是什么？

14. 浓差极化控制下决定腐蚀速率的主要因素是什么？

15. 什么是腐蚀极化图和 Evans 极化图？如何测得？腐蚀极化图在研究电化学腐蚀中有何应用？

16. 试用腐蚀极化图说明电化学腐蚀的几种控制因素及控制程度的计算方法。

17. 混合电位理论的基本假说是什么？试利用混合电位理论分析全面腐蚀产生的原因，这与用微电池解释全面腐蚀产生的原因有何不同？

18. 试用混合电位理论说明铜在含氧酸和氰化物中的腐蚀行为。

19. 试用混合电位理论说明铁在 Fe^{3+} 酸中的腐蚀行为。

20. 试用混合电位理论分析多电极腐蚀体系中各金属的腐蚀行为。

21. 25 ℃时，Zn 在海水中的腐蚀电位为 -1.094 V(SCE)，计算其腐蚀速率(认为 Zn 表面附近 $c_{Zn^{2+}}=10^{-6}$ mol/L，从有关表中查到 Zn 溶解反应的 $b_A=0.05$ V，$i^0=10^{-2}$ A·m)。

22. 计算 25 ℃下 1 mol/L $CuSO_4$ 溶液中阴极电沉积时的极限电流密度。已知 $D_{Cu^{2+}}=2\times10^{-10}$ m^2/s，扩散层厚度 δ 为 100 μm。

23. 电极和甘汞电极浸在 pH$=3.5$ 的除去空气的 HCl 溶液中短路，当每个电极的总暴露面积为 10 cm^2 时，问通过电池的电流是多大？Zn 相应的腐蚀速率是多少(以 $g/(m^2·d)$ 为单位)？已知 Zn 的腐蚀电位是 -1.03 V(相对 1 mol/L 甘汞电极)。

24. 低碳钢在 pH$=2$ 的除去空气的溶液中，腐蚀电位为 -0.64 V(相对饱和 $Hg-HgSO_4$ 电极)。对于同样的钢的氢过电位(单位为 V)，遵循关系 $\eta=0.7+0.1·\lg i$，式中 i 的单位为 A·cm^2。假定所有的钢的氢过电位近似地作为阴极，计算腐蚀速率(以 mm/a 为单位)。

25. 测得铁在 25 ℃、质量分数为 0.03 的 NaCl 溶液中的混合电位为 -0.3 V(SCE)，试问阴、阳极的控制程度并指出属于何种腐蚀控制。

26. Pt 在除去空气的 pH$=1.0$ 的 H_2SO_4 中，以 0.01 A/cm^2 的电流进行阴极极化时的电位为 -0.334 V(SCE)；而以 0.1 A/cm^2 阴极极化时的电位为 -0.364 V(SCE)。计算在此溶液中 H^+ 在 Pt 上放电交换的电流密度 i^0 和塔菲尔常数 b_c。

27. 25 ℃的 0.5 mol/L 的硫酸，以 0.2 m/s 的流速通过铁管。假定所有的铁表面作为阴极，塔菲尔斜率为 ±0.100 V，而且 Fe^{2+}/Fe 和氢在 Fe 上的交换电流密度分别为 10^{-3} A/m^2 和 10^{-2} A/m^2，求铁管的腐蚀电位和腐蚀速率(以 mm/a 为单位)。

28. Fe 在腐蚀溶液中，低电流密度下线性极化的斜率 $d\varphi/di=2$ mV$(\mu A/cm^2)$，假定 $b_A=b_c=0.1$ V，试计算其腐蚀速率(以 $g/(m^2·d)$ 为单位)。

第3章 金属电化学腐蚀的电极过程

3.1 金属电化学腐蚀的阴极过程

金属在溶液中发生电化学腐蚀的根本原因是溶液中含有能使该种金属氧化的物质,即腐蚀过程的去极化剂。导致去极化剂还原的阴极过程与金属氧化的阳极过程共轭组成了整个腐蚀过程,二者相互依存,缺一不可。因此,研究腐蚀电池中可能出现的各类阴极反应,以及它们在腐蚀过程中的作用,对于了解金属腐蚀过程十分重要。

在阴极上吸收电子的过程(即阴极还原反应)都能起到去极化的作用。与金属腐蚀有关的阴极去极化剂和阴极还原反应有以下几类:

第一类,溶液中阳离子的还原反应,例如:

析氢反应为

$$2H^+ + 2e^- \longrightarrow H_2$$

金属离子的沉积反应为

$$Cu^{2+} + 2e^- \longrightarrow Cu$$

高价金属离子还原为低价金属离子:

$$Fe^{3+} + e^- \longrightarrow Fe^{2+}$$

第二类,溶液中阴离子的还原反应,例如:

氧化性酸根的还原反应为

$$NO_3^- + 2H^+ + e^- \longrightarrow NO_2 + H_2O$$

$$Cr_2O_7^{2-} + 14H^+ + 6e^- \longrightarrow 2Cr^{3+} + 7H_2O$$

第三类,溶液中中性分子的还原反应,例如:

在中性或碱性溶液中,发生氧还原反应,生成 OH^- 离子:

$$O_2 + 2H_2O + 4e^- \longrightarrow 4OH^-$$

在酸性溶液中,发生氧还原反应,生成水:

$$O_2 + 4H^+ + 4e^- \longrightarrow 2H_2O$$

氯的还原反应为

$$Cl_2 + 2e^- \longrightarrow 2Cl^-$$

第四类,不溶性膜或沉积物的还原反应,例如:

$$Fe(OH)_3 + e^- \longrightarrow Fe(OH)_2 + OH^-$$

$$Fe_3O_4 + H_2O + 2e^- \longrightarrow 3FeO_2 + 2OH^-$$

第五类,溶液中某些有机化合物的还原,例如:

$$R{-}COOH + 2H^+ + 2e^- \longrightarrow R{-}COH + H_2O$$

式中:R 表示有机化合物基团或分子。

总之,金属要发生电化学腐蚀,不但需要有作为阳极发生溶解的金属,而且必须要有阴极去极化剂来维持阴极过程的不断进行。对于一个具体的腐蚀体系来说,究竟哪种物质为阴极去极化剂,不仅要看介质中有哪些可发生阴极还原的物质,而且还要看它们在阴极的放电电位。还原反应的电位越正,越优先在阴极进行。

对于金属腐蚀来说,在阴极去极化剂的还原反应中,氢离子和氧分子的阴极还原反应是最常遇到的两个阴极去极化过程,二者分别引起析氢腐蚀和耗氧腐蚀。

3.1.1 析氢腐蚀

1. 析氢腐蚀发生的必要条件

以氢离子还原反应为阴极过程的金属腐蚀称为析氢腐蚀。产生析氢腐蚀的必要条件是金属的电位低于氢离子还原反应的电位,即

$$\varphi_M < \varphi_{H^+/H_2} \tag{3-1}$$

氢电极的平衡电位可由能斯特公式求出,即

$$\varphi_{H^+/H_2}^e = \varphi_{H^+/H_2}^0 + \frac{2.3RT}{F}\lg a_{H^+} \tag{3-2}$$

因为$\varphi_{H^+/H_2}^0 = 0$,$pH = \lg a_{H^+}$,所以有

$$\varphi_{H^+/H_2}^e = -\frac{2.3RT}{F}pH \tag{3-3}$$

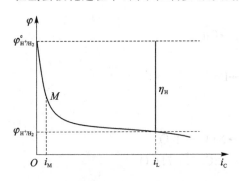

图 3.1 氢去极化过程的阴极极化曲线

在氢去极化过程中,由于控制步骤形成阻力,在氢电极平衡电位下将不发生析氢过程,只有克服了这一阻力之后才能发生氢的析出,因此氢的析出电位总是比氢电极的平衡电位更低一些,由此产生了阴极极化。图 3.1 所示为典型的氢去极化的阴极极化曲线,是在 H^+ 为唯一的去极化剂的情况下实测绘制而成的。它表明在氢的平衡电位 φ_{H^+/H_2}^e 时没有氢析出,电流为零。只有在一定的电流密度下,电位比 φ_{H^+/H_2}^e 更低且达到了一定值(如图 3.1 中 i_L 相对应的 φ_{H^+/H_2})时才会发生。在一定电流密度下,氢在阴极实际析出的电位通常被称为氢的

实际析出电位,简称析氢电位。

因此,在一定电流密度下,氢的平衡电位 φ_{H^+/H_2}^e 与析氢电位 φ_{H^+/H_2} 之间的差值,就是该电流密度下的析氢过电位或氢过电位 η_H,即

$$\eta_H = -(\varphi_{H^+/H_2} - \varphi_{H^+/H_2}^e) = \varphi_{H^+/H_2}^e - \varphi_{H^+/H_2} \tag{3-4}$$

将式(3-3)代入式(3-4)有

$$\varphi_{H^+/H_2} = -\frac{2.3RT}{F}pH - \eta_H \tag{3-5}$$

将式(3-5)代入式(3-1)可知,产生金属析氢腐蚀的必要条件为

$$\varphi_M < -\frac{2.3RT}{F}pH - \eta_H \tag{3-6}$$

由式(3-6)可知,当 η_H 一定时,溶液中 pH 值下降有利于析氢腐蚀的产生,因此 φ_M 较负的金属(如 Zn、Fe、Cd 等)在酸性溶液中都会发生析氢腐蚀,而在中性或碱性溶液中,只有 φ_M

很负的金属(如 Al 合金、Mg 合金)才能发生析氢腐蚀。但是也应当指出,对一些易钝化金属(如 Ti、Cr 等),由于其表面会生成钝化膜,阳极溶解过电位很大,因此在某些酸性溶液中(只要钝化膜在此溶液中有足够的稳定性),它们并不发生析氢腐蚀。

2. 析氢过电位形成的原因

析氢过电位 η_H 与氢离子的阴极去极化的过程,电极的材料与溶液组成等因素有关。

氢离子的阴极去极化的反应由下述几个连续步骤组成:

① 水化氢离子 $H^+ \cdot H_2O$ 迁移到阴极表面,接受电子发生还原反应,同时脱去水分子,在电极表面形成吸附氢原子,即

$$H^+ \cdot H_2O + e^- \longrightarrow H_{ads} + H_2O$$

② 吸附氢原子除了进入金属内部外,大部分在电极表面扩散并复合形成氢分子。氢分子复合可以有两种方式:

> 两个吸附的氢原子进行化学反应而复合成一个氢分子,发生化学脱附,即

$$H_{ads} + H_{ads} \longrightarrow H_2 \uparrow$$

这个反应称为化学脱附反应,也称为塔菲尔(Tafel)反应。

> 由一个吸附氢原子与一个氢离子进行电化学反应而形成一个氢分子,发生电化学脱附,即

$$H_{ads} + H^+ + H_2O + e^- \longrightarrow H_2 \uparrow + H_2O$$

③ 氢分子聚集成氢气泡逸出,从电极表面析出。

上述过程中,如果某一步骤进行得较缓慢,就会使整个氢去极化反应受到阻滞,由阳极来的电子就会在阴极积累,使阴极电位向负方向移动,产生一定的析氢过电位 η_H。对于大多数金属来说,H^+ 与电子结合而放电的电化学步骤最缓慢,是控制步骤,即所谓"迟缓放电";对于某些氢过电位很低的金属(如 Pt、Pd)来说,复合脱附步骤进行是控制步骤,即所谓"迟缓复合"。除此以外,其他步骤对氢去极化过程的影响不大。在有些金属电极上,例如镍和铁电极上,一部分吸附氢原子会向金属内部扩散,这就是导致金属在腐蚀过程中可能产生氢脆的原因。

3. 析氢过电位的主要影响因素

析氢过电位 η_H 的大小与电流密度、材料的性质、电极的表面状态、溶液的组成、浓度和温度等因素有关。

(1) 电流密度

由于析氢过电位是电流密度的函数,因此,只有指出对应的电流密度的数值时,析氢过电位才具有明确定量的意义。从图 3.1 可以看出,阴极电位变化的程度与电流密度有关。可把阴极极化曲线分为两个部分,当电流密度很小($i_c < i_M$),小于 $10^{-4} \sim 10^{-5}$ A/cm² 时,η_H 与 i_c 呈线性关系,即

$$\eta_H = R_F i_c$$

式中:R_F 为法拉第电阻,对应图 3.1 中 $i_c < i_M$ 时的情形。当继续增加电流密度时,在一个很大的电流密度范围内,η_H 与 i_c 呈对数关系,即

$$\eta_H = a_H + b_H \lg i_c \tag{3-7}$$

式(3-7)即为析氢反应的塔菲尔电化学极化方程式,其中 a_H 和 b_H 为常数。从电极过程动力学理论可得 a_H 和 b_H 值的理论表达式为

$$a_H = -\frac{2.3RT}{\alpha nF} \lg i^0$$

$$b_H = \frac{2.3RT}{\alpha nF} \lg i^0$$

对于给定电极,在一定的溶液组成和温度下,a_H 与 b_H 均为常数。常数 a_H 与电极析氢反应的交换电流密度 i^0、电极材料性质、表面状态、溶液组成、浓度及温度有关,其数值等于单位电流密度下的过电位。a_H 值越大,η_H 就越大,阴极极化程度也越大,析氢腐蚀中阳极金属对应的腐蚀速率就越小。常数 b_H 与电极材料无关,而与控制步骤中参加反应的电子数 n 和温度 T 有关。对于许多金属来说,$a_H = 0.5$,当 $n=1$,$T=298$ K 时,b_H 值的理论计算结果为 0.118 V。各种金属阴极析氢反应的 b_H 值大致相同,一般在 0.1~0.2 范围内。

图 3.2 给出了不同金属上析氢过电位与电流密度的对数值之间的关系,均近似为直线规律。由于塔菲尔关系式中 b_H 值相近,因此这些直线基本上是平行的。

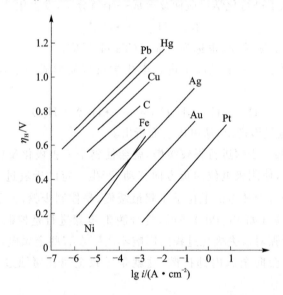

图 3.2　不同金属上的析氢过电位与电流密度的关系

（2）电极材料

不同金属电极在给定溶液中对析氢过电位的影响,主要反映在塔菲尔方程式中的常数项 a_H 值的差别上,而 b_H 值差别较小,如表 3.1 所列（表中涉及的酸性溶液为 1 mol/L HCl 或 0.5 mol/L H_2SO_4,碱性溶液为 1 mol/L KOH）。

表 3.1　不同金属上析氢反应的塔菲尔常数 a_H 和 b_H 值（25 ℃）

金　属		酸性溶液		碱性溶液	
		a_H/V	b_H/V	a_H/V	b_H/V
低析氢过电位金属	Pt	0.10	0.03	0.31	0.10
	Pd	0.24	0.03	0.53	0.13
	Au	0.40	0.12		
	W	0.43	0.10		

金　属		酸性溶液		碱性溶液	
		a_H/V	b_H/V	a_H/V	b_H/V
中析氢过电位金属	Co	0.62	0.14	0.60	0.14
	Ni	0.63	0.11	0.65	0.10
	Mo	0.66	0.08	0.67	0.14
	Fe	0.70	0.12	0.76	0.11
	Mn	0.80	0.10	0.90	0.12
	Nb	0.80	0.10		
	Ti	0.82	0.14	0.83	0.14
	Bi	0.84	0.12		
	Cu	0.87	0.12	0.96	0.12
	Ag	0.95	0.10	0.73	0.12
	Ge	0.97	0.12		
	Al	1.00	0.10	0.64	0.14
	Sb	1.00	0.11		
高析氢过电位金属	Be	1.08	0.12		
	Sn	1.20	0.13	1.28	0.23
	Zn	1.24	0.12	1.20	0.12
	Cd	1.40	0.12	1.05	0.16
	Hg	1.41	0.114	1.54	0.11
	Tl	1.55	0.14		
	Pb	1.56	0.11	1.36	0.25

表 3.1 中列出了不同金属上析氢反应的塔菲尔常数 a_H 和 b_H 值。根据 a_H 值的大小,可看出金属材料对析氢过电位的影响,大体可将金属大致分成三类:

① 高析氢过电位金属,如 Be、Sn、Zn、Cd、Hg、Tl、Pb 等,a_H 在 1.0~1.6 V 范围内。

② 中析氢过电位金属,如 Co、Ni、Fe、Ti、Cu、Ag 等,a_H 在 0.5~1.0 V 范围内。

③ 低析氢过电位金属,如 Pt、Pd、Au、W 等,a_H 在 0.1~0.5 V 范围内。

以上三类金属电极之所以具有不同的析氢过电位,与不同金属电极的析氢反应的控制步骤和对氢离子放电反应的催化活性有关。

低析氢过电位的 Pt、Pd 等金属对氢离子放电有较强的催化能力,这类些金属析氢反应的交换电流密度 i_H^0 很大(见表 3.2),但它们吸附氢原子的能力也很强,因此,这类金属电极上析氢的控制步骤为吸附氢原子复合脱附步骤。

中析氢过电位的 Fe、Ni、Cu 等金属对氢离子放电的催化能力较小,析氢反应最缓慢的控制步骤可能是吸附氢的电化学脱附反应。

高析氢过电位的 Pb、Cd、Hg 等金属对氢离子放电的催化能力最弱,析氢反应交换电流密度最小,这类金属电极上氢离子的放电步骤最慢,成为了氢去极化过程的控制步骤。

表 3.2　金属上析氢反应的交换电流密度 i_H^0

金属	lg i_H^0/(A·cm^{-2})	金属	lg i_H^0/(A·cm^{-2})
Pd	−3.0	Nb	−6.8
Pt	−3.1	Ti	−8.3
Rh	−3.6	Zn	−10.3(H$_2$SO$_4$ 的浓度为 0.5 mol/L)
Ir	−3.7	Cd	−10.8
Ni	−5.2	Mn	−10.9
Au	−5.4	Tl	−11.0
Fe	−5.8(HCl 的浓度为 1.0 mol/L)	Pb	−12.0
W	−5.9	Hg	−13.0
Cu	−6.7(H$_2$SO$_4$ 的浓度为 0.5 mol/L)		

注：除特别注明外，H$_2$SO$_4$ 的浓度均为 1 mol/L。

另外，电极表面状态对析氢过电位也有影响。相同的金属材料，粗糙表面的氢过电位比光滑表面上的要小，这是因为粗糙表面上的真实表面积比光滑表面的大。

（3）温度和溶液组成的影响

一般来说，溶液温度升高，氢过电位减小。温度每升高 1 ℃，析氢过电位减小约 2 mV。溶液的组成对氢过电位的影响是比较复杂的。溶液中存在正电性金属离子时，它们将在电极表面上被还原，对该金属析氢过电位有不同的影响。例如，如果溶液中有 Pt 离子在 Fe 电极表面析出，由于 Pt 的析氢过电位比 Fe 低很多，作为附加阴极的 Pt 就会显著提高 Fe 在酸性溶液中的腐蚀速率。又如，酸性溶液中含有 As、Sb、Bi 等金属的盐类，这些金属单质在 Fe 表面析出后，提高了析氢过电位，使析氢腐蚀速率降低，从而起到缓蚀作用。如果溶液中含有某种表面活性剂，就会在金属表面吸附并阻碍氢的析出，将大大提高析氢过电位。这种表面活性剂就可作为缓蚀剂，防止金属在酸中的腐蚀。溶液的 pH 值对析氢过电位也有影响，氢过电位在酸性溶液中随 pH 值的增大而增大，而在碱性溶液中随 pH 值的增大而减小。

4. 析氢腐蚀的控制过程

析氢腐蚀速度可根据阴、阳极极化性能，分为阴极控制、阳极控制和混合控制。

（1）阴极控制

当阴极析氢反应的阻力大于阳极溶解反应的阻力时，析氢腐蚀速率受阴极过程控制。此时，金属电极的腐蚀电位接近阳极的平衡电位。例如，金属锌在酸中的腐蚀即属这种类型。图 3.3 所示为纯锌和含有不同杂质的工业锌在酸中的腐蚀极化图，由于锌的溶解反应的电化学极化较小，而氢在锌上的析出过电位却非常高，因此锌的析氢腐蚀为阴极控制。锌中杂质的性质和含量不同，因此锌在酸中的溶解速度可在 3 个数量级之内变化。若锌中含有较低氢过电位的金属杂质，如 Cu、Fe 等，则阴极极化减小，可使腐蚀速度增大。相反，如果锌中加入高析氢过电位的汞，则可使锌的腐蚀速度大幅下降。锌被汞齐化后，腐蚀率降低。因此电池工业中采用锌表面汞齐化处理的办法，可降低干电池锌皮在酸性氯化铵介质中的腐蚀速率，减少电池自放电。但是这类干电池因含有重金属汞造成环境污染，现已逐步被新型环保型电池替代。

（2）阳极控制

当金属阳极溶解反应的极化率大于阴极析氢反应的极化率时，析氢腐蚀受阳极控制。此时，金属电极的腐蚀电位接近析氢阴极反应的平衡电位。例如，处于钝态的金属铝在弱酸溶液中的腐蚀就属于这种情况,图 3.4 所示为铝在弱酸中的析氢腐蚀极化图,为阳极控制。在脱氧的弱酸溶液中,因为 Al 表面有钝化膜存在,金属离子的进一步溶解必须穿透钝化膜,所以阳极溶解过程受阻,表现为具有较高的阳极过电位。此时,铝的腐蚀速率大小取决于其表面钝化膜的完整性。当溶液中存在氧时,铝、钛、不锈钢等金属上钝化膜的缺陷易被修复,因此腐蚀速度降低。当溶液中含有 Cl⁻ 离子时,其钝化膜遭到破坏,使腐蚀速度上升。

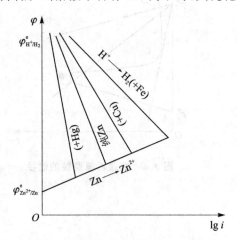

图 3.3　纯锌和含不同杂质的工业锌
在酸中的腐蚀极化图(阴极控制)

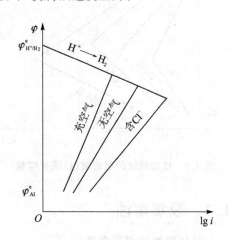

图 3.4　铝在弱酸中的析
氢腐蚀极化图(阳极控制)

（3）混合控制

当腐蚀电池的阴极极化和阳极极化大体相当时,呈现出阴、阳极混合控制状态的析氢腐蚀。大多数钢铁的腐蚀属于这种类型。图 3.5 所示为铁和不同成分的碳钢的析氢腐蚀极化图。在给定的电流密度下,碳钢的阳极和阴极极化都比纯铁的低,这意味着碳钢的析氢腐蚀速度比纯铁的快。钢中含有杂质 S 时,可使析氢腐蚀速度加快。这是因为,一方面可形成 Fe-FeS 局部微电池,加速腐蚀;另一方面,钢中的 S 可溶于酸中,形成 S^{2-} 离子。由于 S^{2-} 极易吸附在铁表面,强烈催化电化学过程,使阴、阳极极化度都降低,因而加速腐蚀。这与少量(10^{-6} 数量级)硫化物加入酸中加速钢的腐蚀的效果类似。在含 S 的钢中加入 Cu 有两方面的作用:一方面是其本身是阴极,可加速 Fe 的溶解;另一方面可以抵消 S 的有害作用。因为溶解的 Cu^{+} 又沉积在 Fe 表面,与吸附的 S^{2-} 离子形成 Cu_2S,在酸中不溶(溶度积为 10^{-48}),故可消除 S^{2-} 对电化学反应的催化作用。

5. 析氢腐蚀的控制途径

析氢腐蚀的腐蚀速度主要取决于析氢过电位的大小,提高析氢过电位有助于减缓析氢腐蚀。对于阳极钝化控制的析氢腐蚀,应加强其钝化,防止其活化。因此,减缓和防止析氢腐蚀的主要途径如图 3.6 所示,具体包括:

➤ 减少或消除金属中的有害杂质,特别是析氢过电位小的阴极性杂质。如溶液中贵金属离子,在金属上析出后提供了有效的阴极,其析氢过电位很小,则会加速腐蚀,应设法除去。

➤ 加入氢过电位大的成分,如 Hg、Zn、Pb 等。

➤ 加入缓蚀剂,增大析氢过电位,如酸洗缓蚀剂若丁,有效成分为二邻甲苯硫脲。

➤ 降低活性阴离子成分如 Cl⁻、S^{2-} 等。

> 对可钝化金属加入贵金属元素或 η_H 小的成分,如在 Fe 基材料中引入少量 Pt(见图 3.6),使活化加剧,进入钝化。

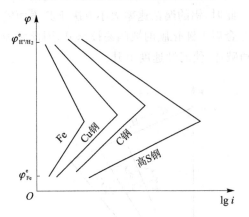

图 3.5 铁和碳钢的析氢腐蚀(混合控制)

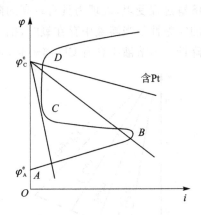

图 3.6 减缓析氢腐蚀的途径

3.1.2 吸氧腐蚀

1. 吸氧腐蚀的必要条件

以氧的还原反应为阴极过程的腐蚀,称为吸氧腐蚀或耗氧腐蚀。与氢离子还原反应相比,氧还原反应可以在较高的电位下进行,因此吸氧腐蚀比析氢腐蚀更为普遍。

例如,在中性和碱性溶液中氧还原反应为

$$O_2 + 2H_2O + 4e^- \longrightarrow 4OH^-$$

其平衡电位为

$$\varphi_{O_2}^e = \varphi_{O_2}^0 + \frac{2.3RT}{4F}\lg\frac{P_{O_2}}{a_{OH^-}^4}$$

$\varphi_{O_2}^0 = 0.401$ V,空气中 $P_{O_2} = 0.021$ MPa,当 pH=7 时,有

$$\varphi_{O_2}^e = 0.401 + \frac{2.3RT}{4F}\lg\frac{0.21}{(10^{-7})^4} = 0.805 \text{ V}$$

由于在中性溶液中氧的还原电位为 0.805 V,高于许多金属的腐蚀电位,因此大多数金属在中性或碱性溶液中,例如潮湿大气、淡水、海水、潮湿土壤环境中,都能发生吸氧腐蚀。少数正电性金属在含有溶解氧的弱酸性溶液中的腐蚀,以及金属在土壤、海水、大气中的腐蚀,都属于吸氧腐蚀。

在自然界中,与大气接触的溶液中一般都溶解了氧,因此发生吸氧腐蚀的必要条件是金属的电位比氧还原反应的电位低,即 $\varphi_M < \varphi_O$。

但是,氧是不带电荷的中性分子,在溶液中仅有一定的溶解度,并以扩散的方式到达阴极。阴极氧的还原反应必须满足一定的阴极极化过电位才能发生。一定电流密度下,氧平衡电位 $\varphi_{O_2}^e$ 和氧的离子化过电位 φ_O 之差,称为氧离子化电位 η_O,即

$$\eta_O = \varphi_{O_2}^e - \varphi_O$$

因此,产生金属吸氧腐蚀的必要条件是

$$\varphi_M < \varphi_{O_2}^e - \eta_O$$

综上所述,吸氧腐蚀的一般具有以下特征:

➤ 电解质溶液中,只要有氧存在,无论在酸性、中性还是碱性溶液中都有可能首先发生吸氧腐蚀。这是由于在相同条件下,氧的平衡电位总是比氢的平衡电位高的缘故。

➤ 氧在稳态扩散时,其吸氧腐蚀速率将受氧浓差极化的控制。氧的离子化过电位是吸氧腐蚀的重要影响因素。

➤ 氧的双重作用主要表现在,对于易钝化金属,可能因阴极去极化作用而起着腐蚀剂作用,也可能因促进钝化而减缓腐蚀。

2. 氧的阴极去极化的反应过程

氧的阴极还原过程可分为两个基本过程,即氧的输送过程和氧分子在阴极被还原的过程。氧的输送过程由以下几个步骤组成:

① 通过空气和电解液的界面进入溶液;

② 依靠溶液中的对流作用向阴极表面溶液扩散层迁移;

③ 氧借助扩散作用,通过阴极表面溶液扩散层,到达阴极表面,形成吸附氧。

由于氧分子阴极还原总反应包含 4 个电子,故反应机理十分复杂。通常有中间态粒子或氧化物形成。在不同的溶液中,其反应机理也不一样,主要包括以下两种情况:

第一种:在中性或碱性溶液中,氧分子还原的反应为

$$O_2 + 2H_2O + 4e^- \longrightarrow 4OH^-$$

平衡电位:

$$\varphi^e_{O_2} = \varphi^0_{O_2} + \frac{2.3RT}{4F} \lg \frac{P_{O_2}}{a^4_{OH^-}}$$

其中

$$\varphi^0_{O_2} = 0.401 \text{ V}, \quad P_{O_2} = 0.21 \text{ atm}^{①}$$

当 pH=7 时,

$$\varphi^e_{O_2} = 0.805 \text{ V}$$

可能步骤:

$$O_2 + e^- \longrightarrow O_2^-$$

$$O_2^- + H_2O + e^- \longrightarrow HO_2^- + OH^-$$

$$HO_2^- + H_2O + 2e^- \longrightarrow 3OH^-$$

第二种:在酸性溶液中,氧分子还原的反应为

$$O_2 + 4H^+ + 4e^- \longrightarrow 2H_2O$$

该反应平衡电位为

$$\varphi^e_{O_2} = \varphi^0_{O_2} + \frac{2.3RT}{4F} \lg \frac{a^4_{H^+} P_{O_2}}{a_{H_2O}}$$

$$= \varphi^0_{O_2} + \frac{2.3RT}{4F} \lg a^4_{H^+} \cdot P_{O_2}$$

此时,

$$\varphi^0_{O_2} = 1.229, \quad P_{O_2} = 0.21 \text{ atm}, \quad \varphi^e_{O_2} = 1.229 - 0.0591 \text{ pH}$$

具体可包括几个基本反应可能:

----

① 1 atm=101 325 Pa。

$$O_2 + e^- \longrightarrow O_2^-$$
$$O_2^- + H^+ \longrightarrow HO_2$$
$$HO_2 + e^- \longrightarrow HO_2^-$$
$$HO_2^- + H^+ \longrightarrow H_2O_2$$
$$H_2O_2 + H^+ + e^- \longrightarrow H_2O + HO$$
$$HO + H^+ + e^- \longrightarrow H_2O$$

在上述过程中,任何一个分步骤进行迟缓都会引发阴极极化作用,导致氧离子化过电位 η_O 的产生。由于氧为中性分子,不存在电迁移作用,故其输送仅能依靠对流和扩散作用。通常在溶液中对流对氧的传输远远超过氧的扩散,但在靠近电极表面附近,对流速率逐渐减小,在自然对流情况下,稳态扩散层厚度 δ 为 $0.1 \sim 0.5$ mm。在此扩散层内,氧的传输只能靠扩散进行,因此,现代理论认为,氧电极的极化主要是由于氧通过扩散层的扩散缓慢所造成的浓差极化,在加强搅拌或流动的腐蚀介质中,电化学反应缓慢所造成的电化学极化才可能成为控制步骤。对于电化学极化控制的情况,一般认为在中性、碱性溶液中,因生成氧化一氢离子 HO_2^- 迟缓,为控制步骤;在酸性溶液中,因生成半价氧离子迟缓而成为控制步骤。

3. 吸氧腐蚀的控制过程

金属发生氧去极化腐蚀时,多数情况下阳极过程发生金属活性溶解,腐蚀过程处于阴极控制之下。氧去极化的速度主要取决于溶解氧向电极表面的传递速度和氧在电极表面上的放电速度。图 3.7 所示为氧去极化反应的极化曲线,大致可分为以下四段:

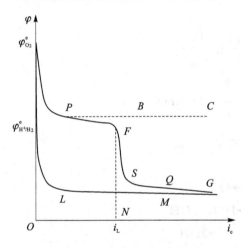

图 3.7 氧的阴极去极化过程的极化曲线

① 当阴极极化电流 i_c 不太大且供氧充分时,氧离子化反应为控制步骤,发生电化学极化,极化曲线如图 3.7 中 $\varphi_{O_2}^e$ 的 PBC 线,氧还原反应的过电位 η_O 与极化电流密度 i_c 之间服从塔菲尔关系式:

$$\eta_O = a + b\lg i_c$$

② 随着阴极极化电流密度增大,因供氧不足而出现浓差极化,一般当 $i_L/2 < i_c < i_L$ 时(i_L 为氧的极限扩散电流密度),阴极过电位由氧离子化反应与氧的扩散过程混合控制,如图 3.7 中极化曲线的 PF 段,在此区间,过电位 η_O 与电流密度 i_c 之间的关系为

$$\eta_O = a + b\lg i_c - b\ln\left(1 - \frac{i_c}{i_L}\right)$$

③ 当阴极电流 i_c 接近 i_L 时,由于供氧受阻浓差极化不断加强,极化曲线如图 3.7 上的 FN 段。此时浓差极化过电位 η_O 与电流密度 i_c 间的关系为

$$\eta_O = -b\ln\left(1 - \frac{i_c}{i_L}\right)$$

当 $i_c = i_L$ 时,$\eta_O \to \infty$,此时氧去极化反应速度(即金属腐蚀速度)完全取决于氧的极限扩散电流密度,与金属的电极电位没有关系。

④ 实际上,氧去极化过程中的电位不会无限制地沿着 FSN 方向进行下去,这是因为当阴

极向负极化到一定的电位时,除了氧离子化之外,已可以开始进行某种新的电极反应。例如,在电位达到析氢的平衡电位 φ_{H^+/H_2}^e 之后,氢的去极化过程(图 3.7 中 φ_{H^+/H_2}^e 的 LM 线)就开始与氧的去极化过程同时进行。两反应的极化曲线互相加合,总的阴极去极化过程如图中的 $\varphi_{O_2}^e$ 的 $PFSQG$ 曲线。极化曲线 SQG 表示电极上总的阴极电流密度 i_c 是氧的去极化反应 i_{O_2} 和氢去极化反应的电流密度 i_{H_2} 的总和,即

$$i_c = i_{O_2} + i_{H_2}$$

　　总的阴极电流密度中 i_{O_2} 和 i_{H_2} 的比值取决于金属电极的性质和溶液的 pH 值。

　　图 3.8 所示为不同金属在中性溶液中腐蚀的极化示意图。当腐蚀金属在溶液中的电位较正,腐蚀过程中氧的传递速度又很大时,金属腐蚀速度主要由氧在电极上的放电速度决定,阳极极化曲线与阴极极化曲线相交于氧还原反应的活化极化区(图 3.8 中的交点 1)。例如,铜在强烈搅拌的敞口溶液中的腐蚀就属于这种情况。

　　如果腐蚀金属在溶液中的电位较负,比如碳钢,处于活性溶解状态而氧的传输速度又有限,则金属腐蚀速度将由氧的极限扩散电流密度决定。在图 3.8 中,阳极极化曲线和阴极极化曲线相交于氧的扩散控制区的交点 2。

　　而对于 Zn、Mn 这类在溶液中的电位非常负的金属的腐蚀,阴极过程由氧去极化和氢离子去极化两个反应共同组成,此时阳极极化曲线与阴极极化曲线相交于图 3.8 中点 3,这时腐蚀电流大于氧的极限扩散电流。

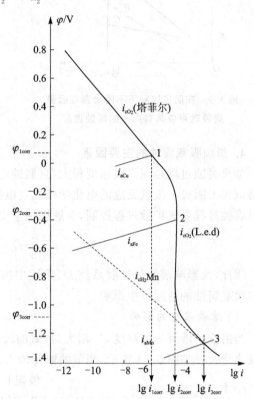

图 3.8　不同金属在中性溶液中腐蚀的极化示意图

　　实践证明,在大多数情况下,氧向电极表面的扩散决定了整个吸氧腐蚀过程的速度。因为氧在水溶液中的溶解度是有限的,例如,对于水和空气呈平衡状态的体系,水中氧的溶解度仅为 10^{-4} mol/L,因此在这类介质中,吸氧腐蚀速度往往由氧向金属表面的扩散速度所控制,而不是活化控制。

　　扩散控制的腐蚀过程中,腐蚀速度只取决于氧的扩散速度,因而在一定范围内,腐蚀电流将不受阳极极化曲线的斜率和起始电位的影响。例如,图 3.9 中 A、B、C 三种合金的阳极极化曲线不同,但腐蚀电流都一样。也就是说,这种情况下腐蚀速度与金属本身的性质无关。例如,在海水中,普通碳钢和低合金钢的腐蚀速度没有明显区别。

　　在扩散控制的腐蚀过程中,金属中阴极性杂质或微阴极数量对腐蚀速度的影响较小。原因是当微阴极在金属表面分散得比较均匀时,即使阴极的总面积不大,实际可利用来输送氧的溶液体积基本上都已被用于氧向阳极表面的扩散了,如图 3.10 所示。因此,继续增加微阴极的数量或面积并不会引起扩散过程的显著加强,也不会显著提高腐蚀速度。

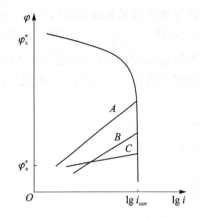

图 3.9 在阴极控制下不同金属在吸氧
腐蚀时可以具有同一的腐蚀速度

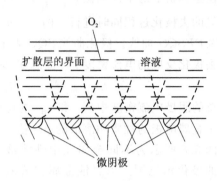

图 3.10 氧向微阴极扩散途径示意图

4. 影响吸氧腐蚀的主要因素

如果腐蚀过程是在供氧速度很大,且腐蚀电流密度较小的情况下进行,那么金属的腐蚀速度将取决于阴极上吸氧反应的电化学极化过电位的大小。但是大多数情况下,供氧速度有限,吸氧腐蚀过程受氧扩散过程控制,金属腐蚀速度就等于氧极限扩散电流密度值,即

$$i_{corr} = i_L = nFD\frac{C^0}{\delta}$$

因此,凡影响溶解氧扩散系数 D、溶液中溶解氧的浓度 C^0 以及扩散层厚度 δ 的因素,都将对吸氧腐蚀的速度产生影响。

（1）溶液浓度的影响

当溶液中溶解氧的浓度 C^0 增大时,氧的极限扩散电流密度将增大,因而耗氧腐蚀的速率也随之增大。如图 3.11 所示,当氧的浓度增大时,阴极极化曲线的起始电位要适当正移,氧的极限扩散电流密度也要相应增大,腐蚀电位将升高,非钝化金属的腐蚀速率将由 i_{corr_1} 增大到 i_{corr_2}。但对于可钝化金属,氧浓度的增大有可能促使金属由活性溶解状态转为钝化状态,使得腐蚀速率显著降低。由此可见,溶解氧对金属腐蚀往往有作用恰恰相反的双重影响。

另外,氧的溶解度随溶液浓度的增大而减小,因此溶液中盐浓度对金属腐蚀的影响是双重的。图 3.12 所示为 NaCl 的浓度对铁在充气溶液中的腐蚀速度的影响。由图可见,由于盐浓度增大,溶液的导电性增加以及 Cl^- 离子的作用加强,铁的腐蚀迅速加快;当海水中 NaCl 浓度为 3%（质量分数）时,腐蚀速度达到最大值;当盐浓度超过 3% 时,由于氧溶解度降低和扩散速度减小,腐蚀速度随盐浓度的提高而显著下降。

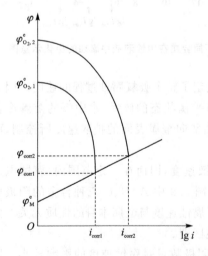

图 3.11 溶解氧浓度对于氧阴极扩散
控制的金属腐蚀速度的影响

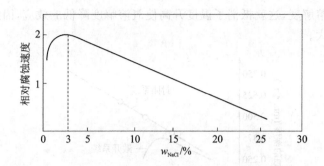

图 3.12　NaCl 浓度对铁在充气溶液中的腐蚀速度的影响

（2）流速和搅拌的影响

由于氧极限扩散电流密度与扩散层厚度成反比，所以溶液流速增大，扩散层厚度减小，氧的极限扩散电流密度随之增大，通常会导致金属的腐蚀速率增大。

图 3.13 所示为流速对 Fe 的吸氧腐蚀速率的影响规律。如图 3.13（a）所示，在层流区内，腐蚀速度随流速的增加而缓慢上升。当流速增加到开始出现湍流的速度，达到临界速度 $v_{临}$ 时，湍流液体击穿了紧贴金属表面的几乎静止的边界层，并使保护膜发生一定程度的破坏，因此腐蚀速度急剧增加。实际上腐蚀类型已由层流下的均匀腐蚀，变成湍流下的磨损腐蚀（即湍流腐蚀）。在流速上升到某一数值后，阳极极化曲线不会再与吸氧反应极化曲线的浓差极化部分相交，而与活化极化部分相交，见图 3.13（b）。这时腐蚀速度不再受阴极氧的极限扩散电流控制，腐蚀类型也不再是全面腐蚀，而是变为湍流腐蚀了，随着流速的进一步提高还将引起空泡腐蚀。

搅拌作用的影响与溶液流速的影响类似。扩散层厚度与溶液相对于金属（电极）表面的切向流速有关，搅拌作用会增加切向流速而使扩散层厚度减小，从而增大极限扩散电流密度使腐蚀速率上升。对于易钝化的金属而言，如不

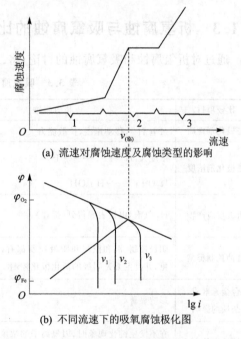

(a) 流速对腐蚀速度及腐蚀类型的影响

(b) 不同流速下的吸氧腐蚀极化图

1—层流区全面腐蚀；2—湍流区腐蚀；
3—高流速区空泡腐蚀

图 3.13　溶液流速对吸氧腐蚀的影响

锈钢，适当增加流速或给予搅拌，反而会降低其腐蚀速度。因为增大流速，或加以搅拌，使金属表面的供氧条件得到了改善（更充裕、更均匀），有利于金属的钝化，故可使金属更快地进入钝态。

（3）温度的影响

溶液的温度升高，使溶液粘度降低，从而使溶解氧的扩散系数 D 增大，故温度升高会加速腐蚀过程。但是，温度升高可使氧的溶解度降低，特别是在接近沸点时，氧的溶解度急剧降低，可减缓腐蚀过程。因此在敞口系统中，铁的腐蚀速率约在 80 ℃时达到最大值，然后随温度的升高而下降，如图 3.14 所示。在封闭系统中，温度升高使气相中氧的分压增大，氧分压增大将

增加氧在溶液中的溶解度,这就抵消了温度升高使氧溶解度降低的效应,因此腐蚀速率将随温度的升高而单调增大。

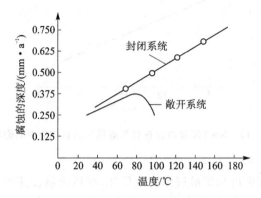

图 3.14　温度对铁在水中腐蚀速率的影响

3.1.3　析氢腐蚀与吸氧腐蚀的比较

通过对析氢腐蚀和吸氧腐蚀的讨论,将二者的主要特征汇总为表 3.3。

表 3.3　吸氧腐蚀与析氢腐蚀的比较

比较项目	析氢腐蚀	吸氧腐蚀
去极化剂性质	带电 H^+,移动速度,扩散能力大	中性 O_2 分子,只能扩散、对流
去极化剂浓度	浓度大,$H^+ + e^- \longrightarrow \frac{1}{2}H_2$ $H_2O + e^- \longrightarrow H + OH^-$	浓度不大,$C_盐$ 增加,T 增加,溶解度 $C_{O_2}^0$ 下降
阴极反应产物	H_2 气泡,电极表面得到(搅拌)	产物 OH^-,靠扩散、迁移,电极表面得不到搅拌
腐蚀控制类型	阴极控制、混和控制和阳极控制都有,阴极控制较多见,并且主要是阴极的活化极化控制	阴极控制较多,并且主要是氧扩散控制,阳极控制和混和控制的情况比较少
合金元素或杂质的影响	影响显著	影响较小
腐蚀速率的大小	在不发生钝化现象时,因氢离子的浓度和扩散系数都较大,所以单纯的析氢腐蚀速率较大	在不发生钝化现象时,因氧的溶解度和扩散系数都很小,所以单纯的耗氧腐蚀速率较小
阴极控制原因	主要活化 $\eta_{H_2} = \frac{2.3RT}{anF} \lg \frac{i_c}{i^0}$	主要浓差 $\eta_{O_2} = \frac{2.3RT}{nF} \lg \left(1 - \frac{i_c}{i_1}\right)$

3.2　金属电化学腐蚀的阳极过程

金属材料电化学腐蚀的阳极过程包括金属的阳极溶解和金属的阳极钝化。

水溶液中金属的阳极溶解反应的通式为

$$M^{n+} \cdot ne^- + mH_2O \longrightarrow M^{n+} \cdot mH_2O + ne^-$$

即金属表面晶格中的金属阳离子在极性水分子作用下进入溶液,变成水化阳离子,如图 3.15 所示;而电子在阴、阳极间电位差的驱动下移向阴极,进一步促进阳极反应的进行。

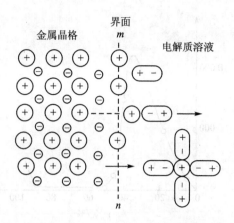

图 3.15　晶格原子转入溶液过程的示意图

实际上,金属阳极溶解过程至少由以下几个连续步骤组成:

① 金属原子离开晶格转变为表面吸附原子:

$$M_{晶格} \longrightarrow M_{吸附}$$

② 表面吸附原子越过双电层进行放电转变为水化金属阳离子:

$$M_{吸附} + m\,H_2O \longrightarrow M^{n+} \cdot m\,H_2O + ne^-$$

③ 水化金属阳离子 $M^{n+} \cdot m\,H_2O$ 从双电层溶液侧向溶液深处迁移。

在腐蚀电池中,阳极区的自由电子移向电位较正的阴极区,而阳极反应较慢使阳极区的电子得不到充分补充,即发生电子空穴的富集,因而阳极电位向正方向移动。由于电流通过阳极电位偏离平衡电位向正方向移动产生阳极极化。

一般情况下,阳极极化会加速金属的溶解速度,即发生金属的活化溶解。但在某些情况下,阳极极化可导致阳极钝化,使阳极溶解速度急剧下降。下面就对金属阳极的钝化过程进行重点介绍。

3.2.1　金属材料的阳极钝化现象

早在 18 世纪初,人们就发现一些较活泼的金属在某些特定的环境介质中都具有较好的耐蚀性。例如,如果把铁片放在硝酸中,铁片腐蚀速率与硝酸浓度之间存在如图 3.16 所示的变化规律。在稀硝酸中,铁的溶解速率随着硝酸浓度的增加而迅速增大,当硝酸的浓度增加到质量分数为 30%~40% 时,铁的腐蚀速率达到最大值。当硝酸的浓度超过 40% 时,铁的溶解速率突然下降,直到反应接近停止,铁变得很稳定,就像贵金属似的。这是因为金属铁表面形成了一层极薄的钝化膜,使金属由活化态变为钝态,这一现象称为钝化现象。

金属与钝化剂发生化学作用而产生的钝化现象,称为化学钝化或自钝化。不仅是铁,其他一些金属如铝、铬、镍、钴、钼、钽、铌、钨、钛等,在适当的条件下都可发生钝化。金属变为钝态时,其电极电位向正方向移动。例如,铁的电位为 -0.5~-0.2 V,钝化之后,升高到 0.5~1.0 V;又如,铬的电极电位为 -0.6~-0.4 V,钝化后上升为 0.8~1.0 V。金属钝化后,其电极电位几乎接近于贵金属(Au、Pt)的电位。由于电位的升高,钝化了的金属就会失去原有的某些特性,例如,钝化的铁在铜盐中不能将铜置换出来。

在介质方面,除硝酸外,其他强氧化剂如 KNO_3、$K_2Cr_2O_7$、$KMnO_4$、$KClO_3$、$AgNO_3$ 等,都能使金属发生钝化。在适当的条件下,非氧化性介质也有可能使某些金属发生钝化,如 Mg

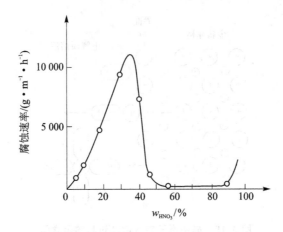

图 3.16　工业纯铁的溶解速率与硝酸浓度的关系

在 HF 溶液中,Mo 和 Nb 在 HCl 溶液中都可发生钝化。另外,溶液和大气中的氧也可促使金属发生钝化。凡能使金属发生钝化的物质称为钝化剂。但是,钝化的发生不仅仅取决于钝化剂的氧化能力。例如,H_2O_2 和 $KMnO_4$ 的氧化-还原电位比 $K_2Cr_2O_7$ 更正,应是更强的氧化剂,但实际上它们对 Fe 的钝化作用比 $K_2Cr_2O_7$ 差,原因在于钝化剂中阴离子的特性对钝化过程有影响。

金属除依靠与钝化剂相互作用而致钝外,还可通过阳极极化发生电化学钝化。图 3.17 所示为工业纯铁在 HNO_3 溶液中发生阳极钝化的极化曲线(扫描速度为 5 mV/s)。在钝化区,铁的阳极溶解电流几乎接近零。其他金属和合金,如 Cr、Ni、Mo 和不锈钢等,均可因阳极极化而发生电化学钝化。

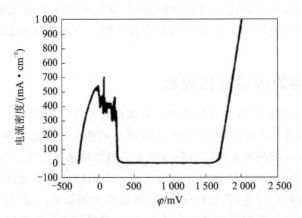

图 3.17　工业纯铁在 1 mol/L 的 HNO_3 溶液中的阳极极化曲线

化学钝化是强氧化剂作用的结果,而电化学钝化是外加电流的阳极极化产生的效应,尽管二者产生的条件有所不同,但是电化学钝化和化学钝化之间没有本质的区别。因为这两种方法得到的结果都使溶解中的金属表面的化学性质发生了某种突变,这种突变使它们的电化学溶解速率急剧下降,金属表面的活性大幅降低。

在防腐蚀技术中,可以利用钝化现象来减缓金属或合金的自腐蚀或阳极溶解速度。例如,不锈钢在许多强腐蚀性氧化性介质中极易钝化,人们就利用这类合金钢来制造与强氧化性介质相接触的化工设备。在某些情况下,钝化现象是有害的。例如,在阴极保护工程中,用 Al

作为牺牲阳极时,就需要添加活性元素 In,否则 Al 会发生钝化而发不出所需的电流。

3.2.2 金属阳极钝化的电极过程

利用控制电位法(恒电位法)可以测得具有活化-钝化行为金属的完整的阳极极化曲线,从而直观地呈现金属的阳极钝化行为和特征。搭建极化曲线测试装置如图 3.18 所示,阳极为 Fe 电极,阴极采用甘汞参比电极,采用恒电位法逐渐增加外加电压,测量获得典型的金属阳极钝化的实测极化曲线如图 3.19 所示。阳极极化曲线被 4 个特征电位值(开路电位 φ_{corr}、致钝电位 φ_{pp}、初始稳态钝化电位 φ_{p}、过钝化电位 φ_{tp})分成 4 个区段,各区段的特点如下:

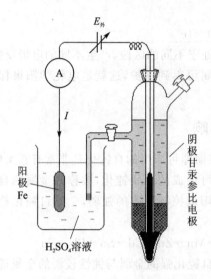

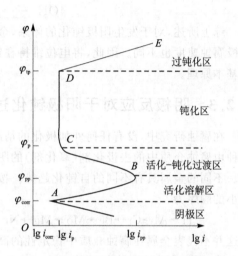

图 3.18 金属阳极钝化极化曲线测试装置示意图   图 3.19 金属钝化过程的阳极极化曲线示意图

活化溶解区(*AB* 区): 开路电位 φ_{corr} 与致钝电位 φ_{pp} 之间的区域,电流随着电位升高而增大。金属电极 Fe 形成低价阳离子,即

$$Fe - 2e^- \longrightarrow Fe^{2+}$$

溶解速率受活化极化控制,基本服从塔菲尔方程式,当电极电位达到 φ_{pp} 时,金属的阳极溶解电流密度达到最大值 i_{pp}。

活化-钝化过渡区(*BC* 区): 当电极电位到达 φ_{pp} 时,金属的表面状态发生突变,电流密度急剧下降,在金属 Fe 表面可生成二价到三价的过渡氧化物,即

$$3Fe + 4H_2O \longrightarrow Fe_3O_4 + 8H^+ + 8e^-$$

对应于 B 点的电位和电流密度分别称为致钝电位 φ_{pp}(Passive Potential)和致钝电流密度 i_{pp}(Passive Current Density)。从 φ_{pp} 至初始稳态钝化电位 φ_{p} 之间的区域,金属表面处于不稳定状态。对已经处于钝化状态的金属来说,将电极电位从高于 φ_{p} 电位区负移,金属表面将从钝化状态转变为活化状态,对应转变点的电位即 Flade 电位或活化电位。φ_{p} 与 Flade 电位往往十分接近,难以区分。

钝化区(*CD* 区): 金属处于稳定钝态,被称为稳定钝化区(Passive Region)。此时金属 Fe 表面生成了一层耐蚀性好的钝化膜,即

$$2Fe + 3H_2O \longrightarrow \gamma - Fe_2O_3 + 6H^+ + 6e$$

其中 C 点对应的电位是金属进入稳定钝态的电位,称为初始稳态钝化电位 φ_{p}。从 φ_{p} 到 φ_{tp}

之间的区域称为维钝电位区,对应有一个很小的电流密度,称为维钝电流密度 i_p。此时,金属以 i_p 速率溶解,它基本上与维钝电位区的电位变化无关,即不再服从金属腐蚀动力学方程式。维钝电流密度是维持稳定钝态所必需的电流密度,因此,初始稳态钝化电位 φ_p 和钝电流密度 i_p 也是钝化过程的重要参数。

过钝化区(DE 区):过钝化区的电极过程主要是析氧反应和金属以高价离子溶解,使钝化膜被破坏。D 点对应的电位为金属钝化膜破坏的电位,称为过钝化电位 φ_{tp}。

当电极电位进一步升高,电流再次随电位的升高而增大,金属氧化膜可能氧化生成高价的可溶性氧化膜。在电极电位升高到氧的析出电位后,电流密度进一步增大,这是由于发生了氧的析出反应,即

$$4OH^- \longrightarrow O_2 + 2H_2O + 4e^-$$

综上所述,对于发生阳极钝化的体系,金属的电位处于不同的区段,产生不同的电极反应,阳极腐蚀速度也不同。因此,将电位维持在钝化区,金属可得到保护,这就是电化学阳极保护的基本原理。

3.2.3 阴极反应对于阳极钝化过程的影响

在腐蚀研究中,没有任何外加极化的情况下金属表面即可产生的自钝化是非常有意义的,这种由腐蚀介质中的去极化剂(氧化剂)的阴极还原即可促成的金属钝化,被称为金属的自钝化。不同的金属具有不同的自钝化趋势。按金属腐蚀阳极控制程度的强弱,金属自钝化趋势减小的顺序为

Ti→Al→Cr→Be→Mo→Mg→Ni→Co→Fe→Mn→Zn→Cd→Sn→Pb→Cu

但这并不代表金属在腐蚀介质中稳定性的高低。如将自钝化强的金属与钝性较弱的金属进行合金化,可提高合金的自钝化能力。

金属腐蚀是个多反应耦合的电极过程,影响金属自钝化的因素除了金属材料本身的性质,不同阴极去极化剂对于实际金属的阳极钝化过程具有重要的影响。实际上,具有钝化特性的金属要产生自钝化,介质环境必须满足以下两个条件:① 阴极去极化剂的氧化-还原平衡电位要高于该金属的初始稳态钝化电位,即 $\varphi_c^e > \varphi_p$;② 在致钝电位 φ_{pp} 下,阴极去极化剂还原反应的电流密度 i_c 必须大于该金属的致钝电流密度 i_{pp},即 $i_c > i_{pp}$。只有满足了这两个条件,金属才能进入钝化状态。

对于特定的可钝化金属腐蚀体系,可以认为其理论金属阳极极化曲线仍然具有图 3.19 中的阳极钝化的极化曲线的特点。将金属钝化过程的理想阳极极化曲线和理想阴极极化曲线图绘制成腐蚀极化图如图 3.20 所示,因腐蚀介质中的去极化剂不同,可能出现以下 4 种阴、阳极极化曲线的耦合结果:

① 当去极化剂的氧化性很弱时,阴、阳极极化曲线只相交一个点 a,该点处于阳极金属的活化区,金属不能自发进入钝化状态。例如,铁在稀硫酸中的腐蚀,钛在不含空气的稀盐酸和稀硫酸中的腐蚀均属于这种情况。

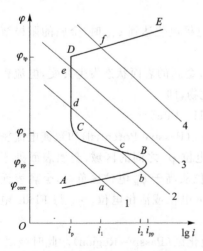

图 3.20 理论金属阳极极化曲线和不同阴极极化曲线的耦合交点示意图

② 当去极化剂的氧化性较弱或者氧化剂浓度不高时,如图 3.20 中阴极极化曲线 2,这时阴、阳极极化曲线有 3 个交点(分别为 b、c、d 点)。d 点在钝化区,b 点位于活化区,而 c 点是个不稳定的交点。如果金属原来就是活化的,由于在致钝电位 φ_{pp} 下阴极电流达不到 i_{pp},金属电位就不能进入钝化区,此时金属或处于活化态。若钝化金属浸在不能修复钝化膜的溶液中,例如不锈钢处于脱氧的酸中,其钝化膜被破坏而又得不到修补,则将导致金属腐蚀。

③ 阴极极化曲线 3 与阳极极化曲线只有一个交点 e,且处于钝化区,金属处于自钝化状态。例如,铁在硝酸中,不锈钢及钛在含氧的酸中。可以看到,只有当阴极电流超过致钝电流时,金属才能自钝化。而且致钝电流越小,致钝电位越低,越有利于金属的自钝化。例如,铁在中等浓度的硝酸中,不锈钢在含有 Fe^{3+} 的 H_2SO_4 中都属于这种情况,由于介质的氧化性强,如 HNO_3 的阴极还原反应为

$$NO_3^- + 2H^+ + 2e^- \longrightarrow NO_2^- + H_2O$$

因此该还原阴极反应的平衡电位 $\varphi_{NO_2^-/NO_3^-}^e = +0.94\ V$,远高于稳定钝化电位 φ_p,在致钝电位 φ_{pp} 下,阴极极化电流密度超过致钝电流密度,即 $i_{c3} > i_{pp}$,进入钝化区,不产生析氢腐蚀。

④ 代表阴极去极化剂的氧化性极强的情况。例如,碳钢和不锈钢在浓 HNO_3 中,由于 HNO_3 浓度大,所以阴极还原的平衡电位正移,阴、阳极极化曲线相交于点 f 的过钝化区。此时,钝化膜发生溶解,因此碳钢、不锈钢不能在过浓的硝酸中使用。

根据混合电位理论可知,实测的阳极钝化极化曲线是记录实测电位与真实的金属阳极氧化反应电流密度、阴极去极化剂还原反应电流密度之和的关系曲线,其中金属阳极氧化反应的电流密度为正值,阴极去极化剂的还原反应的电流密度为负值。图 3.21 给出了上述前三种情况的理想极化曲线与实测极化曲线的对比图。可以看到,金属钝化状态的稳定性与阴极极化过程密切相关。不同的阴极过程导致其与阳极极化曲线相交点位置的变化,使实测极化曲线中腐蚀电位、极化曲线形状发生相应变化。

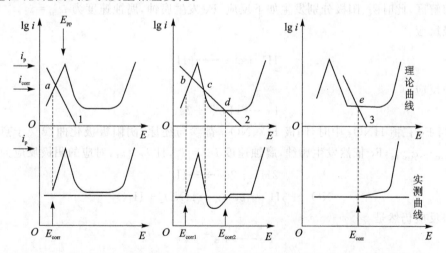

图 3.21 不同阴极过程对阳极极化曲线的影响(理想极化曲线与实测极化曲线的对比图)

在第一种情况中,实测极化曲线与金属的理论阳极极化曲线有着相似的形状,在此情况下,通过阳极极化可以使金属进入钝化状态,即发生阳极钝化。

在第二种情况中,理论阴极极化曲线 2 与阳极极化曲线有 3 个交点,在实测极化曲线上出现负电流,说明腐蚀金属在该电位范围内阴极还原速度大于阳极氧化速度。

第三种情况,是在没有外加阳极极化的前提下,由介质环境中阴极去极化剂可引起的金属钝化,发生了自钝化金属的实测阳极极化曲线只有从钝化状态开始的一部分曲线。

下面结合几个具体实例的腐蚀极化图来分析阴极去极化剂对于金属阳极钝化行为的影响。

首先以 Fe 和 Ni 在 HCl、稀硝酸和浓硝酸中的腐蚀极化图为例(如图 3.22 所示),说明电化学活化控制的阴极去极化过程对金属阳极钝化行为的影响。

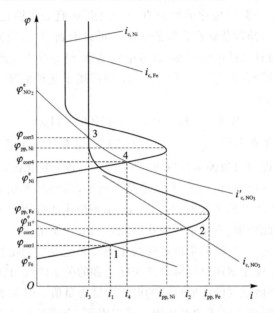

图 3.22　阴极为电化学活化控制的金属腐蚀极化示意图

① HCl 为非氧化型酸,阴阳极极化曲线交于点 1,由于 $\varphi_{corr}=\varphi_{corr1}<\varphi_{pp,Fe}$,所以处于 Fe 的活化溶解区,此时阴、阳极分别发生如下反应,Fe 发生腐蚀,腐蚀速度为 $i_{corr}=i_1$。

阴极反应:

$$H^+ + e^- \longrightarrow \frac{1}{2}H_2$$

阳极反应:

$$Fe \longrightarrow Fe^{2+} + 2e^-$$

② 当 Fe 在稀 HNO_3 中时,阴极 H^+、NO_3^- 都参与还原,阴阳极极化曲线交于点 2,此时 $\varphi_{corr}=\varphi_{corr2}<\varphi_{pp,Fe}$,Fe 依然发生腐蚀,腐蚀速度 $i_{corr}=i_2$,且 $i_2>i_1$,对应的阴极反应为

$$2H^+ + 2e^- \longrightarrow H_2$$
$$NO_3^- + 3H^+ + 2e^- \longrightarrow HNO_2 + H_2O$$

阳极反应仍然是

$$Fe \longrightarrow Fe^{2+} + 2e$$

③ Fe 在浓 HNO_3 中,由于浓 HNO_3 使 Fe 表面发生钝化,所以腐蚀电位正移,此时 $\varphi_{corr}=\varphi_{corr3}>\varphi_{pp,Fe}$,阴、阳极极化曲线交于点 3,处于稳定的钝化区,Fe 的腐蚀电流密度 i_3 很小,为维钝电流 $i_{p,Fe}$。

④ Ni 处于浓 HNO_3 中,由于 Ni 的电位比 Fe 要正,阴、阳极极化曲线相交,交于点 4,此时 $\varphi_{corr}=\varphi_{corr4}<\varphi_{pp,Ni}$,处于 Ni 的活化溶解区,所以 Ni 不能发生钝化。

由此可见,对于具有钝化特性的金属,不是所有氧化剂都能作为钝化剂,只有满足阴极去

极化剂的氧化–还原平衡电位要高于该金属的初始稳态钝化电位,且在致钝电位下,阴极去极化剂还原反应的电流密度 i_c 必须大于该金属的致钝电流密度 i_{pp},阴极极化极化曲线与阳极才能相交于稳定钝化区,金属才能处于钝化状态。

当阴极过程由扩散控制时,金属自钝化不仅与进行阴极还原的氧化剂浓度有关,而且与影响扩散的多种因素有关,如金属运动、介质流动和搅拌等。图 3.23 所示为不同氧浓度下 Fe 的腐蚀极化图,可以看到当氧浓度不够大时,氧还原反应平衡电位较低,氧的极限扩散电流密度也小于致钝电流密度,阴、阳极极化曲线交点 1 落在活化区;提高氧浓度后,氧的平衡电位正移,氧极限扩散电流密度增大,当大于所需要的致钝电流密度,即 $i_{c,L}=i_{L,2}>i_{pp,Fe}$ 时,阴、阳极极化曲线交点 2 落在钝化区,金属 Fe 进入钝化状态。

同理,在阴极扩散控制的情况下,若提高介质与金属表面的相对运动速率(如增加搅拌),则可使扩散层减薄而提高氧的传递速率,同样能达到 $i_{c,L}=i_{L,2}>i_{pp,Fe}$ 的目的,如图 3.24 所示。由此可见,溶解氧具有双重作用,对于非钝化金属来说,除氧可减轻金属腐蚀;但对易钝化金属,不恰当地除氧,将使不锈钢、钛等金属的钝化膜破坏后得不到及时修补,反而会增加这些耐蚀性金属的腐蚀倾向。

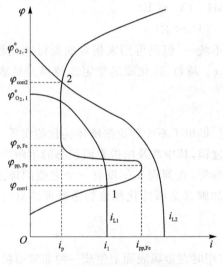

图 3.23　阴极扩散控制时
氧浓度对金属钝化的影响

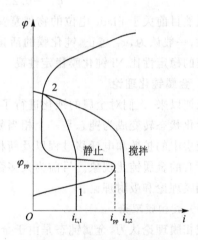

图 3.24　阴极扩散控制时
搅拌对金属钝化的影响

3.2.4　金属阳极钝化相关理论

1. 金属钝化膜的性质

金属之所以能够发生钝化,在于当金属处于一定条件时,介质中的组分或直接同金属表面的原子相结合,或与溶解生成的金属离子相结合,从而在金属表面形成具有阻止金属溶解能力并使金属保持在很低的溶解速度的钝化膜。

钝化膜可以是单分子层至几个分子层的吸附膜,也可以是三维的氧化物或盐类成相膜。钝化膜的结构究竟是晶态还是非晶态,还没有统一的看法。X 射线衍射结果证明:Fe_3O_4 膜、FeOOH 膜、γ - Fe_2O_3 膜和 TiO_2 膜具有晶态结构,而不锈钢上的钝化膜则是非晶态结构。

大多数钝化膜是介于半导体和绝缘体之间的弱的电子导体,这是因为当钝化膜很薄时,氧化还原反应可通过电子的隧道效应来完成,即电子可在隧道效应的作用下穿过钝化膜,使钝化膜具有电子导体的性质。

多数钝化膜是由金属氧化物组成的,在一定条件下,铬酸盐、磷酸盐、硅酸盐及难溶的硫酸盐和氯化物也能构成钝化膜,与溶液的 pH 值、电极电位及阴离子性质、浓度有关。

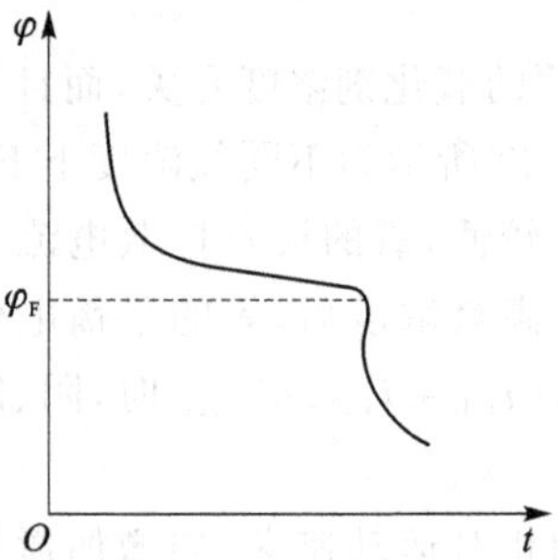

图 3.25 钝化金属的电位-时间曲线

如果把已钝化的金属,通阴极电流进行活化处理,测量活化过程中电位随时间的变化,可得到阴极充电曲线(见图 3.25),曲线出现电位变化缓慢的平台,表明还原钝化膜需要消耗一定的电量。在钝化-活化转变过程的电位-时间曲线,到达活化电位前出现的转折电位或特征电位,称为 Flade 电位(φ_F)。相关研究表明,溶液 pH 值与 Flade 电位之间存在线性关系。当温度为 25 ℃时,钝态的 Fe、Cr、Ni 电极在 0.5 mol/L 的 H_2SO_4 溶液中 φ_F 与 pH 值的关系如下:

$$\varphi_F^{Fe} = 0.63 - 0.059\text{pH} \quad (\text{V,SCE})$$
$$\varphi_F^{Cr} = -0.22 - 2 \times 0.059\text{pH} \quad (\text{V,SCE})$$
$$\varphi_F^{Ni} = 0.22 - 0.059\text{pH} \quad (\text{V,SCE})$$

虽然目前关于 Flade 电位的物理意义的说法尚不统一,但仍可用来相对地衡量钝化膜的稳定性,一般认为,φ_F 越正,钝化膜的活化倾向越大;φ_F 越负,钝化膜的稳定性越强。显然 Cr 钝化膜的稳定性比 Ni 钝化膜稳定性高。

2. 金属钝化理论

长期以来,人们对金属的钝化进行了大量的研究,提出了不少理论来阐述钝化的实质。金属由活化状态转变成为钝态是一个相当复杂的暂态过程,其中涉及电极表面状态的不断变化、表面液层中的扩散和电迁移过程以及新相的析出过程等,直到现在还没有一个完整的理论来说明所有的金属钝化现象。目前为大多数人所接受的解释金属钝化现象的主要理论有两种,即成相膜理论和吸附理论。

（1）成相膜理论

成相膜理论认为,金属钝态是由于金属和介质作用时在金属表面上生成一种非常薄的、致密的、覆盖性良好的保护膜,这种保护膜作为一个独立相存在,并把金属与溶液机械地隔开,增加了电极过程的困难,显著地降低了金属的溶解速度,使金属转变为钝态。

这种保护膜通常是金属的氧化物,据热力学计算,在金属电极上大多数金属氧化物的生成电位都比氧的析出电位负得多,也就是说,金属可以不通过与分子氧的作用而直接生成氧化物,这在一定程度上支持了成相膜理论。

在某些金属上可直接观察到膜的存在,并能测定其厚度和组成。例如,使用 I_2 和 KI 甲醇溶液作溶剂,可以分离出铁的钝化膜。采用高灵敏度的光学方法(如椭圆偏振仪),可直接测定钝化膜的厚度。运用 X 光衍射仪、X 光电子能谱仪、电子显微镜等表面测试仪器对钝化膜的成分、结构、厚度研究表明,钝化膜的厚度与金属材料有关,为 1～10 nm。例如,Fe 在浓 HNO_3 中的钝化膜厚度为 2.5～3.0 nm;碳钢钝化膜为 9～10 nm,不锈钢钝化膜为 0.9～1 nm。不锈钢钝化膜虽然最薄,但最致密,保护性最好。Al 在空气中氧化生成的钝化膜厚度为 2～3 nm,具有良好的保护性。Fe 的钝化膜是 $\gamma\text{-}Fe_2O_3$ 和 $\gamma\text{-}FeOOH$,Al 的钝化膜是无孔的 $\gamma\text{-}Al_2O_3$ 或多孔的 $\beta\text{-}Al_2O_3$。

　　生成成相钝化膜的先决条件是在电极反应中有可能生成固态反应产物。大多数金属在强酸性溶液中生成溶解度很大的金属离子;部分金属在强碱性溶液中也可以生成具有一定溶解度的酸根离子(如 ZnO_2^{2-}、PbO_2^- 等)。在近中性溶液中,阳极产物(多数是氢氧化物)的溶解度一般很小,实际上可认为是不溶解的。由此可以解释多数金属在中性溶液中易于钝化的原因。

　　(2) 吸附理论

　　与成相膜理论不同,吸附理论认为金属钝化不需要生成成相的固态产物膜,而只要在金属表面或部分表面上生成氧或含氧粒子的吸附层就够了。这些粒子在金属表面上吸附后,改变了金属/溶液界面上的结构,使阳极反应的激活能显著升高。因此,金属钝化是由于金属表面本身的反应能力降低了,而不是由于膜的机械隔离作用。

　　吸附理论认为金属表面所吸附的单分子层不一定需要完全覆盖表面,只要在最活泼、最先溶解的表面区,如在金属晶格的顶角及边缘(恰好是腐蚀阳极区)吸附单分子层,便能抑制阳极过程,使金属钝化。例如,测量电量的结果表明,在某些情况下只需在每平方厘米(cm^2)电极表面通过十分之几毫库仑(mC)的电量,就能使金属钝化,这些电量甚至不足以生成氧的单分子吸附层。电量测量的结果表明,在某些情况下,金属钝化只需十分之几 mC/cm^2 的电量就够了,即消耗的电量还不足以生成氧的单原子吸附层。例如,在 0.05 mol/L NaOH 中用 $1×10^{-5}$ A/cm^2 的电流密度极化铁电极,通过相当于 3 mC/cm^2 的电量就能使铁电极钝化;在 0.01~0.03 mol/L KOH 中用大电流密度对 Zn 电极进行阳极极化,只需要通过不到 0.5 mC/cm^2 的电量即可使 Zn 电极钝化。又如,Pt 在盐酸中,只要有 6% 的表面充氧,就可使 Pt 的溶解速率降低至 1/4;若有 13% 的 Pt 表面充氧,则其溶解速率会降至 1/16 以下。

　　吸附理论能够解释一些成相膜理论难以解释的事实。例如,一些无机阴离子能在不同程度上引起金属钝态的活化或阻碍钝化的进程。根据吸附理论,可认为钝化是由于电极表面吸附了某种含氧粒子所致,阴离子在足够高的阳极极化电位下与含氧粒子发生竞争吸附,排除掉一部分含氧粒子,因而阻碍了钝化。

　　根据吸附理论,还可以圆满地解释铬、镍、铁等金属离子及其合金的过钝化现象。增大电极电位可能引起两种不同的后果:表面吸附含氧粒子量随着电位变正而增多,导致钝化作用加强;电位变正加强了界面电场对阳极反应的活化作用。这两种作用在一定的电位范围内基本上是相互抵消的,因而维钝电流几乎不随电位变化;而在过钝化电位范围内,则是后一因素起主导作用,电位过正导致生成可溶性高价金属的含氧离子(如 CrO_2^{2-}),此时氧的吸附不但不起阻止作用,反而能促进高价离子的生成。

　　究竟哪种含氧粒子的吸附导致金属的钝化作用,目前尚无统一的看法:有的研究者认为是 OH^-,有的认为是 O^{2-},更多的人认为是氧原子。另外,学者们对吸附粒子如何降低了金属本身的反应能的看法也不一致:有人认为主要是金属表面原子的未饱和价键在吸附了氧后饱和了,因而表面原子失去了原有的活性;也有人认为,金属上所形成的氧吸附层能将原来吸附着的 H_2O 分子层排挤掉,因而金属离子化的速度降低(因为金属变成离子时,必须伴有金属离子的水化);还有人认为,氧吸附层增加了金属阳极过程的过电位。可见,吸附理论并不完善,许多问题还有待进一步研究。

　　由此可见,成相膜理论和吸附理论都能较好地解释相当一部分的实验事实,但不能解释所有的实验事实。两种理论的差异涉及钝化的定义和成相膜、吸附膜的定义,许多实验事实与所用体系、实验方法、试验条件有关。尽管成相膜理论和吸附理论对金属钝化原因的看法不同,但有两点是很重要的:① 已钝化的金属表面确实存在成相的固体产物膜,多数是氧化物膜;

② 氧原子在金属表面的吸附可能是钝化过程的第一步,在此基础上继续生长所形成的成相氧化物层则进一步阻滞了金属的溶解过程,增加了金属钝态的不可逆性和稳定性。

有关钝化的研究至今仍是金属腐蚀研究领域的热点问题,有待于深入探索,以求得对钝化过程、钝化膜有更清晰的了解和认识,建立更加完善的理论模型。

思考题与习题

1. 什么是析氢腐蚀?析氢腐蚀发生的必要条件是什么?析氢腐蚀有哪些特征?

2. 塔菲尔关系式中 a、b 值的物理意义是什么?影响析氢过电位的因素有哪些?

3. 划分高、中、低氢过电位金属的依据是什么?并据此分析金属元素对析氢腐蚀的影响。

4. 什么是耗氧腐蚀?耗氧腐蚀具有哪些特征?影响耗氧腐蚀的因素有哪些?举例说明。

5. 试比较析氢腐蚀和耗氧腐蚀的规律,并提出控制析氢腐蚀和耗氧腐蚀的技术途径。

6. 试分析比较工业锌在中性 NaCl 和稀盐酸中的腐蚀速率及杂质的影响。

7. 已知 Cu、Pd、Pb 三种金属在某种酸介质中测得的 a 值分别为 0.87 V、0.24 V、1.56 V,b 值分别为 0.12 V、0.03 V、0.11 V。试求 $i=0.1$ A/cm² 时,各金属的 η_H 值。

8. 写出下列各小题的阳极和阴极反应式:

(1) 铜和锌连接起来,且浸入质量分数为 0.03 的 NaCl 水溶液中;

(2) 在(1)中加入少量盐酸;

(3) 在(1)中加入少量铜离子;

(4) 铁全浸在淡水中。

9. 已知在 pH=1.0 的不含空气的 H_2SO_4 中,铂以 0.01 A/cm² 的电流密度阴极极化时,其电位相对于饱和甘汞电极为 -0.334 V;当以 0.1 A/cm² 的电流密度阴极极化时,电位为 -0.364 V。试计算在这个溶液中 H^+ 在铂电极上释放电荷反应的 a 值和交换电流密度值。

10. 铁在 25 ℃、无氧的盐酸(pH=3)中腐蚀速率为 30 mg/(dm·d),已知铁上氢过电位常数 $b_C=0.1$ V,交换电流密度 $i^0=10^{-5}$ A/cm²。计算铁在此介质中的腐蚀电位及 a 值(设阴、阳极面积相等)。

11. 已知水以 40 L/min 的速率流入钢制管道,并且水中含有 5.50 mL/L 的氧(25 ℃,101 325 Pa),水离开管道时的含氧量降为 0.15 mL/L。假设所有的腐蚀集中发生在面积为 30 m² 的形成 Fe_2O_3 的加热区,试求腐蚀速率(以 g/(m²·d)为单位)。

12. 铁在中性溶液中发生耗氧腐蚀,受氧扩散控制,实验测得腐蚀速率为 0.12 mm/a,适当搅拌溶液,其腐蚀速率增加到 0.3 mm/a,面腐蚀电位正移 20 mV。假设整体溶液中氧的溶解度为 1.2 mol/m³,氧在溶液中的扩散系数为 $D=10^{-9}$ m²/s。试求铁阳极反应塔菲尔斜率 b 值及溶液搅拌前后的扩散厚度 δ。

13. 金属的自钝化(或化学钝化)与电化学阳极钝化有何不同?试给金属的钝化、钝性和钝态下一个比较明确的定义。

14. 金属的化学钝化曲线与电化学钝化阳极极化曲线有何异同?试画出金属的阳极钝化曲线,并说明该曲线上各特征区和特征点的物理意义。

15. 何谓 Flade 电位?如何利用 Flade 电位来判断金属的钝化稳定性?举例说明。

16. 实现金属的自钝化,其介质中的氧化剂必须满足什么条件?试举例分析说明随着介质的氧化性和浓度的不同,对易钝化金属可能腐蚀的四种情况。

17. 成相膜理论和吸附理论各自以什么论点和论据解释金属的钝化？两种理论各有何局限性？

18. 影响金属钝化的因素有哪些？其规律是怎样的？试用两种钝化理论解释活性氯离子对钝化膜的破坏作用。

19. 在氧去极化腐蚀条件下,作图说明液体的流速或搅拌溶液对易钝化金属和非钝化金属的腐蚀速率影响的原因。

20. 试用极化图分析溶液中氧浓度对易钝化金属和非钝化金属腐蚀速率影响的原因。

21. 有哪些措施可以使处于活化-钝化不稳定状态的金属进入稳定的钝态？试用极化图说明。

22. 现有一批 304L 不锈钢管,拟用作运输常温下含氧的 1 mol/L H_2SO_4 的管材。如果氧的溶解度为 10^{-6} mol/L,测定不锈钢在这种酸中的致钝电流密度为 200 $\mu A/cm^2$,并已知氧化还原反应 $O_2 + 2H_2O + 4e^- \longrightarrow 4OH^-$,$n = 4$,氧的扩散层厚度在流动酸中为 0.005 cm,在静止酸中为 0.05 cm,溶解氧的扩散系数 $D = 10^{-5}$ cm^2/s^2。试问:304L 不锈钢管在流动的酸中和静止的酸中是否处于钝化状态？并通过理论计算确定该材料是否能投入使用。

23. Fe 在 0.5 mol/L H_2SO_4 中稳态钝化电流密度为 7 $\mu A/cm^2$,试计算每分钟有多少层 Fe 原子从光滑电极表面上除去？

第4章　金属电化学腐蚀的破坏形态

按腐蚀破坏形态可以将金属材料的腐蚀分为全面腐蚀和局部腐蚀两大类。

全面腐蚀（General Corrosion）是指腐蚀发生在整个金属材料的表面，其结果是导致金属材料全面减薄。局部腐蚀（Localised Corrosion）是指腐蚀破坏集中发生在金属材料表面的特定局部位置，而其余大部分区域腐蚀十分轻微，甚至不发生腐蚀。

从工程技术上看，全面腐蚀相对局部腐蚀其危险性小一些，而局部腐蚀危险极大，往往在没有什么预兆的情况下，金属构件就突然发生断裂，甚至造成严重的事故。从各类腐蚀失效事故统计来看，全面腐蚀占 17.8％，局部腐蚀占 82.2％，可见局部腐蚀的危害性比全面腐蚀大。

4.1　全面腐蚀

4.1.1　全面腐蚀的特征

全面腐蚀现象十分普遍，既可能由电化学腐蚀原因引起，如均相电极（纯金属）或微观复相电极（均匀的合金）在电解质溶液中的自溶解过程，也可能由纯化学腐蚀反应造成，如金属材料在高温下发生的一般氧化现象。人们通常所说的全面腐蚀是特指由电化学腐蚀反应引起的。

全面腐蚀一般属于微观电池腐蚀。由于金属表面上存在着超微观的电化学不均匀性产生了许多微电极，造成这种微观电化学不均匀性的原因可能是：

① 在固溶体晶格中存在有不同种类的原子；

② 由于结晶组织中原子所处的位置不同，而引起金属表面上个别原子活度的不同；

③ 由于原子在晶格中的热振荡而引起了周期性的起伏，从而引起个别原子的活度不同。

由此形成了肉眼和普通显微镜也难以分辨的微小电极（1～10 nm），并遍布整个金属表面，阴极和阳极无规则地统计分布着，具有极大的不稳定性，并随时间不断地变化，结果导致金属发生均匀腐蚀。

全面腐蚀尽管导致金属材料的大量流失，但是由于易于检测和察觉，所以通常不会造成金属材料设备的突发性失效事故。对于均匀性全面腐蚀，容易根据试验数据比较准确地估算设备寿命，在工程设计时可预先考虑腐蚀因素，防止设备因腐蚀破坏而提前失效。控制全面腐蚀的技术措施也较为简单，可采取选择合适的材料或涂镀层、缓蚀剂和电化学保护等方法。

4.1.2　全面腐蚀的评价

全面腐蚀速率也称均匀腐蚀速率，常采用重量法、深度法、电流密度法等来表征腐蚀速率。

1. 重量法

重量法：根据腐蚀前后的重量变化（增加或减少）来表示腐蚀速率的方法。若腐蚀产物全部牢固地附着于试样表面，或虽有脱落但易于全部收集，常用增重法来表示。反之，如果腐蚀产物完全脱落或易于全部清除，则往往采用失重法。

单位时间、单位面积的重量变化的平均腐蚀速率的计算公式为

$$v_{\mathrm{w}} = \frac{\Delta W}{St} = \frac{|W - W_0|}{St} \tag{4-1}$$

式中：v_{w} 为腐蚀速率，单位为 $g/(m^2 \cdot h)$；W_0 为试样腐蚀前的重量；W 为试样腐蚀后的重量；S 为试样的表面积，单位为 m^2；t 为试样腐蚀的时间，单位为 h。

2. 深度法

尽管重量法是腐蚀速率最基本的定量评定方法之一，但在工程应用中影响结构或设备寿命和安全的重要指标是腐蚀后构件的有效截面积尺寸。因此，用深度法表征腐蚀程度更有实际意义，特别是对衡量不同密度的材料的腐蚀程度，目前该方法已纳入相关标准，如我国标准GB 10124《金属材料实验室均匀腐蚀全浸试验方法》，美国材料试验协会标准 ASTM G1、ASTMG31 等。

深度法：通过直接测量腐蚀前后试样厚度差来表征腐蚀速率的方法。深度法表征的腐蚀速率可以由重量法计算出的腐蚀速率换算得到，换算公式为

$$v_{\mathrm{d}} = \frac{8.76 v_{\mathrm{w}}}{\rho} \tag{4-2}$$

式中：v_{d}、v_{w} 分别为深度法和重量法表示的腐蚀速率，单位分别为 mm/a 和 $g/(m^2 \cdot h)$；ρ 为材料的密度，单位为 g/cm^3。对于腐蚀减重的情况，ρ 为腐蚀材料的密度；对于增厚情况 ρ 应为腐蚀产物的密度。但实际中腐蚀产物密度的准确值难以确定，因此上式一般仅用于腐蚀减重情况。

也可选择具有足够精度的工具和仪器直接测量厚度变化，或采用无损测厚的方法，如涡流法、超声法、射线照相法和电阻法等，破坏法则以金相剖面法最为实用。

根据深度法表征的腐蚀速率大小，可以将材料的耐蚀性分为不同的等级，表 4.1 给出了10 级标准分类法。实际工程应用中还有采用三级分类的规定：腐蚀速率小于 0.1 mm/a，为耐蚀（1 级）；腐蚀速率在 0.1～1.0 mm/a，为可用（2 级）；腐蚀速率大于 1.0 mm/a，为不可用（3 级）。科学地评定腐蚀等级必须考虑具体的应用背景进行合理选择。

表 4.1　金属材料耐腐蚀性分类评级标准

耐蚀性分类		耐蚀性级别	腐蚀速度/(mm·a⁻¹)
I	完全耐蚀	1	<0.001
II	相当耐蚀	2	0.001～0.005
		3	0.005～0.01
III	耐蚀	4	0.01～0.05
		5	0.05～0.1
IV	尚耐蚀	6	0.1～0.5
		7	0.5～1.0
V	耐蚀性差	8	1.0～5.0
		9	5.0～10.0
VI	不耐蚀	10	>10.0

3. 电流密度法

金属的电化学腐蚀是由阳极溶解导致的，因而电化学腐蚀的速率可以用阳极反应的电流密度来表征，由法拉第定律可知，当电流通过电解质溶液时，电极上发生电化学变化的物质的量与通过的电量成正比，与电极反应中转移的电荷数成反比。设通过阳极的电流强度为 I，则时间 t 内通过电极的电量为 It，相应溶解掉的金属的质量 Δm 为

$$\Delta m = \frac{AIt}{nF} \tag{4-3}$$

式中：A 为 1 mol 金属的相对原子质量，单位为 g/mol；n 为金属阳离子的价数；F 为法拉第常数，其值为 96 500 C/mol。

对于均匀腐蚀，阳极面积为整个金属表面 S，腐蚀电流密度 i_{corr} 为 I/S，则腐蚀速率 v_w、v_d 与腐蚀电流密度之间关系为

$$v_w = \frac{\Delta m}{St} = \frac{Ai_{corr}}{nF} \tag{4-4}$$

$$v_d = \frac{\Delta m}{\rho St} = \frac{Ai_{corr}}{\rho nF} \tag{4-5}$$

如果 i 的单位采用 $\mu A/cm^2$，ρ 的单位为 g/cm^3，则式（4-4）和式（4-5）的腐蚀速率可换算为

$$v_w = 3.738 \times 10^{-4} Ai_{corr}/n \tag{4-6}$$

$$v_d = 8.76\, v_w/\rho = 3.27 \times 10^{-3} Ai_{corr}/(n\rho) \tag{4-7}$$

常用的工程材料，包括 Mg、Al、Fe、Mn、Cr、Ni、Cu、Zn、Ag、Pb 等金属材料，$A/(n\rho)$ 的数值约为 $3.29\sim5.32$ cm^3/mol，其平均值约为 3.5 cm^3/mol，i_{corr} 的单位采用 A/m^2，则有

$$v_d \approx 1.1 \times i_{corr} \quad (mm/a) \tag{4-8}$$

例如：Cu 在充空气的中性水溶液中，腐蚀速率 $i_{corr} \approx 10^{-2}$ A/m^2，对于金属铜，$A = 63.55$ g/mol，$n=2$，$\rho=8.96$ g/cm^3，代入式（4-7）可得

$$v_d = 3.27 \times 10^{-3} \times 10^{-2} \times 63.55/(2 \times 8.96) = 0.011 \quad (mm/a) \tag{4-9}$$

上式很好地验证了经验公式（4-8）。

4.2 局部腐蚀

与全面腐蚀相比，局部腐蚀造成的金属材料的质量损失虽然不大，但其危害性却要严重得多；由于局部腐蚀造成的失效事故往往没有先兆，表现为突发性破坏、难以预测，因此在工程实际中由于局部腐蚀导致的事故比全面腐蚀多得多。表 4.2 总结了电化学因素导致的全面腐蚀和局部腐蚀的主要区别。

表 4.2　全面腐蚀和局部腐蚀的主要区别

比较项目	全面腐蚀	局部腐蚀
腐蚀形貌	分布在整个金属表面上	主要集中在一定的区域
腐蚀电池	阴、阳极位置随机变化，且不可辨别	阴阳极区域在宏观上可分辨
电极面积	阳极面积＝阴极面积	阳极面积≤阴极面积
电位	阳极电位＝阴极电位＝腐蚀（混合）电位	阳极电位＜阴极电位

比较项目	全面腐蚀	局部腐蚀
极化图	 $E_C=E_A=E_{corr}$	 $E_C \neq E_A$
腐蚀产物	对金属具有一定的保护作用	无保护作用
重量损失	大	小
失效事故率	低	高
预测性	容易预测	难以预测
评价方法	重量法、深度法、电流密度法等	点蚀密度、最大点蚀深度等

　　局部腐蚀的类型很多,主要有电偶腐蚀、点蚀(孔蚀)、缝隙腐蚀、晶间腐蚀、选择腐蚀等。下面针对这些主要局部腐蚀类型的腐蚀特点逐一进行介绍。

4.2.1　电偶腐蚀

1. 电偶腐蚀的定义和特点

　　电偶腐蚀(Galvanic Corrosion)又称接触腐蚀或异(双)金属腐蚀(Dissimilar Metal Corrosion)。在一定条件下(电解质溶液或大气中),当两种金属或合金相接触(电导通)时,电位较负的腐蚀加速,电位较正的金属腐蚀减慢的现象。

　　在工程技术中,不同金属的组合是不可避免的,几乎所有的机器、设备和金属结构件都是由不同的金属材料部件组合而成的,所以电偶腐蚀非常普遍。利用电偶腐蚀的原理可以采用牺牲贱金属,对有用的部件进行牺牲阳极阴极保护。

2. 电偶腐蚀原理

　　由电化学腐蚀动力学可知,金属腐蚀电流强度与电极电位差、极化率及回路中的欧姆电阻有关。两种金属在使用环境中的腐蚀电位相差越大,组成电偶对时阳极金属受到加速腐蚀破坏的可能性就越大。电偶腐蚀速率的大小与电偶电流(I_g)成正比,其大小可表示为

$$I_g = \frac{\varphi_C - \varphi_A}{\dfrac{P_C}{S_C} + \dfrac{P_A}{S_A} + R} \tag{4-10}$$

式中:I_g 为电偶电流强度;φ_C、φ_A 分别为阴极、阳极金属偶接前的稳定电位;P_C、P_A 分别为阴极和阳极金属的极化率;S_C、S_A 分别为阴极和阳极金属的表面积;R 为欧姆电阻(包括溶液电阻和接触电阻)。由式(4-10)可知,电偶电流(I_g)随阴阳极电位差的增大及极化率和欧姆电阻的减小而增大。

下面,利用混合电位理论和腐蚀极化图进一步分析电偶腐蚀的原理。

为使问题简化,假设两种金属 M_1、M_2 面积相等($\varphi_{corr1} < \varphi_{corr2}$),且阴极过程仅是氢离子的还原。在两金属表面各自发生的共轭电极反应如下:

金属 M_1 表面上,氧化反应为

$$M_1 \longrightarrow M_1^{2+} + 2e^- \quad (i_{A1})$$

还原反应为

$$2H^+ + 2e^- \longrightarrow H_2 \uparrow \quad (i_{C1})$$

金属 M_2 表面上,氧化反应为

$$M_2 \longrightarrow M_2^{2+} + 2e^- \quad (i_{A2})$$

还原反应为

$$2H^+ + 2e \longrightarrow H_2 \uparrow \quad (i_{C2})$$

偶接前 M_1 和 M_2 处于自腐蚀状态,有

$$\varphi_{corr1}: i_{C1} = i_{A1} = i_{corr1}$$

$$\varphi_{corr2}: i_{C2} = i_{A2} = i_{corr2}$$

M_1 与 M_2 偶接后总的阴阳极极化曲线分别为 $i_{A总}$、$i_{C总}$,交于 S 点(见图4.1),S 点对应混合电位 φ_g、电流 i_g 分别为体系的偶合电位、电流,i_g 为 φ_g 下各反应的电流代数和,即

$$i_g = |i'_{A1} - i'_{C1}| = |i'_{A2} - i'_{C2}|$$

从图4.1可以看到,M_1 由 φ_{corr1} 发生阳极极化至 φ_g 处,导致 i_{C1} 减小为 i'_{C1},i_{A1} 增大至 i'_{A1};M_2 由 φ_{corr2} 发生阴极极化,i_{C2} 增大至 i'_{C2},而 i_{A2} 减小至 i'_{A2},结果是,金属 M_1 的阳极氧化速度增大而加速腐蚀,金属 M_2 上因还原反应速度增大而受到保护。

为了表征偶接后 M_1 腐蚀速度增大的程度,用电偶腐蚀效应 γ 表示:

$$\gamma = \frac{i'_{A1}}{i_{A1}} = \frac{i_g + |i'_{C1}|}{i_{A1}} \tag{4-11}$$

通常 i_{C1} 相对于 i_g 很小可以忽略不计,因此式(4-11)可以简化为

$$\gamma = \frac{i'_{A1}}{i_{A1}} = \frac{i_g + |i'_{C1}|}{i_{A1}} \approx \frac{i_g}{i_{A1}}$$

γ 值越大,电偶腐蚀越严重。通过偶接使高电位金属腐蚀速率减小甚至完全不发生腐蚀的效应,称为阴极保护效应。利用该原理,人们提出了牺牲阳极的电化学阴极保护技术。

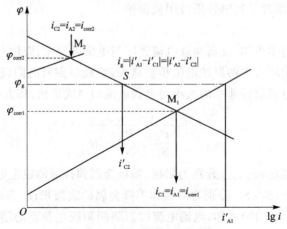

图 4.1 偶合金属的极化曲线

3. 电偶腐蚀的影响因素

（1）电化学因素

① 两种金属在电偶序中的起始电位差越大，电偶腐蚀倾向就越大。

② 极化是影响腐蚀速率的重要因素，无论是阳极极化还是阴极极化，当极化率减小时，电偶腐蚀就会加强。

（2）介质条件

金属的稳定性因介质条件（成分、浓度、pH 值、温度等）的不同而异，因此当介质条件发生变化时，金属的电偶腐蚀行为有时会因出现电位逆转而发生变化。

通常阳极金属腐蚀电流的分布是不均匀的，距结合部越远，电流传导的电阻越大，腐蚀电流就越小，因此溶液电阻影响电偶腐蚀作用的"有效距离"。电阻越大，"有效距离"越小。例如，在蒸馏水中，腐蚀电流的有效距离只有几厘米，使阳极金属在结合部附近形成深的沟槽；而在海水中，电流的有效距离可达几十厘米，甚至更远，因而阳极电流的分布较宽，腐蚀也比较均匀。

（3）面积效应

一般来说，电偶电池阳极面积减小，阴极面积增大，将导致阳极金属腐蚀加剧。原因是腐蚀电池中阳极和阴极的电流强度总是相等的，阳极面积越小，其电流密度就越大，因而腐蚀速率也就越高。在海水中，用钢制铆钉固定铜板和用铜铆钉连接钢板效果截然不同。前者是"小阳极-大阴极"，铆钉严重腐蚀，这种结构相当危险；而后者是"大阳极-小阴极"，这种结构相对安全。显然，在实际工作中，要避免出现"小阳极-大阴极"的不利组合。

在阴极反应受氧的扩散控制时，A、B 两种金属的电偶腐蚀效应与其面积 S_1 和 S_2 存在如下关系：

$$\gamma = \left(1 + \frac{S_2}{S_1}\right)$$

此即电偶腐蚀集氧面积原理或称汇集原理。当阴极反应受氧扩散控制时，阴极反应的电流密度应该是氧的极限扩散电流密度 i_L，金属偶接后由阴极起集氧作用，面积越大，参与反应的氧越多，阳极金属腐蚀电流密度就越大。

4. 电偶腐蚀的控制措施

电偶腐蚀实际上是宏观腐蚀电池的一种，产生电偶腐蚀应同时具备下述三个基本条件：

① 具有不同腐蚀电位的材料。电偶腐蚀的驱动力是金属与电连接的高腐蚀电位金属或非金属之间产生的电位差。

② 存在离子导电支路。电解质溶液必须连续地存在于接触金属之间，构成电偶腐蚀电池的离子导电支路。对多数机电产品而言，电解质溶液主要是指凝聚在零构件表面上的、含有某些杂质（氯化物、硫酸盐等）的水膜或海水。

③ 存在电子导电支路。金属与电位高的金属或非金属之间要么直接接触，要么通过其他导体实现电连接，构成腐蚀电池的电子导电支路。

因此，设法控制或排除以上产生电偶腐蚀的三个基本条件，即可达到控制电偶腐蚀的目的，具体措施包括：

① 在设计时尽可能选用电位差小的金属材料相接触。一般工业中，当两金属的电位差小于 50 mV 时，电偶效应通常可以忽略不计；而对于安全性要求高的航空结构来说，通常规定接触金属的电位差必须小于 25 mV，即使这样往往还要采取其他必要的防护措施。此外，国内

外均颁布了有关双金属电偶腐蚀敏感性分类的标准,如我国航空标准 HB5374 按电偶腐蚀敏感性增大的顺序将电偶腐蚀分为 A、B、C、D、E 五个级别,在结构设计时可参考有关标准和实际工况条件等因素确定相应的腐蚀控制方案。

② 采用合理的表面处理技术。例如,钢零件镀锌、镀锡后才可与阳极化的铝合金零件接触;铆接铝合金板材结构的钛合金铆钉表面需要采用离子镀铝处理。对 1Cr11Ni2W2MoV 制备的航空发动机压气机零部件使用的固定卡环表面上镀镍或钝化处理,均可控制卡环与钛合金叶片及盘之间的电偶腐蚀。

③ 设计中应避免出现大阴极–小阳极面积比的不合理结构。例如,在螺接或铆接结构中螺栓、螺帽或铆钉材料的电极电位不应低于被连接构件材料的电极电位。

④ 在接触金属之间进行电绝缘处理,如放置绝缘衬垫(纤维纸板、硬橡胶、夹布胶木、胶粘绝缘带等)或涂绝缘胶。但是不允许用吸湿性强的棉花、毛毡、报纸及不涂漆的麻布作为绝缘材料,否则反而使接触的金属发生强烈的腐蚀。

⑤ 设计时尽可能使处于阳极状态的部件易于更换或加大其尺寸,以延长寿命。

⑥ 阴极保护措施,使用耐蚀材料(如用 Cr17Ni2 耐热不锈钢取代 1Cr17Ni2W2MoV 钢作发动机压气机零部件用固定卡环,也可控制卡环与铁合金叶片及盘之间的电偶腐蚀)等。在许可的情况下,向环境介质中加入缓蚀剂,也可以达到控制接触金属电偶腐蚀的目的。

4.2.2 点 蚀

1. 点蚀的定义和特点

金属材料在某些环境介质中,经过一定的时间后,大部分表面不发生腐蚀或腐蚀很轻微,但在表面上个别点或微小区域内出现孔穴或麻点,且随着时间的推移,蚀孔不断向纵深方向发展,形成小孔状腐蚀坑,这种现象称为点腐蚀(Pitting Corrosion),简称点蚀(Pitting)。

由于蚀点最终发展成腐蚀孔洞,蚀孔直径小、深度深,因此又称为小孔腐蚀或孔蚀。点蚀的程度用点蚀系数来表示,即蚀孔的最大深度与按失重计算的金属平均腐蚀深度的比值。点蚀系数越大,点蚀越严重。

点蚀是破坏性和隐患性最大的腐蚀形态之一,仅次于应力腐蚀开裂。点蚀导致金属的失重非常小,但由于阳极面积很小,腐蚀很快,常使设备和管壁穿孔,从而导致突发事故。对点蚀的检查比较困难,因为蚀孔尺寸很小,而且经常被腐蚀产物遮盖,因而定量测量和比较点蚀的程度也很困难。此外,点蚀同其他类型的局部腐蚀的发生,如缝隙腐蚀和应力腐蚀,有着密切的关系。

点蚀的形貌种类多样,随材料与腐蚀介质的不同而异。常见的蚀孔形貌如图 4.2 所示,具体形状与材料的组织有关,点蚀的发生一般要满足材料、介质和电化学三个方面的条件:

① 点蚀多发生在表面容易钝化的金属材料(如不锈钢、Al 及 Al 合金)或表面有阴极性镀层的金属(如镀 Sn、Cu 或 Ni 的碳钢表面)上。当钝化膜或阴极性镀层局部发生破坏时,破坏区的金属和未破坏区形成了大阴极、小阳极的"钝化–活化腐蚀电池",使腐蚀向基体纵深发展而形成蚀孔。

② 点蚀发生于有特殊离子的腐蚀介质中。如不锈钢对卤素离子特别敏感,作用的顺序是 $Cl^- > Br^- > I^-$,这些阴离子在金属表面不均匀吸附易导致钝化膜的不均匀破坏,诱发点蚀。

③ 点蚀发生在特定的临界电位以上,称为点蚀电位或破裂电位,用 φ_b 表示。如果把极化曲线回扫,又达到钝态电流所对应的电位,则称为再钝化电位或保护电位,用 φ_p 表示,如

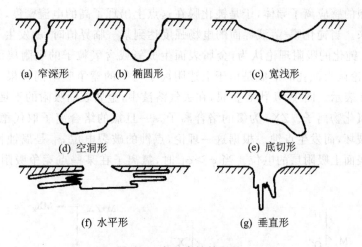

(a) 窄深形　　　(b) 椭圆形　　　(c) 宽浅形

(d) 空洞形　　　　　　(e) 底切形

(f) 水平形　　　　　　(g) 垂直形

图 4.2　各种点蚀的形貌

图 4.3 所示。点蚀发生和发展的电位与 φ_b 和 φ_p 之间有如下关系：当 $\varphi > \varphi_b$ 时，点蚀迅速发生和发展；当 $\varphi_p < \varphi < \varphi_b$ 时，不产生新的蚀孔，但已有的蚀孔可继续发展；当 $\varphi < \varphi_p$ 时，不发生点蚀。φ_b 值越大，表明材料耐点蚀性能越好。φ_b 与 φ_p 越接近，钝化膜的修复能力越强。需要注意的是，采用动电位扫描测 φ_b、φ_p 时，必须注意扫描速度的影响。

点腐蚀过程包括萌生和发展两个阶段，萌生孕育期长短不一，有的情况需要几个月，有的情况则达数年之久。有时因环境条件的改变，已生成的点蚀坑会停止长大。当环境条件进一步变化时，可能又会重新发展。由于点蚀是一种破坏性和隐蔽性很强的局部腐蚀，一般很难预测。同时，点蚀常常又是机械设备应力作用下腐蚀

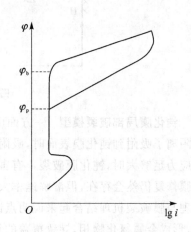

图 4.3　可钝化金属动电位扫描阳极极化曲线示意图

破坏裂纹的萌生源，因此，研究材料点腐蚀的行为、机理及控制技术途径，具有十分重要的实际意义。

2. 点蚀机理

点蚀的过程可分为蚀孔成核（发生）和蚀孔生长（发展）两个阶段。

（1）蚀孔成核

点蚀的发生首先是在金属表面的某些敏感位置（点蚀源处）形成点蚀核，即萌生点蚀孔。生成第一个或最初几个蚀点所需要的时间称为点蚀萌生的诱导期（或孕育期），用 τ 表示。

点蚀过程是由金属材料的成分和组织结构、表面状态等内在因素和介质的成分、温度等外部环境因素共同影响的。点蚀核的萌生实质上就是钝化膜的局部破坏过程，破坏的原因有化学的或机械的作用，化学作用的模型目前尚无统一的认识。一般认为环境中侵蚀性阴离子（如 Cl^-）对钝化膜的破坏常常是诱发点蚀核形成的关键因素，较为典型的有穿透模型、吸附模型和钝化膜局部破裂模型等。

穿透模型：该理论认为当电极阳极极化时，钝化膜中的电场强度增加，吸附在钝化膜表面上的腐蚀性阴离子（如 Cl^- 离子）因其离子半径较小而在电场的作用下进入钝化膜，使钝化膜

局部变成了强烈的感应离子导体,于是钝化膜在这点上出现了高的电流密度,并使阳离子杂乱移动而活跃起来。当钝化膜-溶液界面的电场强度达到某一临界值时,就发生了点蚀。

吸附模型:钝化的吸附理论认为,金属表面生成氧或含氧粒子的吸附层而引起钝化。与其对应,吸附理论认为蚀孔的形成是由于上述阴离子与氧的竞争吸附的结果。这种吸附置换假说可用图 4.4 表示。图中 M 代表金属,在去气溶液中,金属表面吸附的不是氧分子,而是由水形成的稳定氧化物离子。ZX^- 为氯的络合离子。一旦氯的络合离子取代稳定氧化物离子,该处吸附膜被破坏,而发生点蚀。根据这一理论,点蚀的破裂电位 φ_b 是腐蚀性阴离子可以可逆地置换金属表面上吸附层的电位。当 $\varphi > \varphi_b$ 时,氯离子在某些点竞争吸附强烈,该处发生点蚀。

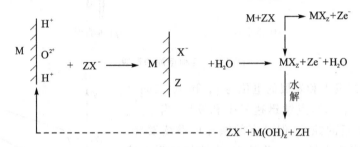

图 4.4　吸附置换假说示意图

钝化膜局部破裂模型:一方面由于机械应力可导致钝化膜薄弱环节处破裂,另外,当有害的阴离子吸附到钝化膜表面时,吸附离子间的静电相互排斥降低了在溶液界面处的表面张力,当应力足够大时,钝化膜破裂。有害的阴离子将促进暴露出的基体金属的局部溶解,尽管该处的膜修复仍然会存在,但溶解速率大于再钝化速率,结果导致形成点蚀核。有研究者将膜渗透机理与膜破裂机理结合起来说明点蚀的萌生,认为氯离子穿过钝化膜,迁移到金属/氧化物界面,形成金属氯化物相,导致覆盖的氧化膜开裂。

点蚀敏感位置:对于不同的金属/环境体系,点蚀孔可能以上述某一种机理模型或混合型机理模型萌生。同时点蚀核既可在光滑的钝化金属表面上萌生,更易在金属或合金表面层中包含的某些化学上的不均匀位置或物理上的缺陷处萌生。表面不均匀性主要包括晶界、夹杂、位错和异相组织。

晶界:晶界区反映材料表面结构的一种不均匀性,特别是在晶界处有析出相时,如在奥氏体不锈钢晶界析出的碳化物相及铁素体或复相不锈钢晶界析出的高铬 σ 相,使不均匀性更为突出。此外,由于晶界结构的不均匀性及吸附导致晶界处产生化学不均匀性。

夹杂物:硫化物夹杂是碳钢、低合金钢、不锈钢以及 Ni 等材料萌生点蚀最敏感的位置。最常见的 FeS 和 MnS 夹杂容易在稀释的强酸中溶解,形成空隙或狭缝,成为点蚀的起源。同时,硫化物的溶解将产生 H^+ 或 H_2S,它们会起活化作用,妨碍蚀孔内部的再钝化,使之继续溶解。在氧化性介质中,特别是在中性溶液中,硫化物不溶解,但促进局部电池的形成,作为局部阴极而促进蚀孔的形成。

位错:金属材料表面露头的位错也是产生点蚀的敏感部位。例如:Cr18Ni10 和 Cr25Ni20 经冷加工后,蚀孔数量增加;碳钢板在含 Cl^- 水溶液中,试样剪边处容易产生严重点蚀。

异相组织:耐蚀合金元素在不同相中的分布不同,使不同的相具有不同的点蚀敏感性,即

具有不同的 φ_b 值。例如：在铁素体-奥氏体双相不锈钢中，铁素体相中的 Cr、Mo 含量较高，易钝化；而奥氏体相容易破裂。点蚀一般发生在铁素体和奥氏体的相界处奥氏体一侧，即相界附近两相电池作用最有效的位置。

上述位置是电化学的活性位置，侵蚀性阴离子更容易在这些部位吸附，促进钝化膜的破坏，造成大阴极（钝化膜完整区）-小阳极（钝化膜局部破坏区）加速局部腐蚀而导致点蚀核形成。在大多数情况下，蚀核将继续长大，当长大至一定临界尺寸（一般孔径大于 30 μm）时，金属表面出现宏观蚀坑。在外加阳极极化条件下，环境介质中只要含有一定量的氯离子便可能使点蚀核发展成蚀孔。在自然腐蚀的条件下，含氯离子的介质中若有溶解氧或阳离子氧化剂（如 Fe^{3+}），也可使点蚀核长大成蚀孔，因为氧化剂可使金属的腐蚀电位上升至点蚀临界电位 E_b 以上。上述原因一旦使蚀孔形成，点蚀的发展是很快的。

点蚀的孕育期 τ：从金属与溶液接触到点蚀产生的这段时间称为点蚀的孕育期。点蚀的孕育期 τ 的长短取决于介质中的阴离子浓度、pH 值、金属的纯度和表面完整性、外加极化电位等因素。对于给定的金属而言，随着 Cl^- 浓度的增加或外加电位的升高，τ 减少。在高于点蚀电位 φ_b 恒电位下 τ 取决于 Cl^- 的浓度。例如，对于 Cr18Ni14Mo 不锈钢/NaCl 溶液体系，τ 与 Cl^- 浓度存在如下的定量关系，即

$$\frac{1}{\tau} = K\left(c_{Cl^-} - c_{Cl^-}^*\right)$$

式中：K 为系数；$c_{Cl^-}^*$ 为临界 Cl^- 浓度，在此浓度下，不发生点蚀。

（2）蚀孔生长

蚀孔一旦形成，发展十分迅速，原因是蚀孔内部的电化学条件发生了显著的改变，对蚀孔的生长有很大的影响。有关蚀孔发展的主要理论是以"闭塞电池"（Occluded Cell）的形成为基础，并进而形成"活化-钝化腐蚀电池"的自催化理论。

闭塞电池的形成条件：闭塞电池的形成一般需要如下条件：在反应体系中具备阻碍液相传质过程的几何条件，如在孔口腐蚀产物的塞积可在局部造成传质困难，缝隙及应力腐蚀的裂纹也都会出现类似的情况；有导致局部不同于整体的环境；存在导致局部不同于整体的电化学和化学反应。

蚀孔的自催化发展过程：点蚀一旦发生，蚀孔内外就会发生一系列变化，如图 4.5 所示。

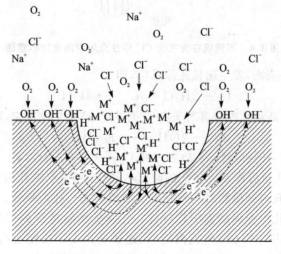

图 4.5　蚀孔内发生的自催化过程

① 首先是蚀孔内的金属发生溶解，即 $M \longrightarrow M^{n+} + ne^-$。如果是在含 Cl^- 离子的水溶液中，则阴极反应为吸氧反应，蚀孔内氧浓度下降，而蚀孔外氧富集，形成"供氧差异电池"。

② 孔内金属离子浓度不断增加。为了保持反应体系整体的电中性，蚀孔外部的 Cl^- 向孔内迁移，孔内 Cl^- 浓度可升高至整体溶液的 3～10 倍。

③ 孔内形成的金属盐发生水解反应：$M^{n+} + n(H_2O) \longrightarrow M(OH)_n + nH^+$，使孔内溶液的氢离子浓度升高，pH 值下降，有时可低至 2～3。孔内严重酸化的结果，使蚀孔内的金属实质上处于 HCl 介质中，即处于活化溶解状态；而蚀孔外溶液仍然富氧，介质维持原状，表面依然维持钝态，从而形成了"活化(孔内)-钝化(孔外)腐蚀电池"，使点蚀以自催化的形式发展下去。

下面以不锈钢在充气的含 Cl^- 的中性介质中的腐蚀过程为例，来讨论点蚀孔的发展过程。

如图 4.6 所示，点蚀孔发展的最初阶段，在蚀孔内发生金属的阳极溶解，主要生成 Fe^{2+}，此外还会有 Cr^{3+}、Ni^{2+}。其反应为

$$Fe \longrightarrow Fe^{2+} + 2e^-$$
$$Cr \longrightarrow Cr^{3+} + 3e^-$$
$$Ni \longrightarrow Ni^{2+} + 2e^-$$

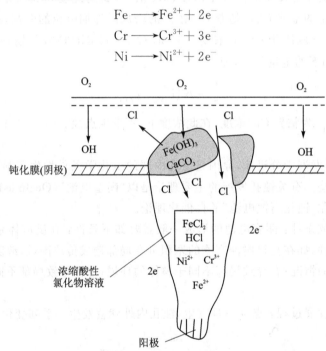

图 4.6　不锈钢在充气含 Cl^- 中性介质中的点蚀示意图

而在相邻的孔口外表面，发生阴极还原反应，即

$$O_2 + 2H_2O + 4e^- \longrightarrow 4OH^-$$

孔口处 pH 值的增高和孔内金属离子 Fe^{2+} 的外迁，产生二次反应，即

$$Fe^{2+} + 2OH^- \longrightarrow Fe(OH)_2$$
$$4Fe(OH)_2 + O_2 + 2H_2O \longrightarrow 4Fe(OH)_3 \downarrow$$

$Fe(OH)_2$ 在点蚀孔口沉积形成多孔的蘑菇状硬壳层，使点蚀孔内形成一个闭塞区，限制了孔内外物质的交换，孔内介质相对孔外介质呈滞留状态。孔内缺氧，孔外富氧，从而形成氧浓差电池，进一步加速孔内金属的离子化过程。孔内金属阳离子 Fe^{2+} 等浓度不断增大，结果为保持电中性，蚀孔外阴离子 Cl^- 向孔内迁移，造成孔内 Cl^- 浓度增高(如 1Cr18Ni12Mo2Ti 不锈钢点蚀孔内 Cl^- 浓度可达 6～12 mol/L，高出孔外一个数量级以上)，并与孔内 Fe^{2+} 等形

成高浓度的氯化物 MCl(FeCl$_2$、NiCl$_2$、CrCl$_3$ 等)。Fe^{2+} 和氯化物在蚀孔内发生水解反应,即

$$Fe^{2+} + H_2O \longrightarrow Fe(OH)^+ + H^+$$

由此导致蚀孔内 pH 值降低(通常使 pH 值降低到2~3,甚至趋于 0),加之 Cl$^-$ 活化作用,促使孔内加速阳极溶解。这种由闭塞电池引起孔内酸化加速腐蚀的作用,称为自催化酸化作用。自催化作用可使孔内-孔外电池的电极电位差达 100 mV 量级,加上重力的作用,构成了蚀孔具有深挖的能力。而孔外大片面积处于钝化的阴极状态,同时又受到蚀孔内阳极过程所释放的电子的阴极保护作用,因而抑制了蚀孔周围的全面腐蚀。

综上所述,点蚀孔一旦形成,孔内金属处于局部活化状态(电位较低),为阳极;点蚀孔外大片表面仍处于钝化状态(电位较高),为阴极。于是蚀孔内外构成了小阳极-大阴极组成的活化-钝化电池,孔内外氧浓差电池、闭塞电池自催化酸化作用等构成了点蚀发展过程的推动力。

碳钢的点蚀成长机理与不锈钢基本类似,不同的是硫化物夹杂对点蚀坑的形成和发展起到一定的作用。硫化物相对于钢基体为阳极,点蚀自硫化物/碳钢界面处萌生,向基体一侧发展。点蚀孔内的自催化酸化作用导致夹杂的硫化物(如 MnS)溶解,即

$$MnS + 2H^+ \longrightarrow H_2S + Mn^{2+}$$

表面夹杂的硫化物溶解,会露出新鲜的金属基体,同时产生浓缩的 H$_2$S 酸性溶液区,加速铁基体的阳极溶解。

铝的点蚀成长机理与不锈钢类似(见图 4.7)。蚀孔周围的 Al$_2$O$_3$ 钝化膜起大阴极作用。铝表面若有铜沉积或嵌入 Al$_2$O$_3$ 晶格内,则能起有效的阴极作用,加快在它上面的溶解氧的还原过程,因此,当水中含有微量铜离子时,铝的点蚀就能迅速发生。金属间相 CuAl$_2$ 或 FeAl$_3$ 等也使氧的还原速率加大。

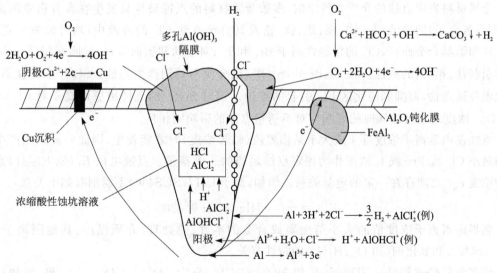

图 4.7　铝合金点蚀成长的机理示意图

3. 点蚀的影响因素

(1) 材料的影响

金属的本性对其点蚀敏感性有着重要的影响,通常具有自钝化特性的金属或合金,对点蚀的敏感性较高。表 4.3 列出了几种常见金属在 25 ℃,0.1 mol/L 的 NaCl 水溶液中的点蚀电

位。材料的点蚀电位越高,说明耐点蚀能力越强。从表中可以看出,对点蚀最为敏感的是铝,抗点蚀能力最强的是钛。

表 4.3　在 25 ℃,0.1 mol/L 的 NaCl 水溶液中某些金属的点蚀电位

金　属	Al	Fe	18Cr－8Ni	Ni	Zr	Cr	Ti
E_b/V(SHE)	－0.45	0.23	0.26	0.28	0.46	1.0	1.20

钛及其合金在含卤素离子的溶液中,对点蚀有很高的稳定性。钛的点蚀仅发生在高浓度氯化物的沸腾溶液中(如 $w_{MgCl_2}=0.42$,$w_{CaCl_2}=0.61$,$w_{ZnCl_2}=0.86$,$w_{BaCl_2}=0.30$ 和 NiCl_2 等),$w_{HCl}=0.002$ 的 $C_2H_5OH－H_2O$ 溶液中,以及非水溶液中(如加有少量水的溴化钾溶液中)。铝对钛的点蚀抗力有不利的影响,而 Mo 的加入可使其点蚀电位升高。

铝及其合金易在含卤素离子的电解质环境中遭受点腐蚀,其点蚀敏感性与氧化膜的状态、第二相的存在、合金的退火温度及时间等因素有关。固溶状态的 Al－Cu 合金的点蚀电位随 Cu 含量的增加而朝正方向移动,但当合金中有 $CuAl_2$ 相析出时,点蚀倾向则会增大。采用真空溅射或离子注入的方法获得含 Cr、Mn、Ti、Ta、Nb 等非平衡铝合金改性层,可使其抗点蚀能力显著提高。

增加不锈钢抗点蚀能力最有效的合金元素是 Cr 和 Mo,其次是 Ni。钢中 Cr 含量增加,提高了表面钝化膜的稳定性。Mo 的作用有多种解释,通常认为是 Mo 形成可溶性铝酸盐,吸附在金属表面的活性位置,从而抑制了金属的溶解。另外,V、Si、N、Re 等元素对提高不锈钢在氯化物溶液中的抗点蚀性能也是有益的,而 Mn、S、Ti、、Nb、Te、Se 等是有害元素,B、C、Cu 的影响则视在钢中的状态而定。

(2) 介质的影响

金属材料发生点蚀的介质是特定的,多数金属材料的点蚀破坏易发生在含有卤素阴离子(特别是氯离子)的溶液中。铁、镍、铝、钛、锆及其合金在含 Cl^- 的溶液中,均可能发生点蚀。对于铁和铝基合金而言,Cl^- 的侵蚀性高于 Br^- 和 I^-;对于钛和钽而言,情况刚好相反。ClO_4^- 可以引起铁、铅、锆的点蚀。除 Cl、Br 外,$S_2O_3^{2-}$ 也会使不锈钢产生点蚀。SO_4^{2-} 引起铁活化-钝化电位区点蚀,而抑制钝化区 Cl^- 引起的点蚀。铜对 SO_4^{2-} 的点蚀敏感性高于对 Cl^-,Cl^- 和 SO_4^{2-} 浓度对铜点蚀倾向的影响与对不锈钢点蚀的影响则相反。

点蚀在卤素离子浓度等于或大于某临界值(临界浓度)时才能发生,因此一般采用产生点蚀的最小 Cl^- 或 Br^- 或 I^- 浓度作为评定点蚀趋势的一个参量。点蚀电位 E_b(SCE)与卤素离子的浓度 c_{X^-} 之间存在一定的定量关系。例如,对于 Cr17(SUS430)不锈钢有如下关系:

$$E_b^{Cl^-}=-0.084\lg c_{Cl^-}+0.020$$

临界卤素离子浓度值的大小与金属或合金的本性、热处理、介质温度、其他阴离子(如 OH^-、SO_4^{2-})和氧化剂(如 O_2、H_2O_2)的特性有关。

许多含氧的非侵蚀性阴离子,例如 NO_3^-、CrO_4^{2-}、SO_4^{2-}、OH^-、CO_3^{2-}、Ac^- 等,添加到含 Cl^- 的溶液中时,都可起到点蚀缓蚀剂的作用,使点蚀电位正移、诱导期延长、孔蚀率减少。例如,对于 18－8 不锈钢,缓蚀效果按下列顺序而递减,即

$$OH^->NO_3^->Ac^->SO_4^{2-}>ClO_4^-$$

非侵蚀性阴离子的作用可用竞争吸附学说解释,即在阳极极化电位下,这些阴离子在金属氧化物表面上发生竞争性吸附,置换出表面的 Cl^- 而使点蚀受到抑制。

在相当宽的范围内,随温度的升高,不锈钢点蚀电位降低,如图 4.8 所示。但是,Cr18Ni9 在超过 150~200 ℃,Cr18Ni9Ti 和 Cr17Ni12Mo2.5 在超过 200~250 ℃后,电位又随温度的升高而正移。这可能是温度升高,活性点增加,参与反应的物质运动速度加快,在蚀孔内难以引起反应物的积累,以及氧的溶解度明显下降等原因造成的。一般来说,在含氯介质中,各种不锈钢都存在临界点蚀温度(CPT)。在临界点蚀温度以上,点蚀几率增大,随温度升高,点蚀更易产生并趋于严重。此外,卤化物中不同的阳离子对点蚀的影响也不相同,当溶液中含有以 $FeCl_3$ 和 $CuCl_2$ 为代表的重金属氯化物时,高价金属离子具有强烈的还原作用,将参与阴极反应,促进点蚀的形成和发展。所以实验室常采用 10%(质量分数)的 $FeCl_3$ 溶液作为加速试验介质。

由图 4.9 可见,当 pH<10 时,影响较小;当 pH>10 后,点蚀电位上升。

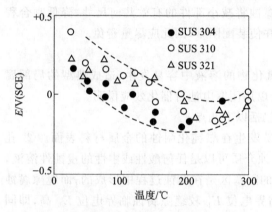

图 4.8　在 5.85 g/L 的 NaCl 溶液中温度对奥氏体不锈钢点蚀电位的影响

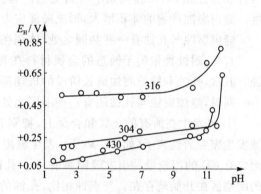

图 4.9　在 3%(质量分数)的 NaCl 溶液中不锈钢点蚀电位与 pH 值的关系

4. 防止点蚀的措施

点蚀的基本措施应从材质、环境、结构、表面处理等几个方面考虑,具体措施如下:

① 选用耐点蚀的合金材料:钛及其合金在通常环境中具有优异的抗点蚀性能;高含量 Cr、Mo,及含 N,低 C($w<0.03\%$)的奥氏体不锈钢,双相钢和高纯铁素体不锈钢抗点蚀性能良好。对于铝合金,降低那些能生成沉淀相的金属元素(如 Si、Fe、Cu 等),以减少局部阴极,或加入 Mn、Mg 等合金元素,能与 Fe、Si 等形成电位较负的活泼相,均能起到提高抗点蚀能力的效果。

② 改善介质条件:降低溶液中的 Cl^- 含量,减少氧化剂(如除氧和 Fe^{3+}、Cu^{2+}),降低温度,增大 pH 值,使用缓蚀剂均可减少点蚀的发生等。

③ 合理的表面处理和改善热处理制度:使用钝化处理和表面镀镍可以提高不锈钢的抗点蚀性能;包覆纯铝可以提高铝合金的抗点蚀性能;在金属表面注入铬、氮离子也能明显改善合金抗点蚀的能力。对于不锈钢,应避免敏化热处理;对于铝合金,应避免在 500 ℃左右退火,以防止过多的阴极性沉积相析出。

④ 电化学保护:对于金属设备、装置采用电化学保护措施,将电位降低到保护电位 E_p 以下,使设备金属材料处于稳定的钝化区或阴极保护电位区,应用时要特别注意严格控制电位。

4.2.3　缝隙腐蚀

1. 缝隙腐蚀的定义和特点

缝隙腐蚀（Crevice Corrosion）是有电解质存在，在金属与金属及金属与非金属之间构成狭窄的缝隙内，介质的迁移受到阻滞时而产生的一种局部腐蚀形态。

造成缝隙腐蚀的狭缝或间隙的宽度必须足以使腐蚀介质进入并滞留其中，所以缝隙腐蚀通常发生在 0.025～0.1 mm 的缝隙中。而在那些宽的沟槽或宽的缝隙中，因腐蚀介质畅流而一般不发生缝隙腐蚀损伤。缝隙腐蚀是一种很普遍的局部腐蚀，在许多设备或构件中缝隙往往不可避免地存在着，如板材之间的搭接处、法兰连接面之间、螺母压紧面之间，以及铆钉头、焊缝气孔、焊渣、溅沫、锈层、污垢等与金属的接触面上。在工程结构中，一般需要将不同的结构件相互连接，因而缝隙是不可避免的。缝隙腐蚀将减小部件的有效几何尺寸，降低吻合程度。缝内腐蚀产物的体积增大，形成局部应力，并使装配困难，因此应尽量避免。

缝隙腐蚀与孔蚀有一些共同之处，体现在：

首先，耐蚀性依赖于钝态的金属材料在含氯化物的溶液中容易发生，造成典型的局部腐蚀。其次，孔蚀和缝隙腐蚀成长阶段的机理都可以用闭塞电池自催化效应说明。

同时，缝隙腐蚀与孔蚀还有一些不同之处，包括以下几点：

① 可发生在所有的金属和合金上，特别容易发生在靠钝化耐蚀的金属材料表面。② 孔蚀发生需要活性离子（如 Cl^- 离子），发生缝隙腐蚀介质可以是任何酸性或中性的侵蚀性溶液，而含有 Cl^- 的溶液最易引发缝隙腐蚀。③ 孔蚀的闭塞区是在腐蚀过程中形成的；而缝隙腐蚀的闭塞区在开始就存在。与点蚀相比，孔蚀的临界电位 E_b 较缝隙腐蚀临界电位 E_b 高，即同一种材料更容易发生缝隙腐蚀。当 $E_p<E<E_b$ 时，原有的蚀孔可以发展，但不会产生新的蚀孔；而缝隙腐蚀在该电位区间内，既能发生，又能发展。缝隙腐蚀的临界电位比点蚀电位低。

2. 缝隙腐蚀机理

金属离子浓差电池和氧浓差电池（或充气不均匀电池）是早期阐述缝隙腐蚀机理的较为重要的两种理论。目前普遍为大家所接受的缝隙腐蚀机理则是氧浓差电池和闭塞电池自催化效应共同作用的结果。现以铆接金属（如铁或钢）板材在充气海水中发生缝隙腐蚀过程（见图 4.10）为例，介绍这一机理模型。

在腐蚀初期，金属材料缝隙内、外整个表面都与含氧溶液相接触，所以电化学腐蚀的阴极和阳极反应均匀地发生在缝隙内部及外部的整个表面上（见图 4.10(a)）。阳极反应为金属的离子化，即

$$M \rightarrow M^{n+}+ne^-$$

阴极反应为氧还原，即

$$O_2+2H_2O+4e^- \longrightarrow 4OH^-$$

金属阳极溶解产生的电子，随即被氧的还原反应消耗掉。然而，由于缝隙几何因素的限制，缝内溶液中的氧只能以扩散方式进入，补充十分困难。随着腐蚀过程的进展，缝内的氧很快就耗尽了，从而中止了缝内氧的还原反应。缝外的氧随时可以得到补充，所以氧还原反应继续进行，由此导致缝隙内、外形成了氧浓差宏观电池。缺乏氧的区域（缝隙内）电位较低，成为阳极区；氧易到达的区域（缝隙外）电位较高，成为阴极区。结果缝内金属加速溶解，金属离子 M^{n+} 在缝内不断积累、过剩，从而吸引缝外溶液中的负离子（如 Cl^-）迁入缝内，以维持电荷平衡，造成 Cl^- 在缝隙内富集（如 Cl^- 含量可比整体溶液中高出 3～10 倍）。缝隙内，由于金属离

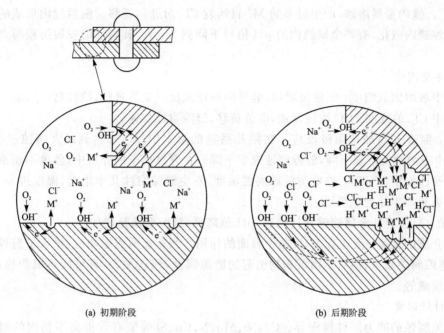

(a) 初期阶段　　　　　　　(b) 后期阶段

图 4.10　缝隙腐蚀机理图解

子的浓缩和 Cl^- 的富集,生成可溶性金属氯化物。金属氯化物在水中水解成不溶的金属氢氧化物和游离酸。以二价金属为例,有如下反应,即

$$MCl_2 + H_2O \longrightarrow M(OH)_2 \downarrow + 2H^+Cl^-$$

其结果使缝隙内溶液 pH 值下降,可达 $2\sim3$,即造成缝隙内溶液酸化。这种酸性和高浓度 Cl^- 进一步促进了缝内金属的阳极溶解。阳极的加速溶解又引起更多的 Cl^- 从缝外向缝内迁入,氯化物的浓度增加,氯化物的水解又使介质酸化。如此循环往复,形成了一个闭塞电池自催化过程,导致缝内金属的溶解不断加剧。当缝隙内腐蚀增加时,缝隙口邻近表面的阴极过程(氧的还原)速率增加(见图 4.10(b)),因此外部表面得到了一定程度的阴极保护。

3. 缝隙腐蚀的影响因素

(1) 缝隙的几何因素

缝隙的宽度与缝隙腐蚀深度和速度有关。对 2Cr13 不锈钢的研究表明(见图 4.11)出现最大腐蚀速率的缝宽在 0.1 mm 附近,当缝宽大于 0.25 mm 后,不发生缝隙腐蚀。此外,缝隙腐蚀还与缝外面积有关,外部面积增大,缝内腐蚀增加。

在初期阶段,缝内、外的金属表面发生相同的阴、阳极反应过程,经过一段时间后,缝内的氧消耗完后,氧的还原反应不再进行。由于缝内缺氧,缝外富氧,形成了"供氧

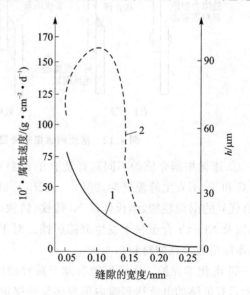

1—总腐蚀速率;2—腐蚀深度

图 4.11　2Cr13 不锈钢在 29.3 g/L 的 NaCl 溶液中缝隙腐蚀速率与缝隙宽度的关系(实验周期为 54 天)

差异电池"。缝内金属溶解,产生过多的 M^+ 将诱发 Cl^- 向缝内迁移。随后缝内形成的金属盐的水解导致缝内酸化,有些金属缝内的 pH 值可下降到 2～3。其腐蚀的发展历程与点蚀过程类似。

（2）环境因素

溶液中溶解的氧浓度:氧浓度增加,缝外阴极还原反应更易进行,缝隙腐蚀加剧。

溶液中 Cl^- 的浓度: Cl^- 浓度增加,电位负移,缝隙腐蚀加速。

温度:温度升高加速阳极反应。在敞开系统的海水中,80 ℃达到最大腐蚀速率;高于 80 ℃时,由于溶液的溶氧下降,缝隙腐蚀速率下降。在含氯离子的介质中,各种不锈钢都存在临界缝隙腐蚀温度(CCT)。在临界缝隙腐蚀温度,发生缝隙腐蚀几率增大,温度进一步提高,缝隙腐蚀更易产生并趋于严重。

pH 值:只要缝外金属能够保持钝态,pH 值降低,缝隙腐蚀量增加。

腐蚀介质的流速:流速有正、反两个方面的作用。当流速适当增加时,增大了缝外溶液的氧含量,缝隙腐蚀加重;但对于由沉积物引起的缝隙腐蚀,流速加大,有可能将沉积物冲掉,因而缝隙腐蚀减轻。

（3）材料因素

耐缝隙腐蚀的能力因材料而异。Cr、Ni、Mo、N、Cu、Si 等能有效提高不锈钢的耐缝隙腐蚀性能,与它们对点蚀的影响类似,均涉及对钝化膜的稳定性和再钝化能力所起的作用。同种材料的临界缝隙腐蚀温度要比临界点蚀温度低 20 ℃左右。

4. 防止缝隙腐蚀的措施

① 合理设计避免缝隙的形成最能有效地预防缝隙腐蚀的发生。图 4.12 是防止钢板搭接处缝隙腐蚀设计方案的比较。

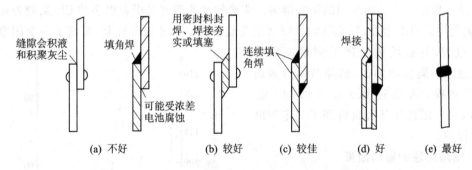

图 4.12　防止钢板搭接处缝隙腐蚀的几种设计方案比较

② 选材根据介质的不同选择适合的材料可以减轻缝隙腐蚀。在平静的海水中 Hastelloy C 和 Ti 不发生缝隙腐蚀,90Cu－10Ni(1.5Fe)、70Cu－30Ni(0.5Fe)、青铜和黄铜等 Cu 合金有优异的耐蚀性能,奥氏体高 Ni 铸铁、铸铁、碳钢表现良好,304、316、铁素体和马氏体不锈钢,以及 Ni－Cr 合金易于发生缝隙腐蚀。对于带有垫片的连接件,注意选择的垫片尺寸要合适,不能用吸湿性的材料。

③ 电化学保护。阴极保护有助于减轻缝隙腐蚀,但并不能完全解决缝隙腐蚀问题,关键是能否有足够的电流达到缝内形成必须的保护电位。

④ 应用缓蚀剂。采用足量的磷酸盐、铬酸盐和亚硝酸盐的混合物对钢、黄铜和 Zn 结构是有效的,也可以在结合面上涂加缓蚀剂的油漆。

4.2.4　晶间腐蚀

1. 晶间腐蚀的定义和特点

晶间腐蚀是金属材料在特定的腐蚀介质中沿着材料的晶粒边界或晶界附近发生腐蚀,使晶粒之间丧失结合力的一种局部破坏的腐蚀现象。晶间腐蚀是一种危害性很大的局部腐蚀,因为材料产生这种腐蚀后,宏观上可能没有任何明显的变化,但材料的强度几乎完全丧失,经常导致设备的突然破坏。再者,晶间腐蚀常常会转变为沿晶应力腐蚀开裂,成为应力腐蚀裂纹的起源。在极端的情况下,可以利用材料的晶间腐蚀过程制造合金粉末。

晶间腐蚀的产生原因包括材料和介质两方面的因素。首先,多晶体的金属和合金本身的晶粒和晶界的结构和化学成分存在差异。晶界处的原子排列较为混乱,缺陷和应力集中。位错和空位等在晶界处积累,导致溶质、各类杂质晶界处的原子排列较为混乱,缺陷和应力集中。位错和空位等在晶界处积累,导致溶质、各类杂质(如 S、P、B、Si 和 C 等)容易在晶界处吸附和偏析,甚至析出沉淀相(碳化物、σ 相等),从而导致晶界与晶粒内部的化学成分出现差异,产生了形成腐蚀微电池的物质条件。当这样的金属和合金处于特定的腐蚀介质中时,晶界和晶粒本体就会显现出不同的电化学特性。一般地,晶界处的电位较低、钝性差,所以在晶界和晶粒构成的腐蚀原电池中,晶界为阳极,晶粒为阴极。由于晶界的面积很小,构成"小阳极-大阴极",使得晶界溶解的电流密度远远高于晶粒溶解的电流密度。

产生晶间腐蚀的根本原因是晶粒间界及其附近区域与晶粒内部存在电化学腐蚀的不均匀性,这种不均匀性是金属材料在熔炼、焊接和热处理等过程中造成的。例如:① 晶界析出第二相,造成晶界某一合金成分的贫乏化;② 晶界析出易于腐蚀的阳极相;③ 杂质与溶质原子在晶界区偏析;④ 晶界区原子排列杂乱,位错密度高;⑤ 新相析出或转变,造成晶界处较大的内应力。这些原因均可能构成特定体系的晶间腐蚀机理模型。

2. 晶间腐蚀的机理

解释晶间腐蚀的理论模型很多,各种模型均承认晶界区存在局部微观阳极的看法。其原因是晶界区既遭受选择性腐蚀,它必然为阳极,而对阳极区的来源、发展和分布看法的不同,出现了各种腐蚀理论。目前具有代表性的理论模型主要有贫化理论、相沉淀理论(第二相析出理论)和晶界吸附理论等。

(1) 贫化理论

贫化理论是被最早提出的,在实践中已得到了证实,因此是目前被广泛接受的理论。对于不锈钢来说,是贫铬;对于镍钼合金,是贫钼;对于铝铜合金,则是贫铜。下面以奥氏体不锈钢为例,介绍晶间腐蚀的贫化理论。

奥氏体不锈钢在氧化性或弱氧化介质中产生晶间腐蚀,多数是由于热处理不当而造成的。固溶状态下的奥氏体不锈钢,当在 450～850 ℃温度范围保温或缓慢冷却处理时,就会在一定的腐蚀性介质中呈现晶间腐蚀敏感性。所以这个温度范围称为敏化温度(危险温度)。

出厂前的奥氏体不锈钢材料经过 1 050～1 150 ℃加热及淬火处理,获得含碳质量分数高(如 Cr18Ni9Ti 中碳的固溶度约为 0.002)的过饱和固溶体(固溶处理)。碳在奥氏体中的固溶度是随温度下降而减少的(如在 500～700 ℃下,Cr18Ni9Ti 中碳的固溶度约为 0.000 2),因此,固溶处理的奥氏体不锈钢在较低温度(450～850 ℃)加热或缓慢冷却过程中,碳倾向于与铬及铁结合形成复杂的碳化物$(CrFe)_{23}C_6$,从过饱和的奥氏体中析出而优先分布在晶界上。$(CrFe)_{23}C_6$ 较晶粒内的平均含 Cr 质量分数高得多,因此$(CrFe)_{23}C_6$ 的析出必然使其周围晶界区消耗大量的铬,加之,碳在奥氏体中扩散速率远大于铬的扩散速率,从而使消耗的铬不能从晶粒中通过扩散得到及时的补充。其结果使晶界附近形成贫铬区(见图4.13和图4.14),贫铬区含铬质量分数低于不锈钢表面形成耐蚀钝化膜所需要的最低含铬质量分数(0.12),因而钝态受到破坏。晶粒与晶界及其附近区域构成大阴极(钝化)-小阳极(活化)的微电池,从而加速了晶粒间界区的腐蚀。晶界及其附近贫铬被多数实验数据证实,有人还对贫铬区域的大小进行了测量。例如,对于18-8不锈钢,经650 ℃敏化处理,贫铬区宽度为150~200 nm。

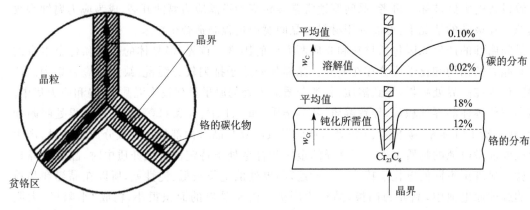

图4.13　不锈钢敏化态晶界析出示意图　　图4.14　晶界碳化物附近碳和铬质量分数分布示意图

(2) 第二相析出理论

晶界σ相析出促进晶间腐蚀是最具代表性的第二相析出理论,用于解释低碳或超低碳不锈钢晶间腐蚀敏感性,因为碳化物引起的晶界合金元素Cr贫化理论此时不再适用。σ相是FeCr的金属间化合物,含Cr质量分数为0.18~0.54,σ相在晶界的析出同样会引起晶界区贫铬,由此导致晶间腐蚀。超低碳不锈钢,特别是高铬、含钼钢在650~850 ℃加热或热处理时,易析出σ相。18-8铬镍不锈钢若在σ相的温度区间长时间加热,冷加工变形后在产生σ相的温度范围加热,或钢中添加Mo、Ti、Nb等合金元素,也可能出现σ相而诱发晶间腐蚀。通常,σ相析出引起的晶间腐蚀较碳化物导致的晶界贫铬引起的晶间腐蚀产生的难度大,如具有σ相的奥氏体不锈钢只能在质量分数为0.65的HNO_3等强氧化性介质中产生晶间腐蚀。σ相引起的晶间腐蚀可通过测量的不锈钢中奥氏体(γ相)和σ相的阳极极化曲线(见图4.15)加以间接解释。在氧化性低的腐蚀介质中,析出σ相的不锈钢处于较低的电位区间,此时σ相较γ相还稍耐蚀,因此不易产生晶间型腐蚀破坏。在过钝化电位下,σ相发生严重的腐蚀,其阳极活性电流急剧增加,即高电位下σ相有遭受严重选择性腐蚀的可能,这正是强氧化性介质(质量分数为0.65的HNO_3)能够检验出σ相引起晶间腐蚀的电化学原理。因此,含碳质量分数不同决定了不锈钢晶间腐蚀机理的差异,如含碳量高的316不锈钢有$Cr23C_6$沉淀引起的晶间腐蚀,而超低碳的316L不锈钢避免了$Cr23C_6$沉淀引起的晶间腐蚀,却出现了σ相引起的晶间腐蚀。

对于Al-Mg-Zn合金及含Mg较高的Al-Mg合金的晶间腐蚀,普遍认为是由于晶界上析出$MgZn_2$或Mg_5Al_8导致的选择性溶解所致。

(3) 晶界吸附理论

人们发现,在强氧化性热浓的“硝酸+重铬酸盐”介质中,经1 050 ℃固溶处理的超低碳18-8型奥氏体不锈钢等也能产生晶间腐蚀,这显然既不能用晶界沉积$M_{23}C_6$引起的贫铬解释,也不能用 σ 相析出现象来说明。经过研究,将这类晶间腐蚀归于晶界吸附溶质 P 等产生的电化学侵蚀而造成晶界吸附性溶解所致。其依据之一是,对 14Cr - 14Ni 合金在 115 ℃的 5 mol/L HNO₃＋4 g/L Cr⁶⁺ 溶液中进行腐蚀试验的研究表明,含碳质量分数高达 0.001 没有影响,而含磷质量分数高于 0.001 后,腐蚀速率剧增(见图 4.16)。电子金相分析也未发现有晶界沉积物存在。同时,试验发现晶界吸附造成的晶界硬化与晶界腐蚀敏感性相一致。

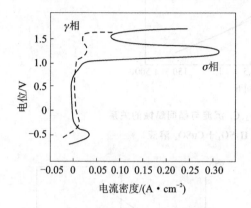

图 4.15　不锈钢 γ 相和 σ 相的阳极极化
曲线(H₂SO₄ - CuSO₄ 介质)

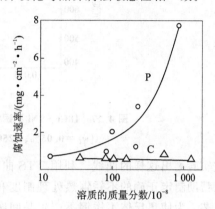

图 4.16　P、C 对 14Cr - 14Ni 不锈钢在沸腾的
5 mol/L HNO₃＋4 g/L Cr⁶⁺ 溶液中的晶间腐蚀的影响

上述三种晶间腐蚀理论模型并不相互抵触,而是相辅相成的,各自适用于不同的合金组织状态和环境体系。

3. 晶间腐蚀的影响因素

晶间腐蚀与介质种类和条件有密切的关系,由于晶间腐蚀是晶界区或晶界沉淀相选择性腐蚀的结果,因此,凡是能促使晶粒表面钝化,同时又使晶界表面活化的介质,或者可使晶界处的沉淀相发生严重的阳极溶解的介质,均为诱发晶间腐蚀的介质。例如,不仅强氧化性的浓 HNO₃ 溶液能引起 Cr - Ni 不锈钢的晶间腐蚀,而且稀硫酸,甚至海水也能引起晶间腐蚀;工业大气、海洋大气或海水则可引起 Al - Cu、Al - Cu - Mg、Al - Zn - Mg 及含 Mg 质量分数大于 0.03 的 Al - Mg 合金产生晶间腐蚀。那些可使晶粒、晶界都处于钝化状态或活化状态的介质,因为晶粒与晶界的腐蚀速率无太大差异,不会导致晶间腐蚀发生。温度等因素的影响主要是通过晶粒、晶界或沉淀相的极化行为的差异来显示的。

但起主要作用的还是合金的组织。在实践中最常遇到的是不锈钢碳化物析出造成的晶间腐蚀,因此这里以不锈钢为例,侧重介绍材料的组织和成分对晶间腐蚀的影响。

（1）热处理工艺的影响

晶间腐蚀的敏感性与合金材料的热处理工艺(包括加热温度、加热时间、温度变化速率)有直接的关系。热处理过程影响晶间碳化物的沉淀,进而影响晶间腐蚀的倾向性。图 4.17 是 18Cr - 9Ni 不锈钢晶界 Cr₂₃C₆ 沉淀与晶间腐蚀之间的关系。可见,晶间腐蚀倾向与碳化物析出有关,但两者发生的温度和加热时间范围并不完全一致。在温度高于 750 ℃以上时,析出的碳化物是不连续的颗粒,Cr 的扩散也容易,所以不产生晶间腐蚀;在 600～700 ℃之间析出连续的网状 Cr₂₃C₆,晶间腐蚀最严重;当温度低于 600 ℃时,Cr 和 C 的扩散速度随温度降低而减慢,需要更长的时间才能析出碳化物;当温度低于 450 ℃时就难以产生晶间腐蚀了。

这种表明晶间腐蚀倾向与加热温度和时间关系的曲线称为 TTS 曲线。每种合金都可以

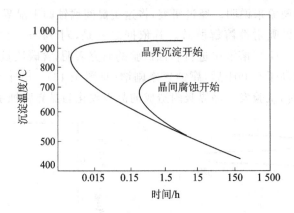

图 4.17　18Cr－9Ni 不锈钢晶界 $Cr_{23}C_6$ 沉淀与晶间腐蚀的关系
（$w_C = 0.05\%$、$1\,250\ ℃$ 固溶，$H_2SO_4 + CuSO_4$ 溶液）

通过实验测出这样的曲线。利用 TTS 曲线，可以帮助制定正确的不锈钢热处理制度和焊接工艺。为使奥氏体不锈钢不产生晶间腐蚀倾向，可加热至 $1\,050 \sim 1\,100\ ℃$，然后迅速冷却，使冷却曲线不与碳化物沉淀曲线相交，这就是通常所说的固溶处理。图 4.18 所示为消除 Cr17 不锈钢敏化态的热处理工艺图。

　　（2）焊接处理工艺的影响

　　奥氏体不锈钢焊接时，靠近焊缝处均有被加热到敏化处理温度的区域，因此焊接结构都有受晶间腐蚀而发生破坏的可能。由于

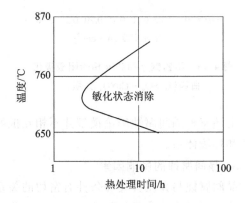

图 4.18　消除 Cr17 不锈钢敏化态的热处理工艺图

钢种不同，产生腐蚀部位与形貌不同，人们习惯上把在焊缝附近产生的腐蚀分为焊缝腐蚀和刀线腐蚀。

　　焊缝腐蚀：焊缝腐蚀的腐蚀区通常是在母材板上离焊缝有一定距离的一条带上。这是由于在焊接过程中，这条带上经受了敏化加热的缘故。焊接时，焊缝附近的受热情况如图 4.19(a)所示。热电偶放在 A、B、C、D 四点（见图 4.19(b)），焊接时记录温度和时间，并描绘在图 4.19(a)中，可见 B、C 之间的金属有一段时间处于敏化温度范围之内，从而引起铬的碳化物析出，导致晶间腐蚀。

　　刀线腐蚀：加有 Ti、Nb 且进行了稳定化处理的不锈钢，焊接后在邻近焊缝的金属窄带上产生了严重的腐蚀而成深沟，被称为刀线腐蚀。刀线腐蚀与焊接腐蚀均属于晶间型腐蚀，不同之处在于刀线腐蚀发生在紧邻焊缝的母材上一条窄带内，形状像刀痕，而焊接腐蚀发生在离焊缝有一定距离的地方。这是由于焊接时，邻近焊缝处与熔融金属相接触，温度高达 $950 \sim 1\,400\ ℃$，这时不仅钢中 M23C6 溶解，而且 TiC、NbC 也全部溶解。在二次加热时（如双面焊，该部位重新受热，或焊后的消除应力退火），M23C6、TiC、NbC 又重新沿晶界沉淀。有一种观点认为由于 M23C6 的沉淀，产生了贫铬区，导致刀线腐蚀。另一种观点认为由于 TiC 或 NbC 以树枝状形态沿晶界沉淀，所以在强氧化性介质中 MC 被溶解，导致刀线腐蚀。

　　（3）合金成分的影响

　　合金成分是影响晶间腐蚀的重要因素。常见合金元素对晶间腐蚀的影响如下：

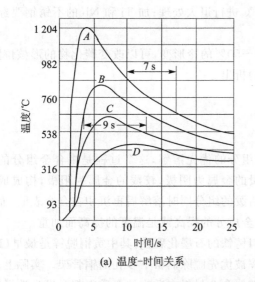

(a) 温度-时间关系　　　　　　　(b) 测温热电偶的位置和腐蚀部位

图 4.19　304 不锈钢电弧焊焊缝区受热和焊缝腐蚀情况

① C 含量,以不锈钢为例,无论是奥氏体不锈钢还是铁素体不锈钢,晶间腐蚀的倾向均随碳含量的增加而增大。其原因是,碳含量越高,晶间沉淀的碳化物越多,晶间贫铬程度越严重。与奥氏体不锈钢不同的是,铁素体不锈钢中碳含量需要降低到更低的程度,才能降低晶间腐蚀敏感性。奥氏体不锈钢中碳含量越高,产生晶间腐蚀倾向的加热温度和时间范围扩大,TTS曲线左移,晶间腐蚀倾向越大。

② Cr、Mo、Ni、SiCr、Mo 含量增高,可降低 C 的活度,有利于减轻晶间腐蚀倾向;而 Ni、Si等非碳化物形成元素会提高 C 的活度,降低 C 在奥氏体中的溶解度,促进 C 的扩散和碳化物的析出。

③ Ti、Nb 对晶间腐蚀来说,Ti 和 Nb 是非常有益的元素。Ti 和 Nb 与 C 的亲合力大于Cr 与 C 的亲合力,因而在高温下能先于 Cr 形成稳定的 TiC 和 NbC,从而大大降低钢中的固溶 C 量,使 $Cr_{23}C_6$ 难以析出。实验表明:Ti 和 Nb 使 TTS 曲线右移,降低晶间腐蚀倾向。

④ 在不锈钢中加入 0.004%~0.005%的 B 可使 TTS 曲线右移。这可能是 B 在晶界的吸附减少了 C、P 在晶界的偏聚之故。

4. 防止晶间腐蚀的措施

晶间腐蚀的控制主要是通过科学的合金化设计及合理地实施热处理工艺,以避免晶界沉淀相析出或有害杂质元素的晶界吸附。根据合金材料的品种不同,具体措施有所差异,提高不锈钢合金耐晶间腐蚀能力的主要措施包括。

① 降低碳含量,低碳不锈钢($w_C \leq 0.03\%$),甚至是超低碳不锈钢($w_C + w_N \leq 0.002\%$),可有效减少碳化物析出造成的晶间腐蚀。

② 合金化,在钢中加入 Ti 或 Nb,如在 Cr18 - Ni9(304)不锈钢基础上加 Ti 成为 Cr18 -Ni9 - Ti(321)、加 Nb 成为 Cr18 - Ni9 - Nb(347),再经过 850~900 ℃保温 2~4 h 的"稳定化处理",就会使 $Cr_{23}C_6$ 全部溶解,析出 TiC 或 NbC,避免贫 Cr 区的形成。

还可以通过调整钢的成分,形成双相不锈钢,如在奥氏体中加入 5%~10%的铁素体。由于相界的能量更低,碳化物择优在相界析出,从而减少了在晶界的沉淀。

③ 适当地热处理,对碳含量较高(0.06%~0.08%)的奥氏体不锈钢,要在 1 050~1 100 ℃进

行固溶处理;对铁素体不锈钢在 700～800 ℃进行退火处理;加 Ti 和 Nb 的不锈钢要经稳定化处理。

④ 适当地冷加工,在敏化前进行 30%～50% 的冷形变,可以改变碳化物的形核位置,促使沉淀相在晶内滑移带上析出,减少在晶界的析出。

4.2.5　选择性腐蚀

1. 选择性腐蚀的定义和特点

选择性腐蚀是指在多元合金中较活泼组分的优先溶解,这个过程是由合金组分的电化学差异而引起的。在二元或多元合金中,较贵的金属为阴极,较贱的金属为阳极,构成成分差异腐蚀原电池,较贵的金属保持稳定或与较活泼的组分同时溶解后再沉积在合金表面,而较贱的金属发生溶解。选择性腐蚀一般会随着合金成分的提高或是温度的提高而加重。

最典型的选择性腐蚀是黄铜脱锌和灰口铸铁的石墨化腐蚀,其中黄铜脱锌是最早(1866 年)被人们认识的选择性腐蚀,在腐蚀过程中锌被优先脱除而留下多孔的铜骨架。实际上,除黄铜和灰口铸铁以外,还有很多种铜基合金和其他合金材料在适当的介质中都会发生选择性腐蚀,如表 4.4 所列。合金发生选择性腐蚀的本质是由于合金中各组分的化学稳定性或化学活性不同。

从外观上,可以将选择性腐蚀分为三种破坏形式:

① 层式:腐蚀较均匀地波及整个材料的表面;

② 栓式:腐蚀集中发生在材料表面的某些局部区域,并不断地向材料的纵深发展;

③ 点蚀:成分选择性腐蚀在点蚀的基础上进行,即起始于点蚀孔处。

选择性腐蚀发生后,在材料表面留下一个多孔的残余结构,虽然总尺寸变化不大,但是其机械强度、硬度和韧性大大降低,甚至完全丧失,能够引起难以预料的突发性失效。

表 4.4　易发生选择性腐蚀的合金/环境体系

合　金	环　境	脱除的元素
黄铜	多种水溶液(特别是在滞积条件下)	锌(脱锌)
灰口铸铁	土壤,多种水	铁(石墨化腐蚀)
铝青铜	氢氟酸,含氯离子的酸	铝(脱铝)
硅青铜	高温蒸气和酸性物质	硅(脱硅)
锡青铜	热盐水或蒸气	锡(脱锡)
铜镍合金	高的热负荷和低水流(精炼厂的冷凝器管、海水)	镍(脱镍)
铜金合金	三氯化铁	铜(脱铜)
Monel 合金	氢氟酸和其他酸	某些酸中脱铜,另一些酸中脱镍
金铜或金银合金	硫化物溶液,人体唾液	铜、银
铝锂合金	氯化物溶液,海水	锂(脱锂)
高镍合金	熔融盐	铬、铁、钼和钨
铁铬合金	高温氧化性气氛	形成保护膜的铬
镍钼合金	高温下的氧	钼
中碳铜和高碳钢	氧化性气氛,高温下的氢	碳(脱碳)
铍青铜	卤族气体	铍(脱铍)

2. 黄铜脱锌

（1）黄铜脱锌的特征

黄铜即是 Cu - Zn 合金，加 Zn 可提高 Cu 的强度和耐冲蚀性能。当锌的质量分数超过 15％时，选择性腐蚀脱锌就较为明显地表现出来，随 Zn 含量的增加，脱锌腐蚀和应力腐蚀将变得严重，如图 4.20 所示。黄铜脱锌最普遍的是发生在海水中，因此黄铜脱锌成为海水热交换器中黄铜冷凝管的重要腐蚀问题。除海水环境外，在含盐的水及淡水中，或酸性环境、大气和土壤中，也会发生黄铜脱锌腐蚀。但是，如果介质的腐蚀性十分强烈，铜与锌同时被溶解，则不会发生选择性腐蚀。

黄铜脱锌有两种形态：一种是均匀性或层状脱锌，多发生于 Zn 含量高的合金中，并且总是发生在酸性介质中；另一种是塞状脱锌，多发生于 Zn 含量较低的黄铜及中性、碱性或弱酸性介质中。Zn 的质量分数小于 15％的黄铜称为红铜，

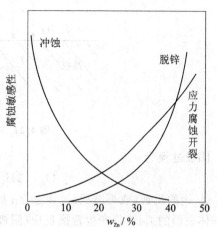

图 4.20　黄铜中 Zn 含量与不同腐蚀形态敏感性的关系

多用于散热器，一般不出现脱锌腐蚀；Zn 的质量分数为 30％～33％的黄铜多用于制作弹壳，这两类黄铜都是 Zn 在 Cu 中的固溶体合金，称为 α 黄铜。Zn 的质量分数为 38％～47％的黄铜是 α＋β 相组织，β 相是以 CuZn 金属间化合物为基体的固溶体，这类黄铜热加工性能好，多用于热交换器。Zn 含量高的 α 及 α＋β 黄铜脱锌腐蚀都比较严重。

（2）黄铜脱锌的机理

黄铜脱锌是个复杂的电化学反应过程，而不是一个简单的活泼金属分离现象。多年来存在着两种不同的观点：一种是选择性溶解理论，另一种是溶解再沉积理论。这两种理论均有一定的依据，并能解释一些实验现象，但却不能完全否定另外一种理论。

1）选择性溶解理论

该理论模型认为，黄铜的脱锌机理是黄铜中的锌发生选择性溶解，合金内部的锌通过表层上的复合空位迅速扩散并到达溶解反应的地点，从而保持继续溶解，由此导致表层留下疏松的铜层。这一机理模型十分直观，并得到了金相分析、旋转环-盘电极试验、电子探针分析、X 射线衍射分析、显微硬度测试等方面直接或间接实验结果的支持；同时利用该理论能较好地解释灰口铸铁的石墨化腐蚀、Cu - Au 合金的脱铜等选择性腐蚀现象。但也有人认为该理论模型的理由不够充分，其根据是溶液或离子要通过复杂而曲折的空位是相当困难的，要么不易使脱锌达到相当深度，要么造成脱锌过程极为缓慢。

2）溶解-再沉积理论

该理论认为，黄铜的脱锌由黄铜的整体溶解、锌离子留在溶液和铜反镀回基体等步骤组成。下面以黄铜在海水中脱锌过程（见图 4.21）为例，加以说明。

① 黄铜的整体溶解。

阳极过程为

$$Cu - Zn \longrightarrow Cu^{2+} + Zn^{2+} + 4e^- \tag{4-12}$$

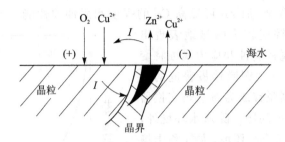

图 4.21　黄铜选择性腐蚀示意图

阴极过程为

$$O_2 + 2H_2O + 4e^- \longrightarrow 4OH^- \tag{4-13}$$

② 铜的反镀（或再沉积）。由于 Zn 的活性高，阳极溶解出的 Zn^{2+} 留在水溶液中，而富集在基体表面的 Cu^{2+} 将产生置换反应（阴极），即

$$Cu^{2+} + Cu-Zn \longrightarrow 2Cu + Zn^{2+} \tag{4-14}$$

式(4-12)和式(4-14)中的 Cu-Zn 表示铜锌合金。Cu 与 Zn 原子之间存在结合力。式(4-12)~式(4-14)相加的总反应为

$$O_2 + 2H_2O + 2Cu-Zn \longrightarrow 2Zn^{2+} + 4OH^- + 2Cu \tag{4-15}$$

式(4-15)表明，黄铜总的腐蚀结果是锌量减少，铜量不变；疏松多孔的沉积铜取代了黄铜中有结合力的铜。这样虽然黄铜几何形状无明显改变，但是其力学和金属学性能显著改变。

（3）防止黄铜脱锌的措施

在 α 黄铜中加入少量的 $As(w_{As}=0.04\%)$ 可有效防止脱锌腐蚀。加 Sb 或 P 也有同样的效果，但一般多用 As，因为 P 易引发晶间腐蚀。但这种方法对 α+β 黄铜无效，在 α+β 黄铜中可加入一定量的 Sn、Al、Fe、Mn，能减轻脱锌腐蚀，但不能完全避免。

As 的作用在于抑制了 Cu_2Cl_2 的歧化反应，降低了溶液中 Cu^{2+} 离子的浓度。α 黄铜在氯化物中的电位低于 Cu^{2+}/Cu，而高于 Cu^{2+}/Cu，所以只有前者能被还原，即 α 黄铜脱锌必须从 Cu_2Cl_2 形成 Cu^{2+} 中间产物，反应才能进行下去。As 抑制了 Cu^{2+} 的产生，也就能抑制 α 黄铜的脱锌。但 Cu^{2+}/Cu 及 Cu^{2+}/Cu 的电位都高于 α+β 黄铜的电位，即 Cu^{2+} 和 Cu^+ 都可能被还原，因而 As 对 α+β 黄铜的脱锌过程没有影响。

3. 石墨化腐蚀

灰铸铁中的石墨以网络状分布在铁素体中，在介质为盐水、矿水、土壤（尤其是含有硫酸盐的土壤）或极稀的酸性溶液中，发生了铁基体的选择性腐蚀，而石墨沉积在铸铁的表面，从形貌上看，似乎铸铁被"石墨化"了，因此称为石墨化腐蚀（Graphitic Corrosion）。在铸铁的石墨化腐蚀中，石墨对铁为阴极，形成了高效原电池，铁被溶解后，成为石墨、孔隙和铁锈构成的多孔体，使铸铁失去了强度和金属性。石墨化腐蚀是一个缓慢的过程。如果铸铁处于能使金属迅速腐蚀的环境中，将发生整个表面的均匀腐蚀，而不是石墨化腐蚀。石墨化腐蚀常发生在长期埋在土壤中的灰铸铁管上。

4. 选择性腐蚀的影响因素与控制措施

由于选择性腐蚀会受合金成分、组织结构、介质状况、温度及电化学极化条件等因素影响，因此，人为地去合理控制这些因素就可以达到有效控制选择性腐蚀的目的。

合金中活性组元的含量越高,脱合金元素的倾向就越大,因此,为了控制选择性腐蚀,有效方法之一就是尽可能选择含活性组元低的合金。另外,除了主加合金组元外,添加少量的辅加合金元素,也会对选择性腐蚀产生重要影响。例如,在 α 黄铜中加入砷、锑、锡、磷、镍和铝均可有效地抑制其脱锌腐蚀,基于此原因目前发展了一些含这类辅加合金元素的新型合金,以控制 α 黄铜的脱锌,从综合效果和经济上考虑,以加入砷和磷最为有利。

合金组织结构对选择性腐蚀有重要影响。例如,对于二元铝铜合金,脱铝腐蚀的严重程度通常按如下顺序递增:α 相→含铝少的马氏体→含铝高的马氏体→γ_2 相。因此,通过恰当地控制热处理工艺,以获得选择性腐蚀倾向低的组织是解决选择性腐蚀破坏的另一个途径。

合金成分选择性腐蚀与介质状况密切相关,特定的合金仅对某些介质有选择性腐蚀敏感性(见表 4.4)。对于黄铜脱锌腐蚀,当介质中氯化物浓度高、含氧量大、流速低或合金表面存在有利于缝隙形成的垢层及沉积物时,均会增大脱锌的敏感性。合理地控制这些因素即可降低黄铜脱锌的敏感性。而在环境介质中加入缓蚀剂则是控制选择性腐蚀的另一种重要手段,例如,苯并三唑(BTA)、甲基苯并三唑(TTA)和 2 - 巯基苯并咪唑(MBI),可以在多种环境条件下抑制单相和双相黄铜的脱锌。

思考题与习题

1. 全面腐蚀和局部腐蚀有哪些特征?

2. 什么是电偶电流和电偶腐蚀效应?简述电偶腐蚀的机理和防止措施。

3. 试根据极化图和电偶腐蚀原理证明电偶腐蚀集氧面积原理。假设将某活性金属与铂构成电偶,且阴极去极化剂是氧,阴极反应过程受氧的扩散所控制。试证明该电偶体系的电偶腐蚀效应 $\gamma = \left(1 + \dfrac{S_{Pt}}{S}\right)$,其中 S 和 S_{Pt} 分别为活性金属和铂的表面积。

4. 产生孔蚀的主要条件是什么?点蚀破坏的特点有哪些?点蚀电位与保护电位(或再钝化电位)所代表的意义是什么?它们是如何确定的?其数值与测定方法是否有关?

5. 点蚀发展形成闭塞电池的条件和机理是什么?

6. 影响点蚀的因素有哪些?举例说明防止点蚀发生可采取的措施。

7. 阐述缝隙腐蚀的机理及影响因素,并比较缝隙腐蚀与点蚀的异同性。

8. 分析产生晶间腐蚀的原因和影响因素,以及相应的防止措施。

9. 奥氏体、铁素体不锈钢产生晶间腐蚀的条件和机理是什么?1Cr18Ni9、1Cr18Ni9Ti、1Cr17 三种不锈钢应分别采取何种热处理才能避免发生晶间腐蚀?为什么?

10. 哪些金属材料更容易发生点蚀、缝隙腐蚀和晶间腐蚀?这三种类型的腐蚀机理中有无相同的作用因素和联系?

11. 试举例说明什么是选择性腐蚀。

第 5 章　金属在环境因素作用下的腐蚀

5.1　应力作用下的腐蚀

材料在应力(外加的、残余的、化学变化或相变引起的)和环境介质协同作用下发生的开裂或断裂现象,称为材料的环境断裂(Environment Fracture)。如果环境介质为腐蚀性环境,则称为应力作用下的腐蚀。材料在应力因素和腐蚀环境因素单独或联合作用下造成的破坏类型及彼此间的关系可用图 5.1 表示。

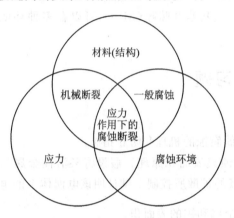

图 5.1　材料与结构破坏定义范畴示意图

材料(结构)在应力因素单独作用下的破坏属于机械断裂(包括机械疲劳);材料(结构)在腐蚀环境因素单独作用下的破坏属于一般性腐蚀破坏;当应力因素与腐蚀环境因素协同作用于材料或结构时,则发生应力作用下的腐蚀破坏,由于材料的断裂是由环境因素引起的,因此也常统称为环境断裂。这些应力可以是外部施加的,如通过拉伸、压缩、弯曲、扭转等方式直接作用在金属上,或通过接触面的相对运动、高速流体(可能含有固体颗粒)的流动等施加在金属表面上;也可以来自金属内部,如氢原子侵入金属内部产生应力。因而,造成的腐蚀破坏包括应力腐蚀开裂、氢脆、腐蚀疲劳、摩耗腐蚀等。

应力作用下的腐蚀导致的工程结构破坏,危害到航空、航天、能源、国防、石油、化工、海洋开采、船舶、交通、建筑等诸多行业,造成了巨大的经济损失和灾难性后果,这方面的例子数不胜数,仅在航空领域就曾造成多起灾难性事故。例如,1980 年 11 月,我国一架直升机 1 号桨叶大梁因腐蚀疲劳折断而导致飞机空中解体;1988 年 4 月 28 日,美国一架波音 B737 - 200 客机在夏威夷上空因机身蒙皮发生应力腐蚀和腐蚀疲劳等破坏,致使机体上大面积蒙皮和结构件飞掉,一名空姐被吸出机身,多名机上人员受重伤。因此,研究材料、机械设备和结构在应力作用下腐蚀破坏的特征、规律、机理和分析与诊断的方法,在此基础上提出和实施合理而有效的预防技术措施,对于确保机械装备的安全性和可靠性意义重大。

5.1.1　应力腐蚀开裂

1. 应力腐蚀开裂的定义

应力腐蚀开裂(Stress Corrosion Cracking,简称 SCC)是指受一定拉伸应力作用的金属材料在某些特定的介质中,由于腐蚀介质和应力的协同作用而发生的脆性断裂现象。通常在某种特定的腐蚀介质中,材料在不受应力时腐蚀甚微;而受到一定的拉伸应力时(可远低于材料的屈服强度),经过一段时间后,即使是延展性很好的金属也会发生脆性断裂。一般这种断裂事先没有明显的征兆,因而往往造成灾难性的后果。常见的 SCC 有黄铜的"氨脆"(也称"季裂")、锅炉钢的"碱脆"、低碳钢的"硝脆"和奥氏体不锈钢的"氯脆"等。

2. 应力腐蚀开裂发生的条件

一般认为发生应力腐蚀开裂需要同时具备三个方面的条件:敏感材料、特定介质和拉伸应力。

① **敏感材料**:特定的合金成分和组织(晶粒大小、晶格取向、形态、相结构、各类缺陷、加工状态等)。几乎所有的金属或合金在特定的介质中都有一定的应力腐蚀开裂敏感性,合金和含有杂质的金属比纯金属更容易产生应力腐蚀开裂。

② **特定环境**:每种合金的应力腐蚀开裂只对某些特定的介质敏感,并不是任何介质都能引起应力腐蚀开裂。表 5.1 列出了一些合金发生应力腐蚀开裂的常见环境。通常合金在引起应力腐蚀开裂的环境中是惰性的,表面往往存在钝化膜。特定介质的量往往很少就足以产生应力腐蚀。材料与环境的交互作用反映在电位上就是应力腐蚀开裂一般发生在活化-钝化或钝化-过钝化的过渡区电位范围,即钝化膜不完整的电位区间。

③ **拉伸应力**:发生应力腐蚀开裂必须有一定拉伸应力的作用,这种拉伸应力可以是工作状态下材料承受外加载荷造成的工作应力;也可以是在生产、制造、加工和安装过程中在材料内部形成的热应力、形变应力等残余应力;还可以是由裂纹内腐蚀产物的体积效应造成的楔入作用或是阴极反应形成的氢产生的应力。

表 5.1　一些合金发生应力腐蚀开裂的常见环境

材　料	介　质	断裂形式
低碳钢	$NaOH$、$CO-CO_2-H_2O$、硝酸及碳酸盐溶液	晶间/穿晶
高强度钢	水介质、氯化物、含痕量水的有机溶剂、HCN 溶液	晶间/解理
奥氏体不锈钢	沸腾盐溶液、高温纯水、含 Cl^- 的水溶液、含 Na^+ 的盐溶液、连多硫酸、H_2S 溶液、$H_2SO_4+CuSO_4$ 溶液、苛性碱溶液	穿晶/晶间
铝合金	湿空气、含 Cl^- 的水溶液、高纯水、有机溶剂	晶间
钛与钛合金	水溶液、有机溶剂、热盐、发烟硝酸、N_2O_4	晶间/穿晶
镁和镁合金	湿空气、高纯水、$KCl+K_2CrO_4$ 溶液	晶间/穿晶
铜和铜合金	含 NH_4^+ 的溶液或蒸气、$NaNO_2$、醋酸钠、酒石酸钾、甲酸钠等水溶液	晶间/穿晶
镍和镍合金	高温水、热盐溶液、卤素化合物、HCl、H_2S+CO_2+Cl、$NaOH$	晶间/穿晶
锆和锆合金	水溶液(含 $FeCl_3$、$CuCl_2$、硝酸、卤素化合物)、热盐溶液、甲醇(含 I^-、Br^-、Cl^-)、CCl_4、$CHCl_3$、卤素蒸气	晶间/穿晶

3. 应力腐蚀开裂的特征

应力腐蚀开裂有一些独特的性质,主要包括:

(1) 应力腐蚀开裂是典型的滞后破坏过程

应力腐蚀开裂是材料在应力和腐蚀介质共同作用下,需要经过一定时间使裂纹形核、裂纹亚临界扩展,并最终达到临界尺寸,发生失稳断裂。因此,金属在无裂纹、无缺陷的情况下,应力腐蚀开裂可明显分成萌生→发展→脆断三个阶段:① 萌生阶段,指裂纹源成核的孕育期,占整个时间的 90%左右;② 发展阶段:指裂纹成核后直至发展到临界尺寸所经历的裂纹扩展期;③ 快速断裂,指裂纹达到临界尺寸后,由纯力学作用裂纹失稳瞬间断裂。整个断裂时间与材料、介质、应力有关,短则几分钟,长则可达若干年。对于一定的材料和介质,应力降低(应力强度因子也降低),断裂时间延长。

(2) 应力腐蚀开裂是低应力脆性断裂

对大多数的腐蚀体系来说,存在一个 σ_{th}(临界应力值)或 K_{ISCC}(应力腐蚀临界强度因子),在此临界值以下,不发生应力腐蚀开裂。裂纹扩展速度 da/dt 是应力腐蚀开裂的重要参数,应力腐蚀开裂裂纹扩展速度一般为 $da/dt = 10^{-7} \sim 10^{-2}$ mm/s,大于无应力时的腐蚀速度,如晶间腐蚀速度(一般为 10^{-7} mm/s);小于纯力学脆性断裂速度,如纯力学解理速度(一般为 10^{6} mm/s)。

应变速率对应力腐蚀的发生与发展有重要的影响。研究表明材料的应力腐蚀敏感性(以塑性损失率 $I_\psi = (\psi_{空白} - \psi_{SCC})/\psi_{空白}$)常表现出图 5.2 所示的规律。当应变速率 $\dot{\varepsilon}$ 小于某一临界值 $\dot{\varepsilon}_1$ 时,拉伸使金属表面膜破裂的速率低于新鲜金属重新形成钝化膜的速率,这时新鲜金属来不及溶解又被膜覆盖,因此应力腐蚀开裂的敏感性低。而当应变速率 $\dot{\varepsilon}$ 大于某一临界值 $\dot{\varepsilon}_2$ 后,其塑性损失也不明显。这是因为高应变速率时,断裂时间太短,应力腐蚀裂纹来不及形核就发生机械断裂,因此应力腐蚀敏感性较低。

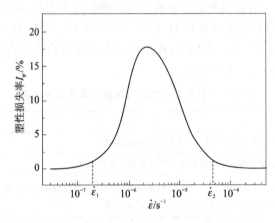

图 5.2   低碳钢在碳酸钠溶液中应力腐蚀敏感性随应变速率的变化

应力腐蚀开裂的裂纹分为晶间型、穿晶型和混合型三种。裂纹的途径取决于材料与介质,同一材料因介质变化,裂纹途径也可能改变。应力腐蚀裂纹的主要特点是:裂纹起源于表面;裂纹的长、宽不成比例,相差几个数量级;裂纹扩展方向一般垂直于主拉伸应力的方向;裂纹一般呈树枝状。

应力腐蚀开裂前没有明显的宏观塑性变形,大多数条件下是脆性断口——解理、准解理或沿晶。由于腐蚀的作用,断口表面颜色暗淡,显微断口往往可见腐蚀坑和二次裂纹,穿晶微观断口往往具有河流花样、扇形花样、羽毛状花样等形貌特征;晶间显微断口呈冰糖块状。

(3) 应力腐蚀开裂具有特定电位范围

材料与特定介质的偶合是导致应力腐蚀开裂的必要条件,可以从电化学的角度找到原因,即金属材料应力腐蚀开裂往往发生在电化学极化曲线的活化-阴极保护过渡区、钝化-活化过渡区或钝化-过钝化过渡区(如图 5.3 所示)。在这种条件下,表面膜处于不稳定状态,局部易出现活化的点蚀核心,而大部分区域处于钝化状态,从而构成大阴极-小阳极电化学腐蚀结构,为局部应力腐蚀裂纹萌生提供了必要的条件,而特定的材料-环境介质组合正是使材料的自腐蚀电位处于上述"钝化-活化过渡区或钝化-过钝化过渡区"。

材料的应力腐蚀开裂敏感电位范围除与介质的类型和浓度有关外,还受环境温度的影响

（见图 5.4），温度越高,其应力腐蚀开裂敏感的电位范围越大。根据应力腐蚀开裂在阳极极化曲线上的特定电位范围特点,既可理解已发现的应力腐蚀开裂系统产生的原因,也可通过介质的选择和电位的控制,发现和理解新的应力腐蚀断裂系统,达到预测和控制应力腐蚀开裂的目的。

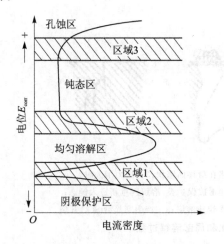

图 5.3　合金的应力腐蚀断裂电位区(阴影)

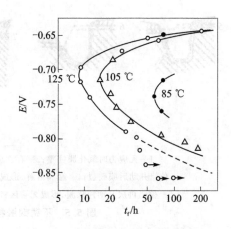

图 5.4　低碳钢在 3.5% NaCl 溶液中
外加电位与断裂寿命的关系

4. 应力腐蚀开裂的机理

　　由于应力腐蚀开裂是一个与腐蚀有关的过程,其发生与腐蚀过程中阳极反应和阴极反应有关,在众多的应力腐蚀机理中,比较有代表性的是阳极溶解机理和氢致开裂机理,居于中间的即为混合型。一般认为,黄铜的氨脆和奥氏体不锈钢的氯脆属于阳极溶解型;而高强钢在水介质和湿硫化氢中的应力腐蚀开裂属于氢致开裂型。关于氢致开裂的机理,将在 5.1.2 小节氢脆中介绍,这里主要阐述阳极溶解型机理。

　　阳极溶解型机理认为,在发生应力腐蚀开裂的环境中,金属表面通常被钝化膜覆盖,金属不与腐蚀介质直接接触。当钝化膜遭受局部破坏后,裂纹形核,并在应力作用下裂纹尖端沿某一择优路径定向活化溶解,导致裂纹扩展,最终发生断裂。因此,应力腐蚀开裂经历了膜破裂、溶解和断裂三个阶段:

　　（1）膜破裂

　　大多数情况下金属表面氧化膜在热力学上是稳定的。只有膜遭受破坏,裂纹形核,才有可能沿某一择优路径溶解,导致应力腐蚀断裂。膜的破坏可能是由于化学原因或机械原因所造成的。当材料的腐蚀电位比点蚀电位高,膜会发生局部破坏形成点蚀,应力作用下在点蚀坑根部诱发腐蚀裂纹。若腐蚀电位处于活化-钝化或钝化-过钝化的过渡电位区间,则钝化膜处于不稳定状态,应力腐蚀裂纹容易在膜的薄弱部位形核。这些情况下膜是以化学方式破坏的。

　　材料在受力变形时往往造成其表面膜的局部破坏,导致膜的机械破坏。裂纹的尖端由于应力、应变集中,因此金属表面膜更容易破裂。晶界缺陷及杂质较多,表面膜往往不完整,裂纹易沿晶界形核和扩展,导致沿晶应力腐蚀开裂。用滑移导致膜破裂的机理模型可以圆满地解释穿晶型应力腐蚀的起因,如图 5.5 所示。

　　（2）溶　解

　　裂纹通过裂纹尖端的阳极溶解过程推进,裂纹扩展的可能途径有两个,即预先存在的活性

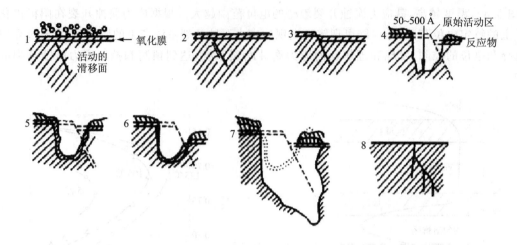

1—无应力时氧化膜完整；2—存在应力时，位错在滑移面塞积；3—应力增大时，
位错开动后膜破裂；4—金属溶解，形成"隧洞"；5—形成保护膜，溶解区重新进入钝态；
6—位错再次开动钝化膜，形成无膜区；7—金属再次快速溶解；8—产生穿晶型 SCC 开裂

图 5.5 不锈钢滑移台阶活化和局部溶解过程

通道和应变产生的活性通道。预存活性通道的电化学机理认为，发生应力腐蚀开裂需要两个基本条件：首先是材料中预先存在着对腐蚀敏感的、多少带有连续性的通道，这种通道在特定环境下相对于周围组织是阳极；其次是要有足够大的、基本上垂直于活性通道的拉应力。对于第二种可能的途径有一种观点认为，应力的作用不仅是造成膜的破裂，更重要的是使裂尖局部区域迅速屈服，出现很多的化学活性点，或降低了溶解的活化能，即应变造成新的活性溶解途径。

（3）断　裂

应力腐蚀裂纹扩展达到临界尺寸，便会在机械力作用下发生失稳快速断裂。氢致开裂型应力腐蚀开裂理论认为，如果阳极金属溶解腐蚀所对应的阴极过程是析氢反应，而且原子氢能扩散进入金属并控制了裂纹的形核与扩展，则这一类的应力腐蚀就称为氢致开裂型应力腐蚀，它是氢损伤的一个特例。

阳极溶解型应力腐蚀开裂和阴极析氢型应力腐蚀开裂在微观机制和裂纹形核位置上均有不同。阳极溶解型（如图 5.6(a)和图 5.7(a)所示）的裂纹是通过裂纹尖端的阳极溶解过程而推进的；活性通道可以是合金中原先已经存在的一些连续或准连续的成分不均匀区，也可以是裂纹尖端的前沿因塑性变形而新形成的活性区。阴极析氢型的裂纹（如图 5.6(b)和图 5.7(b)所示）是通过合金吸收阴极反应的产物氢原子诱导脆性开裂而推进的。在实际构件的应力腐蚀开裂事件中，两种机理可能会同时起作用，即为混合型作用机理。

5. 应力腐蚀开裂的影响因素

Fontana 于 1970 年总结的应力腐蚀开裂系统概貌（如图 5.8 所示），从不同角度系统分析了应力腐蚀裂纹尖端可能发生的过程，对金属应力腐蚀开裂的复杂过程给出了一个较为系统而全面的展示。图 5.8 的上方给出了金属表面的电化学反应和产物，以及表面膜的破裂、修复和成分的变化；中部描述了裂纹尖端的应力场强度、塑性区、相变、吸附反应、位错交互作用，以及裂纹内部的电化学反应和输运过程；下方指出了应力作用下位错和亚结构的交互作用；图右方则展示了与晶界有关的各种现象，如晶界沉淀、晶界贫乏、晶界吸附、偏聚等。

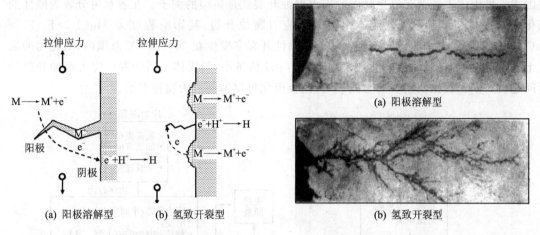

图 5.6　SCC 阳极溶解型和 HE 型机理模型　　图 5.7　阳极溶解型 SCC 和氢脆型 SCC 裂纹的显微形貌

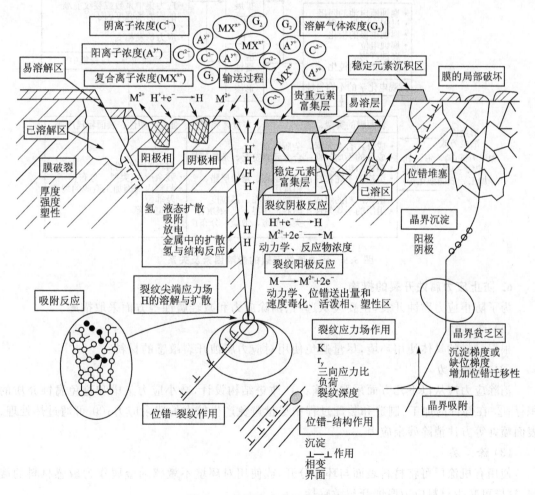

图 5.8　金属应力腐蚀系统概貌

影响应力腐蚀开裂的因素主要包括环境、电化学、力学、冶金等方面,这些因素与应力腐蚀的关系较为复杂,如图 5.9 所示。实际上,对于给定的具体问题,起主要作用的只是其中的某些因素。奥氏体不锈钢在氯化物中的应力腐蚀开裂就是典型的例子。在遇水可分解为酸性的氯化物溶液中均可能引起奥氏体不锈钢的应力腐蚀开裂,其影响程度为 $MgCl_2 > FeCl_3 > CaCl_2 > LiCl > NaCl$。奥氏体不锈钢的应力腐蚀开裂多发生在 $50 \sim 300 \, ℃$ 范围内,氯化物的浓度上升,应力腐蚀开裂的敏感性增大。溶液的 pH 值越小,奥氏体不锈钢发生应力腐蚀开裂的时间越短。阳极极化使断裂的时间缩短,阴极极化可以抑制应力腐蚀开裂。

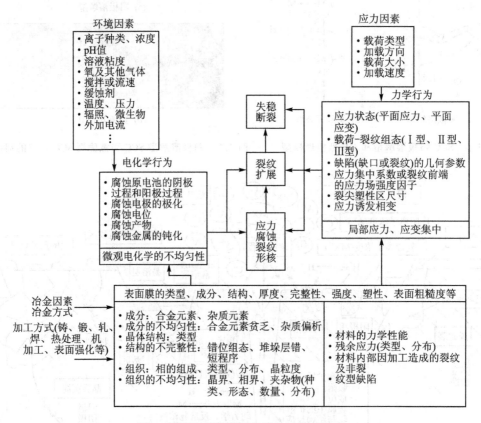

图 5.9   应力腐蚀开裂的影响因素及关系

6. 防止应力腐蚀开裂的措施

为了防止应力腐蚀开裂,主要应从选材、消除应力和减轻腐蚀等方面采取措施。

(1) 选 材

根据材料的具体使用环境,尽量避免使用对应力腐蚀开裂敏感的材料。

(2) 消除应力

消除应力应从以下几方面采取措施:① 改进结构设计,减小应力集中和避免腐蚀介质的积存;② 在部件的加工、制造和装配过程中尽量避免产生较大的残余应力;③ 可通过热处理、表面喷丸等方法消除残余应力。

(3) 涂 层

使用有机涂层可将材料表面与环境分开,或使用对环境不敏感的金属作为敏感材料的镀层,这样可减少材料应力腐蚀开裂敏感性。

(4) 改善介质环境

改善介质环境包括:① 控制或降低有害的成分;② 在腐蚀介质中加入缓蚀剂,通过改变电位、促进成膜、阻止氢或有害物质的吸附等,影响电化学反应动力学从而起到缓蚀作用,改变环境的敏感性质。

（5）电化学保护

由于应力腐蚀开裂发生在活化-钝化和钝化-过钝化两个敏感电位区间,因此可以通过控制电位进行阴极保护或阳极保护防止应力腐蚀开裂的发生。

5.1.2　氢　脆

1. 氢脆的定义

氢脆（Hydrogen Embrittlement,HE）是原子氢在合金晶体结构内的渗入和扩散所导致的脆性断裂的现象,有时又称为氢致开裂或氢损伤。严格来说,氢脆主要涉及金属韧性的降低,而氢损伤除涉及韧性降低和开裂外,还包括金属材料其他物理性能或化学性能的下降,因此含义更为广泛。

2. 金属中氢的行为

（1）材料中氢的来源

内氢来源：冶炼、铸造、焊接、热处理等过程中空气、原料、器壁所含水分、铁锈或碳氢化合物等可分解出氢,而进入金属中;金属在酸洗、电镀、化学镀过程中还原的氢会进入金属内部;在使用含氢还原介质（如 H_2,NH_3）渗氮、渗碳或碳氮共渗等表面处理过程中,氢也可进入金属内部;高温高压（或常压）H_2 环境中充氢、水溶液中电解充氢、熔盐充氢等人为向金属材料中引入氢。

外氢来源：外氢是材料在使用过程中,由外界环境引入的氢。外氢是通过下列途径,在金属材料表面产生活性氢原子,然后进入金属中。

① H_2 或 H_2S 气体。当金属材料与环境中的 H_2、H_2S 等接触时,H_2 通过物理和化学方式吸附在金属表面上,发生分解产生活化氢原子,活化氢原子吸附在金属内表面,进而通过内表面去吸附成为溶解在金属中的氢。

② 水溶液。金属在水溶液中发生电化学腐蚀时,阴极发生析氢反应,水化质子（H_3O^+）在金属表面上还原成原子氢。生成的原子氢有两个去向,一部分进入金属内部,另一部分复合成分子氢形成氢气泡放出。当后者受阻时,进入金属的 H 就会增加。当金属被阴极极化或阴极保护时,氢的还原将被加速。

③ 湿空气。一些吸水活泼性元素（如 Al、Si、Ti、V）与空气中的微量水接触,发生反应生成原子氢,即 $x\text{M}+y\text{H}_2\text{O}\longrightarrow \text{M}_x\text{O}_y+2y\text{H}$（式中 M 代表 Al、Si、Ti、V 等元素）,一部分原子氢进入材料内部。

④ 含氢的物质。含氢物质与金属表面发生反应放出氢,即 $\text{HX}+\text{M}\longrightarrow \text{MX}+[\text{H}]$。产生的活化氢原子[H],既可以吸附在金属表面,通过扩散进入金属内部,也可以化合成氢分子气体而逸出。

（2）氢在材料中的存在形式及作用

氢在金属内部可以 H_2、固溶氢、化合物等不同形式存在,并产生不同的影响作用。

① 氢分子。氢含量超过固溶度时,将会从过饱和固溶体中析出氢气。析出的氢气易于在位错区、晶界、相界、微裂纹、孔洞等内部缺陷处集聚,使金属产生鼓泡、白点、裂纹等。

② 氢化物。氢与稀土金属、铁、钴等可生成一定的氢化物。例如氢与 $\alpha\text{-Ti}$ 生成 TiH_x（$x=1.53\sim1.99$）,导致金属塑性和韧性下降;氢与 Si 在适当的条件下可以形成硅烷 SiH_4 气体;钢中的 Fe_3C 在高温高压的氢气中,可分解形成甲烷 CH_4 气体。这些都会造成材料的裂

纹。氢在碱金属(Li、Na、K 等)、碱土金属(Mg、Ca 等)中也能形成氢化物,如 NaH 等,Na^+ 和 H^- 以离子键方式结合在一起,氢以 H^- 的形式存在。

③ 固溶体。氢以 H^-、H、H^+ 的形态固溶于金属中。H 进入金属后,其 1 s 轨道电子会进入导带或过渡金属(Fe、Ni、Pd 等)的 d 带,从而形成 H^+。d 电子层的电子密度增加,使原子间的斥力增大,导致晶格结合强度降低。氢原子是所有元素中几何尺寸最小的,其半径仅为 0.046 nm,因而易于扩散进入金属,并占居金属晶格的间隙位置。固溶氢可导致晶格畸变,增加晶体空格浓度,促进金属位错的发射和运动,促进裂纹尖端局部塑性变形,促进室温蠕变等后果。

(3) 氢在材料中的输运与富集

氢对材料的作用与氢在材料中的输运及局部富集情况密切相关。金属中氢的输运方式主要有点阵扩散、应力诱导扩散和氢的位错迁移等。氢处在金属点阵的间隙位置,它从一个间隙位置跳到另一个间隙位置的过程就是氢的扩散。氢扩散的推动力之一是浓度梯度,氢扩散的难易程度可以用扩散系数 D 表示,即

$$D = D_0 \exp\left(-\frac{Q}{RT}\right)$$

式中:D_0 是扩散常数;Q 是扩散激活能;R 为摩尔气体常数;T 为绝对温度。氢在金属内部的扩散受金属的晶体结构、纯度、晶粒大小、晶体的缺陷种类及数量等因素影响。例如,对于钢、马氏体、下贝氏体,D 很小;对于珠光体或高温回火马氏体,D 最大。体心立方(bcc)的 Q 最小,因而 D 很大;而面心立方(fcc)或密排六方(hcp)的 Q 极大,从而 D 很小(见表 5.2)。

表 5.2 氢的扩散系数

结 构	金 属	$D_0/(cm^2 \cdot s^{-1})$	$Q/(kJ \cdot mol^{-1})$	D(室温)$/(cm^2 \cdot s^{-1})$
bcc	α – Fe	2.0×10^{-3}	6.86	1.28×10^{-4}
	β – Ti	1.95×10^{-3}	27.8	3×10^{-8}
hcp	α – Ti	1.8×10^{-2}	51.8	1.9×10^{-11}
	Ti – Al	1.7×10^{-3}	54.8	4.7×10^{-12}
fcc	Ni	4.8×10^{-3}	39.4	6.1×10^{-10}
	Al	2.1×10^{-1}	70.6	2.6×10^{-10}
	304 钢	4.7×10^{-3}	53.5	2.2×10^{-12}
	316 钢	1.7×10^{-2}	52.5	1.2×10^{-11}

金属中的各种晶体缺陷(空位、位错、晶界、相界)、第二相(包括夹杂)等周围存在应力、应变场,这个应力场和间隙氢原子周围的应变场交互作用。从而把氢吸引在缺陷或第二相周围(捕获氢),这种能够捕获氢的缺陷或第二相称为氢的陷阱。氢陷阱对于氢的扩散和氢脆敏感性有显著的影响。捕获氢能力强的深陷阱(如相界面、晶界)对氢的约束能力强,氢一旦被深陷阱捕获则难以逃逸,因此这类陷阱也称为不可逆陷阱。反之,对氢的约束能力弱的陷阱,则称为浅陷阱或可逆陷阱。温度升高可以使深陷阱对氢的约束能力变弱或使陷阱变浅。深陷阱易于使氢饱和而形成氢气,这种氢气的压力可导致裂纹,故是有害的。相反,均匀分布的中等深度陷阱(如固溶 Ti、Ta 及稀土元素),能使氢原子趋于稳定均匀分布,因而可降低氢脆敏感性。无论是深陷阱还是浅陷阱,均对氢的扩散起阻碍作用,使扩散系数下降。

在应力梯度作用下通过应力诱导扩散,氢将向高应力区富集,经过足够长的时间,氢浓度

分布将达到稳定值。在球形对称应变场条件下,三向应力区的氢平均浓度可用下式表示,即

$$c_\sigma = c_0 \exp \frac{\sigma_h \bar{V}_H}{RT}$$

式中：σ_h 为流体静压力,$\sigma_h = (\sigma_x + \sigma_y + \sigma_z)/3$；$\bar{V}_H$ 为氢的偏摩尔体积；c_0 为 $\sigma_h = 0$ 时的氢浓度或金属中的平均氢浓度。由此式可以看到,三向应力 σ_h 越高,该处的氢富集程度越大。

位错是氢的一种陷阱,因此位错周围通常存在氢气团。实验证明,发生塑性变形时,位错的运动能够迁移位错周围的氢(即位错能带着氢气团一起运动),因而位错密度高的地方(或塑性应变大的地方),氢浓度也高,即应变也能够引起氢的富集。该类富集用 c_ε 表示,则局部氢浓度应为应力引起的氢富集 c_σ 和 c_ε 之和,即

$$c = c_\varepsilon + c_\sigma$$

材料中缺口或裂纹尖端存在应力集中,有很大的应力梯度,同时缺口顶端受力足够大时,出现局部屈服,应变也较大,因此缺口后裂纹尖端的氢富集严重。

3. 氢脆的分类

按照氢脆敏感性与应变速率的关系可以将氢脆分成两大类：

(1) 第一类氢脆

氢脆的敏感性随应变速率的增加而增加,即材料加载前内部已存在某种裂纹源,加载后在应力作用下加快了裂纹的形成与扩展。属于这一类氢损伤的有氢腐蚀、氢鼓泡、氢化物型氢脆等,其共同特点是：① 这种氢脆裂纹都是由于金属内部氢含量过高所造成的,在钢中含氢质量分数超过 10^{-5}；② 在材料承受载荷之前金属内部已经存在某些缺陷(断裂源),在应力作用下加快了这些缺陷形成裂纹及扩展；③ 这类氢损伤造成金属永久性破坏,使材料塑性和韧性降低,即使采用加热等驱除氢的方法,也不能使材料塑性和韧性恢复,故为不可逆氢脆。

1) 氢腐蚀(Hydrogen Attack,HA)

由于氢在高温高压下与金属中第二相(夹杂物或合金添加物)发生化学反应,生成高压气体(如 CH_4、SiH_4)引起材料脱碳、内裂纹和鼓泡的现象。

例如,在钢中与渗碳体(Fe_3C)反应,即

$$Fe_3C + 2H_2 \longrightarrow 3Fe + CH_4$$

生成甲烷气体,结果导致材料脱碳,并在材料中形成裂纹或鼓泡,最终使材料力学性能下降。氢腐蚀是化学工业、石油炼制、石油化工和煤转化工业等部门中所用的一些临氢装置经常遇到的一种典型损伤形式。

2) 氢鼓泡(Hydrogen Blistering,HB)

过饱和的氢原子在缺陷位置(如夹杂)析出,形成氢分子,在局部造成很高的氢压,引起表面鼓泡或内部裂纹,这种现象即为氢鼓泡(如图 5.10 所示)。图 5.11 所示为 16Mn 钢在 H_2S 饱和人工海水中浸泡时的氢鼓泡显微形貌。

3) 氢化物型氢脆

氢与 Ti、Nb、Zr、Hf、V、Ta 等元素亲和力较大,当材料中的氢超过溶解度时,将与这些金属元素结合生成金属氢化物而导致材料塑性和韧性下降,甚至发生脆性断裂,这种现象即氢化物型氢脆。氢化物相引起的氢脆与氢的扩散、富集过程无关,因此即使以高速加载(如冲击)或低温试验也能表现出氢化物引起的氢脆。

(2) 第二类氢脆

第二类氢损伤的敏感性随应变速率的降低而增高,其特点是：① 变形速率对氢脆影响很

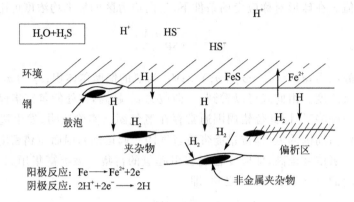

图 5.10　氢诱发氢鼓泡示意图

大,变形速率增加,金属的氢脆敏感性下降;② 氢脆
裂纹源的萌生与应力有关,裂纹的生成是应力和氢
交互作用下逐步形成的,加载之前并不存在裂纹源;
③ 其中有些氢脆是可逆的,有些是不可逆的。

图 5.11　16Mn 钢在 H_2S 饱和人工海水中的
氢鼓泡裂纹微观形貌(300×)

第二类氢脆包括两种形式:应力诱发氢化物型
氢脆和可逆氢脆。

1) 应力诱发氢化物型氢脆

在能够形成脆性氢化物的金属中,当氢含量较
低或氢在固溶体中的过饱和度较低时,尚不能自发形成氢化物。而在应力作用下,氢会向应力
集中处富集,当氢浓度超过临界值时就会沉淀出氢化物。这种应力诱发的氢化物相变只在较
低的应变速率下出现,并由此导致脆性断裂。一旦出现氢化物,即使卸载除氢,静置一段时间
后再高速变形,塑性也不能恢复,故也是不可逆氢脆。

2) 可逆氢脆

可逆氢脆是指含氢金属在高速变形时并不显示脆性,而在缓慢变形时由于氢逐渐向应力
集中处富集,在应力与氢交互作用下裂纹形核、扩展,最终导致脆性的断裂。在未形成裂纹前
去除载荷,静置一段时间后高速变形,材料的塑性可以得到恢复,即应力去除后脆性消失,因此
称可逆氢脆。由内氢引起的称可逆内氢脆,由外氢引起的称环境氢脆。通常所说的氢脆主要
指可逆氢脆,是氢脆中最主要、最危险的破坏形式。

可逆氢脆具有如下几个特点。

① 滞后破坏。金属在某一应力和氢的共同作用下,经过一段孕育期在内部产生裂纹。在
应力的持续作用下,裂纹扩展,最后发生脆断,即属于延迟性破坏或滞后被坏。这种破坏特征
可用图 5.12 所示的曲线表示,该曲线类似于疲劳破坏的 S－N 曲线,因此也有人将可逆性氢
脆称为静态疲劳。曲线的上限应力值为材料正常拉伸速度下得到的破坏应力,应力高于该值,
材料立即产生破坏;应力低于该曲线的下限应力值,材料不发生氢脆破坏,因此,该下限应力称
为材料氢脆的临界应力 σ_H。处于上限与下限应力之间时,材料经过一定的孕育(或潜伏)期后
出现裂纹的亚临界扩展,直至最终断裂。

② 氢含量的影响。随着氢含量的增加,氢脆敏感性增大,表现为下限临界应力值降低,裂
纹萌生孕育期和断裂寿命缩短。多数金属只需少量的氢就可引起氢脆,如高强度钢的 $\omega_H >$
10^{-6} 就可能引起氢脆。

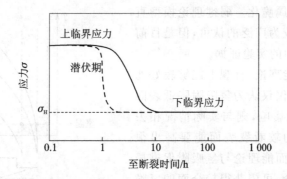

图 5.12　充氢高强度钢在静载荷作用下延迟破坏应力-时间曲线

③ 温度的影响。可逆性氢脆一般发生在 $-100 \sim +100$ ℃的温度范围内,在室温附近氢脆的敏感性最高。温度过高,氢易扩散,但不易富集;温度过低,氢不易扩散。

④ 材料强度的影响。一般来说,材料的抗拉强度 σ_b 越高,其氢脆敏感性越高。通常碳钢材料的硬度低于 HRC22 时,不发生氢脆断裂而产生鼓泡。

⑤ 裂纹的扩展。裂纹的扩展通常为不连续的,且裂纹一般不在表面,裂纹较少有分枝现象(见图 5.7)。

⑥ 应变速率的影响。通常只有应变速率低于某一值时,氢脆敏感性才显著。应变速率过高,固溶氢的扩散与富集跟不上,氢脆敏感性降低。

⑦ 可逆性氢脆通常对材料的韧性或塑性指标(如延伸率、断面收缩率)影响较显著,而对材料的强度指标(屈服强度和断裂强度)的影响较小。

⑧ 氢脆发生前,通过适当的加热处理使氢从材料中逸出可以达到消除氢脆的目的。

（3）应力腐蚀与氢脆的关系

金属在电解质水溶液中的应力腐蚀开裂(SCC)与氢脆(HE)有联系,但又不是完全相同的现象。两者的逻辑关系可用图 5.13 表示。若电化学腐蚀的阴极析氢对断裂过程起主要或主导作用,则这种系统的 SCC 机理是 HE 机理,这种 SCC 也是一种 HE,位于图中的重叠区 2;若应力作用下的阳极溶解对 SCC 起决定性作用,则这种系统的 SCC 机理为阳极溶解型,位于图中的 1 区;导致氢脆的氢除来自腐蚀的阴极反应外,还有内氢或其他外氢来源,这些 HE 位于图中的 3 区。

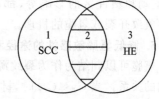

图 5.13　SCC 和 HE 之间的关系

4.氢脆的机理

对于氢脆导致材料各种形式的性能降级,目前提出了多种理论模型,包括氢压理论、弱键理论(点阵脆化理论)、氢吸附降低表面能理论、氢促进局部塑性变形理论、形成氢化物理论等。

氢压理论认为,金属中一部分过饱和氢在晶界、孔隙,或其他缺陷处析出,结合成氢分子,聚集产生内压,协助外应力共同降低了裂纹扩展所需要的外应力。钢中白点、H_2S 诱发裂纹、充氢导致的氢鼓泡和裂纹等不可逆氢脆,用氢压理论解释较为合理;但仅用氢压理论解释氢致可逆型损伤、氢致滞后开裂等,则较为困难,因为对裂纹形核起控制作用的并不是氢压。

弱键理论(点阵脆化理论)认为,在应力诱导下,氢富集在缺口或裂纹尖端的三向拉应力区,使此处金属原子间的结合键能下降,在较低外应力下发生材料断裂。该理论认为 H 的 1 s 轨道电子进入过渡族金属未填满的 3d 带,增加了 3d 带的电子密度,使原子间斥力增大,原子间的键力下降,导致金属脆化。弱键理论模型直观、简明,因而得到了较为广泛的认可,但是目前该理论模型还缺乏有力的实验证据。

氢吸附降低表面能理论,直观上能够较好地说明部分氢脆过程,但仅仅认为氢吸附降低表面能,而对塑性变形功无影响,则与实际情况相去甚远,因为塑性变形功较断裂表面能要高出很多。因此,把氢降低表面能理论与氢吸附促进局部塑性变形理论相结合,可望获得较全面的氢脆图像。

图 5.14 是氢脆模型系统概貌图,能使我们对氢脆有一个整体认识,并可归纳为以下三方面的氢脆机理。

① 推动力理论:化学反应所形成的气体(CH_4、H_2O)和沉积反应所析出的氢气团造成的内压,氢致马氏体相变应力,都可以与外加的或残余的应力叠加,引起开裂。

② 阻力理论:氢引起的相变产物如马氏体、氢化物,固溶氢引起的结合能及表面能下降,都可降低氢致开裂的阻力,促进开裂。

③ 过程理论:氢在三向应力梯度下的扩散和富集,表面膜对氢渗入和渗出的影响,氢在金属缺陷的陷入和跃出,氢对裂纹尖端位错的发射、运动和塑性区的影响等,都从过程的分析来阐述氢致开裂或氢脆的机理。

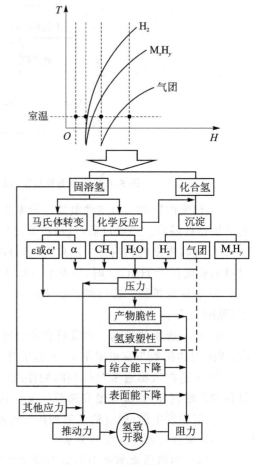

图 5.14 氢脆机理概貌

5. 降低氢脆敏感性的途径和方法

氢脆可以归结为作为裂纹源的缺陷所捕获的氢量 C_T 与引起缺陷开裂的临界氢浓度 C_{Cr} 之间的关系。当 $C_T \ll C_{Cr}$ 时,材料不会开裂;当 C_T 接近 C_{Cr} 时起裂;当 $C_T > C_{Cr}$ 时,裂纹扩展。因此,任何可提高 C_{Cr} 和降低 C_T 的措施均可减轻氢脆的敏感性。

(1) 降低 C_T

降低 C_T 可从减少内氢和限制外氢的进入两方面入手。

① 减少内氢,通过改进冶炼、热处理、焊接、电镀、酸洗等工艺条件及对含氢材料进行脱氢处理,减少带入材料的氢量。还可以通过添加陷阱分摊吸氢,以降低 C_T。必须要求添加的氢陷阱本身具有较高的 C_{Cr},否则先在这些地方引发裂纹。陷阱的数量应足够多,具有不可逆陷阱的作用,并在基体中均匀分布。能满足条件的陷阱很多,如原子级尺寸的陷阱(以溶质原子形式存在)有 Sc、La、Ca、Ta、K、Nd、Hf 等;碳化物和氮化物形成元素(以化合物形式存在)有Ti、V、Zr、Nb、Al、B、Th 等。

② 限制外氢,有建立障碍和降低外氢活性两方面的措施。通过在材料表面施加限制氢的扩散和溶解的金属镀层(如 Cu、Mo、Al、Ag、Au、W 等)进行表面处理生成致密氧化膜,通过喷砂及喷丸在表面形成压应力层及涂覆有机涂料,均可在材料表面建立直接障碍。通过向材料

中加入某些合金元素抑制腐蚀反应或生产抑制氢扩散的腐蚀产物,向介质中加入某些阳离子,使材料表面形成低渗透性膜,可对氢的渗透构成间接障碍。此外,在气相含氢介质中加氧,在液相中加入某些促进氢原子复合的物质,可降低外氢的活性。

（2）提高 C_{Cr}

与降低 C_T 相比,提高 C_{Cr} 是更为重要的途径,可控制的因素主要与材料的组织相关。

① 晶界。晶界是杂质元素 As、P、S、Sn 等及碳化物、氮化物偏析的地方,晶界的 C_{Cr} 因此下降。通过改进冶炼、热处理可减少杂质含量,消除偏析,对提高晶界的 C_{Cr} 有益。细化晶粒使晶界表面积增大,加之细晶粒边界较为致密,结合力强,可使 C_{Cr} 提高。

② 夹杂物和碳化物。控制有害夹杂物（如硫化物、氧化物）以及碳化物的类型、数量、形状、尺寸和分布可提高 C_{Cr},如球状 MnS 夹杂较带状的 C_{Cr} 高,添加钙或稀土元素对改善 MnS 的形状和分布有非常好的效果。

③ 位错。位错是一种特殊的陷阱。可动位错能够在塑性变形的情况下载氢运动,与第二相质点相遇时,往往造成质点附近氢的过饱和。适当的冷变形、热变形、表面处理造成的高密度静位错可分摊氢原子,降低 C_T。故大变形量的冷拔钢丝抗氢脆性能较好。

④ 显微组织。组织结构对氢脆的影响较复杂。不同的组织对裂纹扩展的阻力不同,因而 C_{Cr} 不同。一般认为,热力学较稳定的组织敏感性小,奥氏体结构较铁素体结构更耐氢脆,这可能与奥氏体结构中氢的溶解度较高、扩散系数较低,因而 C_{Cr} 较高有关。

5.1.3　腐蚀疲劳

1. 腐蚀疲劳的定义

腐蚀疲劳（Corrosion Fatigue,CF）是指材料或构件在交变应力与腐蚀环境的共同作用下产生的脆性断裂。这种破坏要比单纯交变应力造成的破坏（即疲劳）或单纯腐蚀造成的破坏严重得多,而且有时腐蚀环境不需要有明显的侵蚀性。船舶的推进器、涡轮和涡轮叶片、汽车的弹簧和轴、泵轴和泵杆及海洋平台等常出现这种破坏。

一般的疲劳是指材料在交变应力作用下导致疲劳裂纹萌生、亚临界扩展,最终失稳断裂的过程。交变应力,即疲劳应力,是指大小或大小和方向随时间改变的应力。按一定规律呈周期性变化的应力叫周期变动应力或等幅疲劳应力,简称循环应力;而无规律随机变化的应力叫随机变动应力或变幅疲劳应力。工程材料的疲劳性能是通过疲劳试验得出的疲劳曲线（一般称 S-N 曲线）来确定的,即建立应力幅值 σ_a 与相应的断裂循环周次 N_f 的关系,如图 5.15 所示。随着疲劳应力降低,发生疲劳断裂所需的循环周次增加,把经历无限次循环而不发生断裂的最

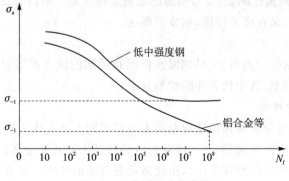

图 5.15　典型的疲劳曲线

大应力称为疲劳极限。它与应力比 R（又称应力不对称系数）有关，$R = \sigma_{min}/\sigma_{max} = -1$ 时的疲劳极限记作 σ_{-1}。通常低、中强度钢具有明显的疲劳极限；而高强钢、不锈钢、铝合金等往往不存在疲劳极限，而只能以材料在疲劳寿命为 N（$10^7 \sim 10^8$ 周次范围）时不发生疲劳断裂的最大应力称为材料的条件疲劳极限或疲劳强度。

2. 腐蚀疲劳的特点

严格地说，只有在真空中的疲劳才是真正的纯疲劳。对疲劳而言，空气也是一种腐蚀环境。但一般所说的腐蚀疲劳是指在空气以外腐蚀环境中的疲劳行为。腐蚀作用的参与使疲劳裂纹萌生所需时间及循环周次都明显减少，并使裂纹扩展速度增大。腐蚀疲劳的特点如下：

① 腐蚀疲劳不存在疲劳极限，如图5.16所示。一般以预指的循环周次下不发生断裂的最大应力作为腐蚀疲劳强度，用于评价材料的腐蚀疲劳性能。

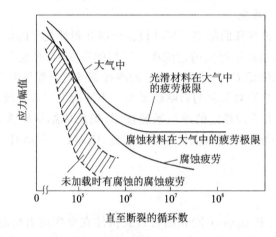

图5.16　不同材料的疲劳和腐蚀疲劳 S-N 曲线

② 与应力腐蚀开裂不同，纯金属也会发生腐蚀疲劳，而且发生腐蚀疲劳不需要材料-环境的特殊组合。只要存在腐蚀介质，在交变应力作用下就会发生腐蚀疲劳。金属在腐蚀介质中可以处于钝态也可以处于活化态。

③ 金属的腐蚀疲劳强度与其耐蚀性有关。耐蚀材料的腐蚀疲劳强度随抗拉强度的提高而提高，耐蚀性差的材料腐蚀疲劳强度与抗拉强度无关。

④ 腐蚀疲劳裂纹多起源于表面腐蚀坑或缺陷，裂纹源数量较多。腐蚀疲劳裂纹主要是穿晶的，有时也可能出现沿晶的或混合的，并随腐蚀发展裂纹变宽。

⑤ 腐蚀疲劳断裂是脆性断裂，没有明显的宏观塑性变形。断口有腐蚀的特征，如腐蚀坑、腐蚀产物、二次裂纹等，又有疲劳特征，如疲劳辉纹。

3. 腐蚀疲劳机理

腐蚀疲劳过程包括裂纹的萌生、早期慢速扩展和后期的快速扩展至断裂阶段。目前提出了多种腐蚀疲劳机理模型，其中代表性的模型如下：

（1）孔蚀应力集中模型

该理论模型认为，电化学腐蚀环境使金属表面形成的点蚀孔成为应力集中源，当金属受拉应力作用时，在点蚀孔底产生滑移台阶，滑移台阶处暴露出的新鲜金属表面因腐蚀作用使逆向加载时表面不能复原（即逆向滑移受阻），由此造成裂纹源的产生。疲劳的反复加载，使裂纹不断向纵深扩展（见图5.17）。

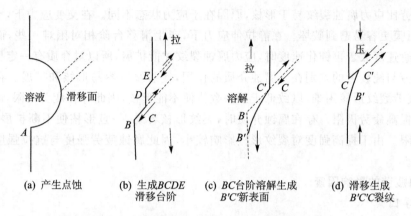

图 5.17　腐蚀疲劳的蚀孔应力集中模型示意图

（2）光滑带优先溶解模型

有些合金在腐蚀疲劳裂纹萌生阶段并未产生蚀坑，或虽然产生蚀孔，但没有裂纹从蚀孔处萌生，故有人提出滑移带优先溶解模型。该模型认为，金属表面在交变应力作用下产生驻留滑移带，挤出、挤入处由于位错密度高或杂质在滑移带处的沉积等原因，使原子具有较高的活性而成为局部小阳极，而其他部位则处于活性相对低的状态（成为大阴极），由此导致驻留滑移带处发生优先腐蚀溶解；进而使腐蚀疲劳裂纹形核；裂纹形核后，交变应力和裂纹内局部电化学腐蚀的协同作用使裂纹不断扩展。

（3）氢脆模型

上述两个模型均强调了腐蚀的作用，然而，与应力腐蚀类似，高强度钢、高强度铝合金或铁合金等材料对氢脆敏感，其腐蚀疲劳机理以氢脆为主。水介质中腐蚀疲劳的氢脆机理模型可用图 5.18 表示。其基本步骤包括：水合氢离子从裂纹面向裂纹顶端扩散，氢离子发生还原反应而使裂纹顶端表面吸附氢原子，被吸附的氢原子沿表面扩散到表面的择优位置上，氢原子在交变应力的协同作用下向金属内的关键位置（如晶粒边界、裂纹顶端的三向高应力集中区或孔洞处）扩散与富集，交变应力与富集的氢联合作用导致裂纹的萌生与扩展。另外，有的研究结果表明，吸附氢对 CF 裂纹的扩展比三向应力集中区富集的氢的作用还大，即吸附氢是推动 CF 裂纹扩展的主要因素。

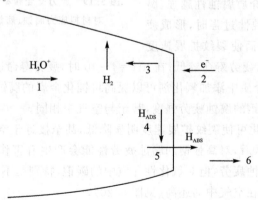

1—溶液扩散；2—放电和还原；3—被吸附氢原子的重新结合；
4—被吸附氢原子的表面扩散；5—氢被金属所吸收；6—被吸收氢的扩散

图 5.18　在水溶液发生的氢脆型腐蚀疲劳机制

腐蚀疲劳比应力腐蚀裂纹易于形核,原因在于应力状态不同。在交变应力下,滑移具有累积效应,表面膜更容易遭到破坏。在静拉伸应力下,产生滑移台阶相对困难一些,而且只有在滑移台阶溶解速度大于再钝化速度时,应力腐蚀裂纹才能扩展,所以对介质有一定要求。

腐蚀疲劳与纯疲劳的差别在于腐蚀介质的作用,使裂纹更容易形核和扩展。在交变应力较低时,纯疲劳裂纹形核困难,以致低于某一数值便不能形核,因此存在疲劳极限,而且提高抗拉强度也会提高疲劳极限。存在腐蚀介质时,裂纹形核容易,一旦形核便不断扩展,故不存在腐蚀疲劳极限。由于提高强度对裂纹形核影响较小,因此腐蚀疲劳强度与抗拉强度并无一定的比例关系。

4. 腐蚀疲劳的影响因素

(1) 力学因素

① 应力循环参数当应力交变频率 f 很高时,腐蚀的作用不明显,以机械疲劳为主;当 f 很低时,又与静拉伸的作用相似;只有在某一交变频率下最容易发生腐蚀疲劳。R 值高,腐蚀的影响大;R 值低,较多反映材料固有的疲劳性能(见图 5.19)。在产生腐蚀疲劳的交变频率范围内,频率越低,裂纹扩展速度越快。

② 疲劳加载方式一般来说,扭转疲劳＞旋转弯曲疲劳＞拉压疲劳。

③ 应力循环波形与纯疲劳不同,应力循环波形对腐蚀疲劳有一定影响,方波、负锯齿波影响小,而正弦波、三角波或正锯齿波影响较大。

④ 应力集中表面缺口处引起的应力集中容易引发裂纹,故对腐蚀疲劳初始影响较大。但随着疲劳周次增加,对裂纹扩展的影响减弱。

(2) 环境因素

① 温度。温度升高,材料的腐蚀疲劳性能下降,但对纯疲劳性能影响较小。

② 介质的腐蚀性。介质腐蚀性越强,腐蚀疲劳强度越低。但腐蚀性过强时,形成疲劳裂纹的可能性减少,反而使裂纹扩展速度

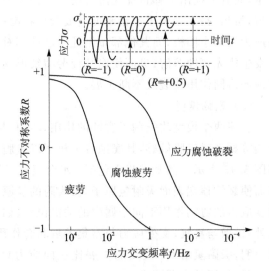

图 5.19 应力交变频率 f 与应力不对称系数 R
对材料应力腐蚀、腐蚀疲劳及疲劳的影响

下降。一般在 pH＜4 时,疲劳寿命较低;在 pH＝4～10 时,疲劳寿命逐渐增加;当 pH＞12 时,与纯疲劳寿命相同。在介质中添加氧化剂可以提高可钝化金属的腐蚀疲劳强度。水溶液经过除氧处理,可以提高低碳钢的腐蚀疲劳强度,甚至与空气中相同。

③ 外加电流阴极极化可使裂纹扩展速度明显降低,甚至接近于空气中的疲劳强度。但是阴极极化进入析氢电位区后,对高强钢的腐蚀疲劳性能会产生有害作用。对处于活化态的碳钢而言,阳极极化加速腐蚀疲劳,但对氧化性介质中的碳钢,特别是不锈钢,阳极极化可提高腐蚀疲劳强度,有的甚至比在空气中的还高(见图 5.20)。

(3) 材料因素

① 耐蚀性。耐蚀性高的金属(如 Ti、Cu 及 Cu 合金、不锈钢等)对腐蚀疲劳敏感性小;耐蚀性差的金属(如高强 Al 合金、Mg 合金等)敏感性大。因而,改善材料耐蚀性的合金化对腐

蚀疲劳性能是有益的。

② 组织结构。提高碳钢、低合金钢强度的热处理可以提高疲劳极限，但对腐蚀疲劳影响很小，甚至有时会降低腐蚀疲劳强度。某些提高不锈钢强度的处理可以提高腐蚀疲劳强度，敏化处理有害。细化晶粒可以提高钢在空气中的疲劳强度，对腐蚀疲劳作用类似。

③ 表面状态。表面残余应力为压应力时的腐蚀疲劳性能较为拉应力时好。施加保护涂层可以改善材料的腐蚀疲劳性能。

5. 防止腐蚀疲劳的措施

（1）合理选材与优化材料

提高材料的耐蚀性能对改善其抗腐蚀疲劳性能一般是有益的，如不锈钢在水中的腐蚀疲劳强度比普通碳钢高出一个数量级。减少材料中的夹杂或有害元素（如钢中的 MnS 夹杂，S、P 有害元素等）有利于提高耐蚀性，因而对改善材料的抗腐蚀疲劳性能也是有效的。

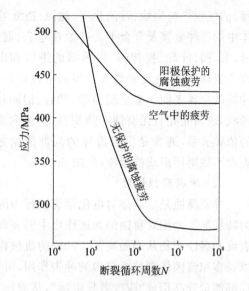

图 5.20　阳极保护对 Fe - 13Cr 合金在 10% NH_4NO_3 溶液中腐蚀疲劳的影响

（2）降低张应力水平或改善表面应力状态

设计上注意结构合理化，减少应力集中，避免缝隙结构，适当加大截面尺寸。采用消除内应力的热处理。通过氮化、碳氮化、喷丸、滚压、高频淬火等表面硬化处理，引入表面残余压应力。

（3）防腐蚀处理

常用的措施有施加表面涂（镀）层、添加缓蚀剂和实施电化学保护技术。例如，高强铝合金外层包铝，可降低其在雨水或海水环境中的腐蚀疲劳断裂倾向，钢丝镀锌可显著延长其在海水中的疲劳寿命。阴极保护技术已成为广泛用于海洋金属结构物腐蚀疲劳的防护措施。

5.1.4　磨耗腐蚀

应力与环境介质对材料的协同作用，不仅表现在金属承受拉、压、弯、扭等静载荷或交变载荷的情况下，也发生在金属受到磨损的情况下。磨损是金属同固体、液体或气体接触进行相对运动时由于摩擦的机械作用引起表层材料的剥离而造成金属表面甚至基体的损伤。磨损可看作是在金属表面及相邻基体的一种特殊断裂过程，它包括塑性应变积累、裂纹形核、裂纹扩展及最终与基体脱离的过程。在工程中有不少磨损问题涉及腐蚀环境的化学、电化学作用，材料或部件失效是磨损与腐蚀交互作用的结果。下面主要介绍与流体运动相关的冲刷腐蚀、空泡腐蚀及发生在摩擦副表面的腐蚀磨损、微动腐蚀等。

1. 冲刷腐蚀

（1）冲刷腐蚀的定义

冲刷腐蚀（Erosion Corrosion），简称冲蚀，是金属表面与腐蚀流体之间由于高速相对运动引起的金属损伤。通常在静止的或低速流动的腐蚀介质中，腐蚀并不严重，而当腐蚀流体高速运动时，破坏了金属表面能够提供保护的表面膜或腐蚀产物膜，表面膜的减薄或去除加速了金属的腐蚀过程，因而冲蚀是流体的冲刷与腐蚀协同作用的结果。冲蚀常发生在近海及海洋工程、油气生产与集输、石油化工、能源、造纸等工业领域的各种管道及过流部件等暴露在运动流体中的各种金属及合金上。冲蚀在弯头、肘管、三通、泵、阀、叶轮、搅拌器、换热器的进口和出口等改变流体方向、速度和增大紊流的部位比较严重。冲蚀的金属表面一般呈现沟槽、凹谷、泪滴状及马蹄状，表面光亮且无腐蚀产物积存，与流向有明显的依赖关系，通常是沿着流体的局部流动方向或表面不规则所形成的紊流（见图 5.21）。

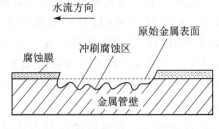

图 5.21 冷凝器管壁冲刷腐蚀示意图

（2）冲刷腐蚀机理

冲刷腐蚀是以流体对电化学腐蚀行为的影响、流体产生的机械作用以及二者的交互作用为特征的。冲刷对腐蚀的加速作用主要表现为加速传质过程，促进去极化剂（如 O_2）到达金属表面和腐蚀产物从表面离开。冲刷的机械作用主要表现为高流速引起的切应力和压力变化，以及多相流固体颗粒或气泡的冲击作用，可使表面膜减薄、破裂，或通过塑性变形、位错聚集、局部能量升高形成"应变差异电池"，从而加速腐蚀。此外，冲刷使保护膜局部剥离，露出新鲜基体，由于孔-膜的电偶腐蚀作用加速腐蚀。反过来，腐蚀促进冲刷过程的作用可表现为腐蚀使表面粗化，形成局部微湍流；腐蚀还可以溶解金属表面的加工硬化层，露出较软的基体；腐蚀也能使耐磨的硬化相暴露以致脱落。

（3）冲刷腐蚀的影响因素

与其他应力作用下的腐蚀相比，冲刷腐蚀的影响因素更为复杂。除了材料本身的化学成分、组织结构、力学性能、表面粗糙度、耐蚀性能，介质的温度、pH 值、溶氧量，各种活性离子的浓度、粘度、密度，固相和气相在液相中的含量，固相的颗粒度和硬度，以及过流部件的形状、流体的流速和流态等都有很大的影响。这里只讨论与流体运动有关的几个因素。

① 流态。流体的流动状态有层流和湍流两种。层流时流体质点互不混杂，质点的迹线彼此平行；湍流是非稳态流，流速和压强常有不规则变化。发生层流或湍流与流速、流体的物性和流经表面的几何条件有关。湍流还可分为非扰动流和扰动流，后者是由于边界的变化（如管道截面的突变或弯头）和压力的变化引起的（见图 5.22）。

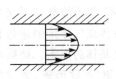 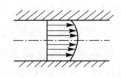 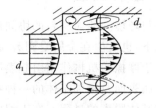

(a) 充分发展的层流　　　(b) 充分发展的湍流　　　(c) 带有扩张段的管内湍流，显示了
（抛物线速度分布）　　　（对数分布，非扰动流）　　　带有反向流动的复杂速度场（扰动流）

图 5.22 管道内单相液体的三种主要流动状态

除了高流速外，在有突出物、沉积物、缝隙等管道截面突然变化和流向突然改变的场合都容易造成湍流，湍流是最为有害的一种流态。

② 流速的变化具有双重作用。只是在某些情况下，增加流速可以减轻腐蚀。如增加流速有利于缓蚀剂向相界面的传输，其比静态时需要的用量少；不锈钢在发烟硝酸中由于阴极产物 HNO_2 具有自催化作用使腐蚀加速，增大硝酸的流速使产物迅速离开表面，反而降低了腐蚀

速度;再者,与静态相比,增加流速可以减少钝化金属的局部腐蚀。在多数情况下,流速增加,腐蚀速度增大。在某一流速范围内失重的变化并不显著,当流速超过某个临界值后,冲刷腐蚀速度急剧上升。

③ 第二相。存在第二相(气泡或固体颗粒)的双相流比单相流造成的冲刷腐蚀更严重,并使临界流速下降。携带固体颗粒的流体造成的冲刷腐蚀与固体颗粒的形状、尺寸、硬度、固液比有关,也与流体冲击速度、冲击角度有关。此外,固体颗粒的存在还可影响介质的物性,甚至改变流形,破坏表面的边界层,加重冲刷腐蚀的程度。

④ 表面膜。不管是金属表面原有的钝化膜,还是在腐蚀过程中形成的具有保护性的腐蚀产物膜,它们的成分、厚度、硬度、韧性、与基体附着力及再钝化能力,对抵御冲刷腐蚀是十分重要的。例如,对易钝化金属,氧的存在对维持钝化膜的完整性是十分重要的,在流体中氧含量很少且处于静止或较低的流速时,氧的补充可能不足以维持钝态,常常发生局部腐蚀。流速增加、供氧改善,容易消除造成局部腐蚀的局部溶液与整体溶液的成分差异,满足维钝条件,使金属在较高的流速下可以令人满意地工作。高流速带来的好处甚至能发生在流体中氧含量较低的情况下。但当流速过高时,如超过 10 m/s,可能会产生空泡腐蚀导致金属严重损伤。

(4) 防止冲刷腐蚀的措施

① 改进设计。通过改进设计,降低表面流速和避免恶劣的湍流出现,如增加管径、增大弯头半径、避免截面尺寸和流体流向的急剧变化、保持过流表面的光滑等。还可在已发生冲刷腐蚀的部位增加厚度或制成可拆换的部件。

② 控制环境。控制温度、pH 值、氧含量,添加缓蚀剂,澄清和过滤流体中的固体颗粒,避免蒸气中冷凝水的形成,去除溶解在流体中的气体等,对减轻冲刷腐蚀非常有效。

③ 正确选材。可以选择更耐蚀的材料。通常在单相流中应优先考虑易钝化材料,如不锈钢、镍铬合金,甚至是钛合金。在多相流中可选用有不连续碳化物分布在较韧基体上的合金铸铁、双相不锈钢。

④ 表面处理与保护。可通过淬火、电子束或激光表面强化处理,涂覆高聚物或弹性体,堆焊耐冲刷腐蚀金属,表面渗镀、电镀、热喷涂和气相沉积等,减少对基体材料的冲刷腐蚀。

⑤ 阴极保护。阴极保护能够抑制电化学因素,因此可在一定程度上抑制协同效应,能明显减轻冲刷腐蚀。

2. 空泡腐蚀

(1) 空泡腐蚀的定义

空泡腐蚀(Cavitation),也称空蚀和气蚀,是一种特殊形式的冲刷腐蚀,是由于金属表面附近的液体中空泡溃灭造成表面粗化,出现大量直径不等的火山口状的凹坑,最终丧失使用性能的一种破坏。空泡腐蚀只发生在高速的湍流状态下,特别是液体流经形状复杂的表面,液体压强发生很大变化的场合,如水轮机叶片、螺旋桨、泵的叶轮、阀门及换热器的集束管口等。

(2) 空泡的形成与破灭

根据流体动力学的伯努利定律:

$$p + \rho v^2/2 = C$$

式中:p 为压力;v 为流速;ρ 为流体的密度;C 为常数。在局部位置,当流速变得十分大,以至于其静压强低于液体汽化压强时,液体内会迅速形成无数个小空泡。空泡中主要是水蒸气,随着压力降低,空泡不断长大,单相流变成双相流。随流体一起迁移的空泡在外部压强升高时不断被压缩,最终溃灭(崩破)。由于溃灭时间极短,约 10^{-3} s,其空间被周围液体迅速充填,造成强大的冲击压力,压强可达 10^3 MPa。大量的空泡在金属表面某个区域反复溃灭,足以使金属表面发生应变疲劳并诱发裂纹,导致空泡腐蚀破坏,如图 5.23 所示。

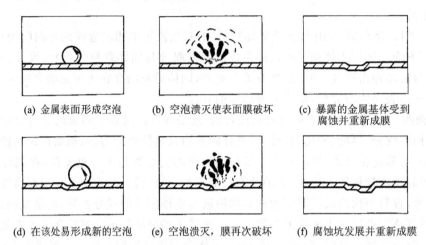

(a) 金属表面形成空泡   (b) 空泡溃灭使表面膜破坏   (c) 暴露的金属基体受到
                                              腐蚀并重新成膜

(d) 在该处易形成新的空泡   (e) 空泡溃灭,膜再次破坏   (f) 腐蚀坑发展并重新成膜

图 5.23　空泡腐蚀过程示意图

（3）空泡腐蚀的机理

空泡溃灭造成的机械破坏最初认为是由空泡溃灭产生的冲击波引起的,后来的研究表明空泡溃灭瞬间产生的高速微射流也有重要的作用。由此可见,流体力学(机械)因素对空泡腐蚀的贡献是主要的,但在腐蚀介质中,电化学因素也是不能忽视的,二者之间存在着协同作用。一方面,空泡溃灭破坏了表面保护膜,促进腐蚀;另一方面,蚀坑的形成进一步促进了空泡的形核,已有的蚀坑又可起到应力集中的作用,促进了物质从表面和基体的剥离。一般在应力不太大时,腐蚀因素与机械因素不相上下,腐蚀因素(介质的成分、合金耐蚀性和钝性、电化学保护或应用缓蚀剂等)对空泡腐蚀有很大影响;当应力很大时,如在强烈的水冲击下,机械因素的作用将显著增加。

（4）防止空泡腐蚀的措施

① 改进设计,避免高速过流表面的压力突然下降。

② 选择更为耐蚀的材料和适当的表面处理,特别是在金属表面涂覆高聚物或弹性体,对减轻空泡溃灭的机械破坏有明显效果。

③ 去除溶解在流体中的气体,可减轻空泡的形成。

④ 阴极保护有时可有效减轻空泡腐蚀,但原因不是由于腐蚀速度的降低,而是由于阴极反应在表面析出氢气泡的衬垫作用。

⑤ 正确的操作也可以避免产生严重的空泡腐蚀,如在管路被堵塞而使流体流线不正常时应让水泵停止工作,入口处由于空吸形成的低压会促进泵内流体中气泡的形成。

3. 腐蚀磨损

（1）腐蚀磨损的定义

腐蚀磨损(Corrosion Wear)是摩擦副接触表面的机械磨损与周围环境介质发生的化学或电化学腐蚀的共同作用,导致表层材料流失的现象。其常发生在矿山机械、工程机械、农业机械、冶金机械等接触部件或直接与砂、石、煤、灰渣等摩擦的部件,如磨煤机、矿石破碎机、球磨机、溜槽、振动筛、螺旋加料器、刮板运输机、旋风除尘器等。

（2）腐蚀磨损的机理

一般机械磨损的机理主要包括粘着磨损和磨料磨损。

① 粘着磨损指两个固体表面在一定的压力下发生相对运动,表面的突出部位或凸起发生塑性形变,在高的局部压力作用下焊合在一起,当表面继续滑动时,物质从一个表面剥落而粘着在另一个表面所引起的磨损。在此过程中,还经常会产生一些小的磨粒或碎屑,进一步加重表面的磨损(见图 5.24)。

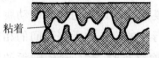
(a) 两个接触的表面在凸起处焊合

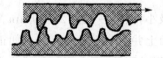
(b) 在足够的外力下焊合处断裂,表面相对滑移

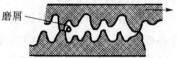
(c) 表面滑移导致物质剥落并产生碎屑

图 5.24　粘着磨损过程示意图

② 磨料磨损指粗糙而坚硬的表面在一定的压力下贴着软表面的滑动,或游离的坚硬固体颗粒在两个摩擦面之间的滑动而产生的磨损(见图 5.25)。与粘着磨损不同,在磨料磨损中没有微焊接的发生。

在不发生这些机械磨损的情况下,材料在腐蚀环境中由于受到表面保护膜的保护,腐蚀很轻微;当存在机械磨损作用时,表面保护膜局部遭到破坏,腐蚀得以进行,而且摩擦热会加快腐蚀速

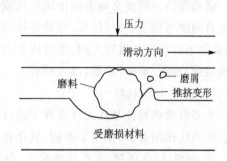

图 5.25　磨料磨损过程示意图

度。另一方面,剥落的保护膜通常以固体碎屑形式存在于两个表面之间,会引起磨料磨损。因此,在很多场合下,腐蚀磨损总的损失量往往大于纯腐蚀与纯磨损损失量之和。在少数情况下,如介质的腐蚀性很弱且具有一定的润滑能力,在轻载和较高速度下能发挥其减摩和冷却作用时,腐蚀磨损的损失量才有可能小于相同摩擦参数下的干磨损,产生所谓的"负交互作用"。此外,当表面膜是软而韧的氯化物、硫化物、磷酸盐和脂肪酸盐等时,磨损虽然可使局部膜剥落,但不会造成严重的腐蚀磨损。

（3）防止腐蚀磨损的措施

由于腐蚀磨损过程中腐蚀并不严重,因此防止腐蚀磨损主要是通过提高材料的耐磨性能来实现。具体办法如下:

① 降低载荷使磨损速度下降。

② 注意使摩擦副的两个表面具有相近的硬度这样会降低磨损率。

③ 通过合金化、选材或表面处理提高材料的耐磨性能。如在钢铁材料中加 Cr、Al、Si 等元素,通过它们的选择氧化形成具有保护性的氧化膜;或通过加入形成化合物的合金元素,生成碳化物、氮化物和金属间化合物等提高耐磨性。在磨损强烈的条件下,可使用高碳奥氏体锰钢、合金铸铁或钴合金等;也可以通过表面淬火、表面化学热处理、表面耐磨堆焊等提高表面耐磨性能。

④ 使用减摩材料或润滑剂。可使用某些金属、工程塑料、高分子复合材料和无机纤维材

料作为减摩材料。使用润滑剂,不仅可以降低摩擦系数,还可以隔绝腐蚀环境,甚至还可以参与形成较软的腐蚀产物,对减少腐蚀磨损十分有益。

4. 微动腐蚀

(1) 微动腐蚀的定义和特点

微动腐蚀(Fretting Corrosion)是腐蚀磨损的一种形成,是指两个相互接触、名义上相对静止而实际上处于周期性小幅相对滑动(通常为振动)的固体表面因磨损与腐蚀交互作用所导致的材料表面破坏现象。

产生微动腐蚀的相对滑动极小,振幅一般为 $2\sim20~\mu m$。反复的相对运动是产生微动腐蚀的必要条件。在连续运动的表面上并不产生微动腐蚀。如正常行驶的汽车轴承表面间的相对运动很大(整周运动),并不产生微动腐蚀;而在用船舶或火车运输汽车时,汽车滚动轴承的滚道上就会出现一条条光滑的凹坑,并有棕红色的氧化产物,这是由于轴承上承受着载荷,在运输中又不断有小幅相对滑动,因而发生了微动腐蚀的结果。

微动腐蚀一般使金属表面出现麻坑或沟槽,并且周围往往有氧化物或腐蚀产物。在各种压配合的轴与轴套、铆接接头、螺栓连接、键销固定等连接固定部位,钢丝绳股与股、丝与丝之间,矿井下的轨道与道钉之间,都可能发生微动腐蚀。在有交变应力的情况下,还可因微动腐蚀诱发疲劳裂纹形核、扩展,以致断裂。

(2) 微动腐蚀机理

大多数微动腐蚀是在大气条件下进行的,微动腐蚀涉及微动磨损与氧化的交互作用。基于磨损和氧化的关系,提出了磨损-氧化和氧化-磨损两种不同的机理。

① 磨损-氧化机理,在承载情况下,两个金属表面实际接触的突出部位处于粘着和焊合状态。在相对运动过程中,接触点被破坏,金属颗粒脱落下来。由于摩擦,颗粒被氧化,这些较硬的氧化物颗粒在随后的微动腐蚀中起到磨料的作用,强化了机械磨损过程。

② 氧化-磨损机理,该机理认为多数金属表面本来就存在氧化膜,在相对运动中,突出部位的氧化膜被磨损下来,变成氧化物颗粒,而暴露出的新鲜金属重新氧化,这一过程反复进行,导致微动腐蚀。

事实上,这两种机制都可能存在。研究发现,氧气确实能加速微动腐蚀。如碳钢在氮气中的微动磨损损失量仅为空气中的 1/6,在氮气中的产物是金属铁,而在空气中是 Fe_2O_3,表明微动腐蚀是微动磨损与氧化共同作用的结果。

(3) 防止微动腐蚀的措施

微动腐蚀可以从改变接触状况和消除滑动两个方面得到有效的抑制。具体办法如下:

① 避免可能引起微动的连接方式,如采用焊接、粘结等使连接件成为一个整体,这是最可靠的办法。

② 对接触表面进行润滑可以消除微动腐蚀的磨损过程。

③ 在接触表面之间加入隔离或衬垫材料,如涂层或垫圈,对减轻微动腐蚀会有帮助。

④ 可通过增加接触面的法向载荷或增加表面粗糙度,阻止接触面之间的微动。

⑤ 合理选材和表面强化,提高接触材料的硬度。

5.2　自然环境下的腐蚀

金属材料在自然环境中的腐蚀是最为普遍的腐蚀现象。自然环境是指与自然界陆、海、空相对应的土壤、海水和大气环境。绝大多数工程设施和机电设备均是在自然环境中使用的,例如武器装备、交通设施、载运工具、海港码头设施、工业设备、城乡建筑、地下管道等。作为工程设施和机电设备中使用的各类材料,受自然环境腐蚀的情况最为普遍,造成的经济损失和社会影响也最大。因此,认识和掌握材料在自然环境中的腐蚀行为、规律和机理,对于合理地控制工程设施和机电设备的腐蚀,延长其使用寿命,确保安全生产,降低经济损失具有十分重要的意义。在三类典型的自然环境中,腐蚀的特点会因环境或介质的改变而不同,但从原理上来说,金属在自然环境中的腐蚀属于电化学腐蚀的范畴,因此腐蚀的基本过程应该遵循电化学规律。

5.2.1　大气腐蚀

1. 大气腐蚀的类型及特征

在大气环境下的化学或电化学反应引起的金属材料及其制品的变质或破坏称为大气腐蚀。纯净的大气由氮气(75%)、氧气(23%)、水分和少量惰性气体(Ar、He、Xe、Ne、Kr)等组成,然而现代工业已造成大气的严重污染。例如,一个 100 000 kW 的火力发电厂,每昼夜由烟筒排出的 SO_2 就有 100 t 之多。表 5.3 给出了大气污染物的组成。

全世界在大气中使用的金属材料超过其生产总量的 60%。参与大气腐蚀过程的主要是氧和水分,其次是二氧化碳,但是当今全球大气中的腐蚀性气体,例如二氧化硫、硫化氢、氯气等却越来越成为大气腐蚀的主要杀手。大气腐蚀还与地域、季节、时间等条件有关。

表 5.3　大气污染物质的主要组成

气　体	固　体
含硫化合物: SO_2、SO_3、H_2S	灰尘
氯和含氯化合物: Cl_2、HCl	NaCl、$CaCO_3$
含氮化合物: NO、NO_2、NH_3、HNO_3	ZnO 金属粉末
含碳化合物: CO、CO_2	氧化物、粉煤灰
其他: 有机化合物	

由于大气环境的不同,材料的腐蚀严重性有着明显的差别。在含有硫化物、氯化物、煤烟、尘埃等杂质的环境中会大大加速金属的腐蚀。例如,钢在海岸的腐蚀比在沙漠中高 400~500 倍,且离海岸越近,钢的腐蚀越严重。又如空气中的 SO_2 对钢、铜、镍、锌、铝等金属的腐蚀速率影响很大,特别是在高湿度情况下,SO_2 会大大加速金属的腐蚀。据估计,常用金属材料在工业区比沙漠区的大气腐蚀速率可能高 50~100 倍。由此可见,大气腐蚀对工程设施和机电设备的安全性和可靠性有着严重的影响。

大气腐蚀的分类是多种多样的。按地理和空气中含有微量元素的情况,可以分为工业大气腐蚀、海洋大气腐蚀和农村大气腐蚀;按气候条件分类,可以分为热带大气腐蚀、湿热带大气腐蚀和温带大气腐蚀。从腐蚀条件看,大气的主要成分是水和氧,而大气中的水汽是决定大气腐蚀速率和历程的主要因素,因此,可以根据金属表面的潮湿程度(或水汽在金属表面的附着状态)对大气腐蚀进行更为直观的分类。

金属表面的潮湿程度与大气的相对湿度有密切关系。所谓相对湿度,是指在某一温度下,空气中水蒸气含量与该温度下空气中所能容纳的水蒸气的最大含量的比值(一般以百分比表示),即

$$相对湿度(RH) = \frac{空气中水蒸气的含量}{该温度下空气所能容纳的最大水蒸气含量} \times 100\%$$

不同物质或同一物质的不同表面状态,对大气中水分的吸附能力是不同的。当空气中相对湿度达到某一临界值时,水分在金属表面形成水膜,从而促进电化学腐蚀过程的发展,此时的相对湿度称为金属腐蚀的临界相对湿度。

根据金属表面的潮湿程度或大气的相对湿度,通常把大气腐蚀分成三类,即干的大气腐蚀、潮的大气腐蚀和湿的大气腐蚀。

① 干的大气腐蚀:在空气非常干燥的条件下,金属表面不存在水膜时的腐蚀称为干的大气腐蚀,其特点是在金属表面形成一层保护性氧化膜($1 \sim 10$ nm),并常常伴随金属表面的失泽。例如,铜、银被硫化物污染的空气腐蚀所造成的失泽现象。

② 潮的大气腐蚀:大气的相对湿度在100%以下,金属表面存在着肉眼不可见的薄水膜(10 nm~ 1 μm)时所发生的腐蚀称为潮的大气腐蚀。例如,铁在大气中没被雨、雪淋到时的生锈即属于潮的大气腐蚀。

③ 湿的大气腐蚀:水分在金属表面已成液滴凝聚而形成肉眼可见的液膜层(1 μm$\sim$ 1 mm)时所发生的腐蚀称为湿的大气腐蚀。当空气中的相对湿度在100%左右,或者当雨、雪、霜及水沫等直接落在金属表面上时,就发生这种腐蚀。

2. 大气腐蚀机理

金属的表面在潮湿的大气中会吸附一层很薄的湿气层即水膜,当这层水膜达到$20 \sim 30$个分子层厚时,就变成电化学腐蚀所必需的电解液膜。所以在潮和湿的大气条件下,金属的大气腐蚀过程具有电化学腐蚀的本质,是电化学腐蚀的一种特殊形式。金属表面上的这种液膜是由于水分(雨、雪等的直接沉降),或者是由于大气湿度或气温的变动以及其他种种原因引起的凝聚作用而形成的。当金属表面只存在着纯水膜时,因为纯水的导电性较差,还不足以促成强烈的腐蚀,实际上金属发生强烈的大气腐蚀往往是由于薄层水膜中含有水溶性的盐类以及腐蚀性的气体引起的。在实际情况下,随着水分的凝聚,水膜中可能溶入大气中的气体(CO_2、O_2、SO_2 等),还可能落上尘土、盐类或其他污物。一些产品或金属材料在加工、搬运或使用过程中,还会沾上手汗等,这些都会提高液膜的导电性和腐蚀性,促进腐蚀加速。例如,在低温、潮热、盐雾、风沙等恶劣环境条件下,各种军用品将会产生腐蚀、水解、长霉等现象。

空气中水分的饱和凝结现象也是非常普遍的。这是由于有些地区,特别是热带、亚热带及大陆性气候地区,气候变化非常剧烈,即使在相对湿度低于100%的气候条件下,也容易造成空气中水分的冷凝。图5.26显示了能够引起凝露的温度差和空气温度、相对湿度间的关系。由图5.26可知,在空气温度为$5 \sim 50$ ℃的范围内,当气温剧烈变化达6 ℃左右时,只要空气相对湿度达到65%~75%左右时就可引起凝露现象。温差越大,引起凝露的相对湿度也会越低。昼夜温差达6 ℃的气候,在我国是常见的,温差达10 ℃以上的也很多。此外,强烈的日照也会引起剧烈的温差,因而造成水分的凝结现象。即使在我国中纬度地区,向阳面和背阳面的温差达20 ℃以上的现象也不少见,这样在日落后的降温过程中水分很容易凝结。

在有大气的条件下,结构零件之间的间隙和狭缝、氧化物和腐蚀产物及镀层中的孔隙、材

料的裂缝,以及落在金属表面上的灰尘和碳粒下的缝隙等,都具有毛细管的特性,它们能促使水分在相对湿度低于100%时发生凝聚。

在相对湿度低于100%,未发生纯粹的物理凝聚之前,由于固体表面对水分子的吸附作用也能形成薄的水膜,这称为吸附凝聚。吸附的水分子层数随相对湿度的增加而增加。吸附水分子层的厚度也与金属的性质及表面状态有关,一般为几十个分子层厚,如图5.27所示。

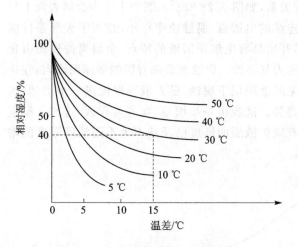

图 5.26　在一定温度下,引起凝露的温差与大气湿度间的关系

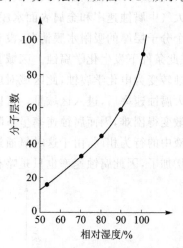

图 5.27　空气中相对湿度与金属表面吸附水膜的关系

在物质吸附了水分之后,即与水发生化学作用,这种水在物质上的凝聚叫化学凝聚。例如,金属表面落上或生成了吸水性的化合物($CuSO_4$、$ZnCl_2$、$NaCl$、NH_4NO_3 等),即使盐类已形成溶液,也会使水的凝聚变得容易,因为盐溶液上的水蒸气压力低于纯水的蒸气压力。可见,当金属表面上落上铵盐或钠盐(手汗、盐粒等)时,就特别容易促进腐蚀。在这种情况下,水分在相对湿度70%~80%时便会凝聚,而且又有电解质存在,所以就会加速腐蚀。

① 阴极过程。当金属发生大气腐蚀时,由于氧很容易到达阴极表面,故阴极过程主要依靠氧的去极化作用,即氧向阴极表面扩散,作为去极化剂,在阴极进行还原反应。氧的扩散速率控制着阴极上氧的去极化作用的速率,并进而控制着整个腐蚀过程的速率。阴极过程的反应与介质的酸碱性有关,在中性或碱性介质中发生如下反应,即

$$O_2 + 2H_2O + 4e^- \longrightarrow 4OH^-$$

在酸性介质(如酸雨)中则发生如下反应,即

$$O_2 + 4H^+ + 4e^- \longrightarrow 2H_2O$$

由于大气中的阴极去极化剂是多种多样的,因而大气腐蚀也不能排除 O_2 以外的其他阴极去极化剂(如 H^+、SO_2 等)的作用。

② 阳极过程。腐蚀的阳极过程就是金属作为阳极发生溶解的过程,在大气腐蚀的条件下,阳极过程反应为

$$M + xH_2O \longrightarrow M^{n+} \cdot xH_2O + ne^-$$

式中:M 代表金属;M^{n+} 为 n 价金属离子;$M^{n+} \cdot xH_2O$ 为金属离子化水合物。

一般来讲,随着金属表面电解液膜的减薄,大气腐蚀的阳极过程的阻滞作用增大。其可能的原因包括两个方面:一是当金属表面存在很薄的液膜时,会造成金属离子水化过程较难进

行,使阳极过程受到阻滞;二是在很薄的液膜条件下,易于促使阳极钝化现象的产生,因而使阳极过程受到强烈的阻滞。

总之极化过程随着大气条件的不同而变化。对于湿的大气腐蚀,腐蚀过程主要受阴极控制,但这种阴极控制已比全浸时大为减弱,并且随着电解液膜的减薄,阳极过程变得困难。可见,随着水膜厚度的变化,不仅表面潮湿程度不同,而且电极过程控制因素也会不同。

大气中腐蚀速率和金属表面水膜厚度的关系,如图 5.28 所示。图中 I 区为金属表面上只有几个分子层厚的吸附水膜情况,没有形成连续的电解液,腐蚀速率很小,相当于大气条件腐蚀,在此条件下发生化学腐蚀。区域 II 中,膜开始具有电解质溶液的特点,金属腐蚀性质由化学腐蚀转变为电化学腐蚀,此区域对应于潮的大气腐蚀。腐蚀速率随着膜的增厚而增大,在达到最大腐蚀速率后,进入区域 III。III 区为可见的液膜层下腐蚀,随着液膜厚度进一步增加,氧的扩散变得困难,因而腐蚀速率呈下降变化趋势。液膜进一步增厚,就进入 IV 区,这与全浸泡在溶液中的行为相同,由于这时氧通过液膜有效扩散层的厚度已经基本上不随液膜厚度的增加而增加了,因此腐蚀速率也只是略有下降。

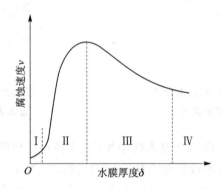

I—$\delta=1\sim10$ nm;II—$\delta=10$ nm~1 μm;III—$\delta=1$ μm~1 mm;IV—$\delta>1$ mm

图 5.28　大气腐蚀速度与金属表面水膜厚度的关系

一般大气环境条件下的腐蚀都是在 II 区和 III 区中进行的,随着气候条件和相应的金属表面状态(氧化物或盐类的附着情况)的变化,各种腐蚀形式会互相转换。

3. 影响大气腐蚀的因素

大气腐蚀复杂,影响因素颇多,主要包括气候条件、大气中有害杂质及腐蚀产物等。

（1）气候条件的影响

大气的湿度、气温、日光照射、风向、风速、雨水的 pH 值、各种腐蚀气体沉积速率和浓度、降尘等都对金属的大气腐蚀速率有影响。

① 大气相对湿度的影响。大气腐蚀受大气中水分含量的影响强烈。湿度的波动和大气尘埃中的吸湿性杂质容易引起水分凝结,在含有不同数量污染物的大气中,金属都有一个临界相对湿度,即超过这一临界值,腐蚀速率就会突然猛增;而在临界值以下,腐蚀速率很小或几乎不腐蚀。出现临界相对湿度,标志着金属表面上产生了一层吸附的电解液膜,这层液膜的存在使金属从化学腐蚀转变成了电化学腐蚀,腐蚀大大增强。

一般来说,金属的临界相对湿度在 70% 左右。临界相对湿度随金属种类、金属表面状态及环境气氛的不同而有所不同。测试表明,上海地区在 SO_2 污染较重的情况下（0.02～0.1 mg/m²）,Al 腐蚀的临界相对湿度为 80%～85%,Cu 约为 60%,钢铁为 50%～70%,Zn 与 Ni 则大于 70%。在大气中,如含有大量的工业气体,或含有易于吸湿的盐类、腐蚀产物、灰尘等情况下,临界相对湿度要低得多。如图 5.29 所示,当大气中有 SO_2 存在时,在相对湿度低于 75% 的情况下,腐蚀速率增加很慢,与洁净空气中的差不多。但当相对湿度达到 75% 左右时,腐蚀速率突然增大,并随相对湿度增大而进一步增加,且污染情况越严重,增加趋势越大。

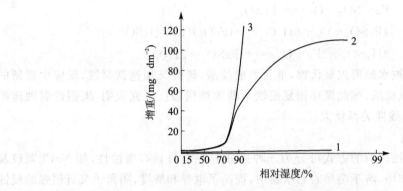

1—纯净空气;2—含 SO_2 体积分数为 0.000 1 的空气;
3—含 SO_2 体积分数为 0.000 1 和碳粒的空气

图 5.29　铁的大气腐蚀与空气相对湿度和空气中 SO_2 杂质的关系

② 温度和温度差的影响。空气的温度和温度差也是影响大气腐蚀的主要因素,温度差比温度的影响更大(见图 5.26),因为它不但影响着水汽的凝聚,而且还影响着凝聚水膜中气体和盐类的溶解度。对于湿度很高的雨季和湿热带,温度会起较大的作用。一般说来,随着温度的升高,腐蚀加快。

在生产和储存金属产品的车间和库房中应尽可能避免剧烈的温度变化。对于高寒地区或日夜温差较大的地区,可以利用暖气控制温差,并控制相对湿度。当不可避免有剧烈的温度变化时,则应采用可靠的防锈方法。

③ 日照时间和气温。如果温度较高并且阳光直接照射到金属表面上,则由于水膜蒸发速率较快,水膜的厚度迅速减薄,停留时间大为减少。如果新的水膜不能及时形成,则金属腐蚀速率就会下降;如果气温高、湿度大而又能使水膜在金属表面上的停留时间较长,则会使腐蚀速率加快。例如,我国长江流域的一些城市在梅雨季节时就是如此。

④ 风向和风速。风向和风速对金属的大气腐蚀影响也很大。在沿海地区,在靠近工厂的地区,风将带来多种不同的有害杂质,如盐类、硫化物气体、尘粒等,从海上吹来的风不仅会带来盐分,还会增大空气的湿度,这些情况都会加速金属的腐蚀。

(2) 大气中有害杂质的影响

1) SO_2 的影响

在污染大气的杂质中,SO_2 的影响最为严重。实验证明,空气中的 SO_2 对钢、铜、锌、铝等金属的腐蚀速率影响很大。虽然大气中的 SO_2 含量很低,但它在水溶液中的溶解度比氧高 1 300 倍。使溶液中 SO_2 达到很高的浓度,大大加速金属的腐蚀。大气中的 SO_2 来源于石油、煤燃烧的废气和工厂生产排出的废气。

SO_2 溶于金属表面上的水膜,可反应生成 H_2SO_3 或 H_2SO_4,其 pH 值可达 $3 \sim 3.5$。H_2SO_3 是强去极化剂,对大气腐蚀有加速作用,在阴极上去极化反应如下:

$$2H_2SO_3 + 2H^+ + 4e^- \Longleftrightarrow S_2O_3^{2-} + 3H_2O$$

$$2H_2SO_4 + H^+ + 2e^- \Longrightarrow HS_2O_7^- + 4H_2O$$

上述反应产物的标准电极电位比大多数工业用金属的稳定电位高得多,可使这些金属成为构成腐蚀电池的阳极,而遭受腐蚀。大气中 SO_2 对 Fe 的加速腐蚀是一个自催化反应过程,其反应为

$$Fe + SO_2 + O_2 \Longrightarrow FeSO_4$$
$$4FeSO_4 + O_2 + 6H_2O \Longrightarrow 4FeOOH + 4H_2SO_4$$
$$2H_2SO_4 + 2Fe + O_2 \Longrightarrow 2FeSO_4 + 2H_2O$$

生成的硫酸亚铁又被水解形成氧化物,重新形成硫酸,硫酸又加速铁腐蚀,反应生成新的硫酸亚铁,再被水解生成硫酸,如此循环往复使铁不断地被腐蚀。研究表明,碳钢的腐蚀速率与大气中的 SO_2 含量呈线性关系增大。

2) 固体颗粒的影响

固体颗粒对大气腐蚀影响的方式可分为三种:① 颗粒本身具有腐蚀性,如 NaCl 颗粒及铵盐颗粒,颗粒有吸湿作用,溶于金属表面水膜中,提高了电导和酸度,阴离子又有很强的侵蚀性;② 颗粒本身无腐蚀作用,但能吸附腐蚀性物质,如碳粒能吸附 SO_2 及水汽,冷凝后形成酸性溶液;③ 颗粒既非腐蚀性,又不吸附腐蚀性物质,如砂粒落在金属表面能形成缝隙而凝聚水分,形成氧浓差的局部腐蚀条件。

4. 控制大气腐蚀的方法

控制大气腐蚀的方法很多,主要途径有三种:一是材料选择,可以根据金属制品及构件所处环境的条件及对防腐蚀的要求,选择合适的金属或非金属材料;二是在金属基体表面制备金属、非金属或其他种类的涂层、渗层、镀层;三是改变环境,减少环境的腐蚀性。

(1) 提高金属材料自身的耐蚀性

金属或合金材料自身的耐蚀性是金属是否容易遭到腐蚀的最基本因素,合金化是提高金属材料耐大气腐蚀性能的重要技术途径。例如,在普通碳钢的基础上加入适量的 Cr、Ni、Cu 等元素,可显著改善其大气腐蚀性能。此外,优化热处理工艺,严格控制合金中有害杂质元素的含量也是改进耐蚀性的重要方法。

(2) 采用覆盖保护层

利用涂、镀、渗等覆盖层把金属材料与腐蚀性大气环境有效地隔离,可以达到有效防腐蚀的作用。用于控制大气腐蚀的覆盖层有两类:① 长期性覆盖层,例如渗镀、热喷涂、浸镀、刷镀、电镀、离子注入等;钢铁磷化、发蓝;铜合金、锌、镉的钝化;铝、镁合金氧化或阳极氧化;珐琅涂层、陶瓷涂层和油漆涂层等。② 暂时性覆盖层,指在零部件或机件开始使用时可以除去(或用溶剂去除)的一些临时性防护层,如各种防锈油、脂,可剥性塑料等。

(3) 控制环境

① 充氮封存。将产品密封在金属或非金属容器内,经抽真空后充入干燥而纯净的氮气,利用干燥剂使内部保持相对湿度低于 40%,因低水分和缺氧,故金属不易生锈。

② 采用吸氧剂。在密封容器内控制一定的湿度和露点,以除去大气中的氧,常用的吸氧剂是 Na_2SO_3。

③ 干燥空气封存。亦称控制相对湿度法,是常用的长期封存方法之一。其基本依据是,在相对湿度不超过 35% 的洁净空气中一般金属不会生锈,非金属不会长霉,因此,必须在密封性良好的包装容器内充以干燥空气或用干燥剂降低容器内的湿度,形成比较干燥的环境。

④ 减轻大气污染。开展环境保护,减轻大气污染有利于缓解金属材料的大气腐蚀。

（4）使用缓蚀剂

防止大气腐蚀所用的缓蚀剂有油溶性缓蚀剂、气相缓蚀剂和水溶性缓蚀剂。

5.2.2　海水腐蚀

1. 海水腐蚀的特征

海水是一种含盐量很高的腐蚀性电解质,盐分中主要是 NaCl,约占总盐度的 77.8%,其次是 $MgCl_2$。海水中的总盐度约为 3.2%～3.7%,因此,人们通常以质量分数为 0.03 或 0.035 的 NaCl 水溶液近似地代替海水,进行模拟海水环境的腐蚀试验。海水呈弱碱性(pH = 8.1～8.3),海水中的氧和 Cl^- 含量是影响海水腐蚀的主要环境因素。

根据腐蚀条件不同,把海洋环境分为海洋大气区、飞溅区、潮汐区、浅海区、大陆架区、深海区和海泥区,图 5.30 是 Humble 给出的钢桩在北卡罗来纳州 Kure 海滨暴露 5 a 后的典型的腐蚀示意图,很好地反映出了不同的环境区域的海洋腐蚀特点。

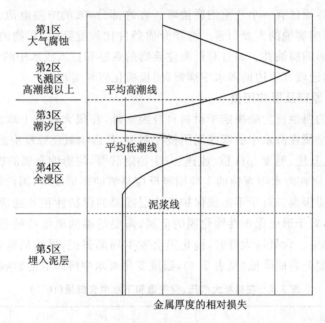

图 5.30　钢桩在北卡罗来纳州海滨暴露 5 a 后的典型的腐蚀示意图

① 海洋大气区。影响腐蚀的主要因素是沉积在金属表面的盐粒和盐雾的数量,由于海盐吸湿性强,易在金属表面形成含盐液膜,因此海洋大气比内陆大气腐蚀性大得多。盐的沉积因地理位置、风浪条件、距离海面高度、深入内陆距离、暴晒时间、雨量、气候变化等条件而异,一般来说,其腐蚀速率为内陆大气腐蚀的 2～5 倍,热带海洋大气腐蚀条件较强,温带次之,两极最小。

② 飞溅区。结构表面几乎经常被饱和充氧海水所润湿,因此腐蚀相当强,在这个区没有海生物沾污,在高速水流冲击下能产生腐蚀和磨蚀的共同作用,加剧飞溅区的破坏。对一些材料,特别是钢,在飞溅区的腐蚀是所有海洋区域中腐蚀最严重的区域,保护膜和覆层容易破坏,油漆容易脱落。普通碳钢在没有采取防腐措施的情况下,其腐蚀速率可达 0.5～1.0 mm/a 之高,该部位的腐蚀速率一般为海水全浸区的 5～10 倍。但不锈钢和钛等金属由于良好的充气条件促进钝化,耐蚀性增强。

③ 潮汐区。在一般人的印象中,这个区域由于海水的涨落、干湿交替,腐蚀一定会相当严重,但事实却恰恰相反,钢铁在这部分的腐蚀比全浸于海水中的部分要轻得多。这种腐蚀轻的原因有各种解释。一般认为,对于钢桩由于同时处于潮汐区和全浸区,形成了宏观电池,潮汐区部分为宏观电池的阴极,因而腐蚀较轻。

④ 浅海区。海水供氧较充分,接近饱和,生物活性大,海洋生物附着严重,温度较深水区高,环境污染程度较高,所以,腐蚀速率较深海区大。随深度增加,海水含氧量、温度、污染程度均下降,腐蚀速率减小。

⑤ 深海区。随深度增加,海水溶氧量先减后增,在 600 m 深处最少,约为 0.2 mL/L,这样的含氧量也足以引起某种程度的腐蚀。深水区温度低,接近 0 ℃,水流速低,pH 值降低,深海区很难形成钙质沉淀层。深海区腐蚀较浅海区要小。

⑥ 海泥区。海底泥土区中由于溶解氧极少,在一般的海洋构筑物中是腐蚀较轻的部位,特别是在海底 1 m 以下的深处,其腐蚀更为轻微。在海底土壤的腐蚀中,土层越深腐蚀越轻,但在海水与海泥的界面区有一个严重的腐蚀峰。在这部分,氧的浓差电池、硫酸盐还原菌、电阻率、盐度等都是影响腐蚀的重要因素。海洋介质条件比较复杂,沉积物的物理性质、化学性质和生物性质都会影响腐蚀性。通过对近海建筑物的观察和打入浅水中的试验桩取得的资料表明,钢在该区的腐蚀较其上边的海水中缓慢,阴极极化容易实现。

2. 海水腐蚀的原理及影响因素

金属在海水中的腐蚀行为除决定于材料自身因素外,在很大程度上取决于金属在海洋环境中的暴露条件。金属在海水中的腐蚀属阴极控制型,凡影响氧还原反应的因素,如海水中的含氧量(质量浓度)、盐度、温度、pH 值、流速、海生物附着等,均影响金属的腐蚀。

① 含氧量。金属在海水中腐蚀的主要阴极反应是氧的还原反应,因此海水中的含氧量自然是影响腐蚀的主要因素。对于不形成保护性膜层或膜的保护性很差的活性金属,氧浓度越高,腐蚀速率越快。对于形成保护性钝化膜的金属,需要足够的氧维持钝态,含氧量越高越容易钝化,钝化膜越稳定。含氧量太低时,钝化膜会发生局部破损,导致局部腐蚀。水中的含氧量随盐度增加或温度升高而降低(见表 5.4),温度变化对水中溶解氧的影响更为显著。

表 5.4　在标准大气压、空气饱和下水中含氧量(10^{-6})

氯度/‰		0	5	10	15	20
盐度/‰		0	9.06	18.08	27.11	36.11
温度	10 ℃	14.6	13.3	12.8	11.9	11.0
	20 ℃	11.3	10.7	10.0	9.4	8.7
	30 ℃	9.2	8.7	8.2	7.8	7.2
	40 ℃	7.7	7.3	6.4	6.4	5.4

② 含盐量。海水的主要组成如表 5.5 所列,氯化钠是海水中溶解最多的组分。

表 5.5　海水的主要组成

成　分	100 g 海水中盐的质量/g	占总盐度的质量分数/%
NaCl	2.721 3	77.8
$MgCl_2$	0.380 7	10.9
$MgSO_4$	0.165 8	4.7

成　分	100 g 海水中盐的质量/g	占总盐度的质量分数/%
CaSO$_4$	0.126 0	3.6
K$_2$SO$_4$	0.086 3	2.5
CaCO$_4$	0.012 3	0.3
MgBr$_2$	0.007 6	0.2
合计	3.5	100

海水含盐量不仅影响电导率,而且对海水中的含氧量(氧的质量浓度)有影响(见表 5.4 和图 5.31),因此,金属的腐蚀速率通常随含盐量的变化并非单调地增减,而是表现出图 5.30 所示的规律。当含盐量较低时,电导率增加对腐蚀的促进起主导作用,因而腐蚀速率随含盐量增加而增大;当含盐量较高时,溶解氧的降低很显著,因而钢的腐蚀速率随含盐量的增加呈下降变化趋势。

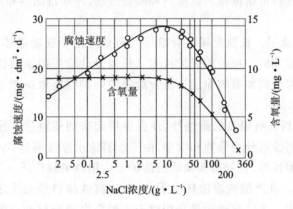

图 5.31　钢的腐蚀速度与含盐量的关系

③ 海水温度。海水温度随地理位置、季节和深度有较大变化。海水温度对金属材料的腐蚀具有双重影响。一方面温度升高扩散加快,电导率增大,电化学反应加快,腐蚀加速;另一方面,温度升高,海水中溶氧量降低,并促进钙质沉淀层形成,可减缓腐蚀。一般来说,前者的作用大于后者,因此通常随海水温度升高,腐蚀速率增加,温度每升高 10 ℃,钢在海水中的腐蚀速率约增大 1 倍。

④ pH 值。海水 pH 值通常处于 8.1~8.3 之间,接近中性,pH 值在此范围内变化对腐蚀影响不大。海水 pH 值可因植物光合作用而发生变化。例如,植物茂盛,CO$_2$ 减少,溶氧浓度上升 10%~20%,pH 值接近 9.7;在厌氧性细菌繁殖情况下,溶氧量低,而且含有 H$_2$S,则 pH 值常低于 7。pH 值较大范围变化会影响腐蚀速率,pH 值降低,则腐蚀速率增加;pH 值升高,促进石灰质沉淀,腐蚀速率下降。

⑤ 海水流速。海水流速对腐蚀速率有较大影响。由于流速直接影响对金属表面的供氧情况,流速增大,到达金属表面的氧量增加,增加了耗氧腐蚀的极限电流密度。对于非钝化金属,极限电流密度增加使腐蚀速率增加,而对于易钝化金属却促进了钝化。这就是为什么钝化金属在静止海水中耐蚀性下降的原因。但当海水流速很高时,海水冲刷作用增强,海水中气泡和固体颗粒增加,使气蚀、磨蚀增加。

⑥ 海洋生物。海洋工程结构表面上附着的海洋生物也影响海洋设施抗腐蚀性能。因为

海洋生物的生理活性可能产生或消耗海水中的溶解气体量（O_2、CO_2 等），硫酸还原菌和腐败的海洋生物则会产生 H_2S，pH 值降低。对于钝态金属，海洋生物使金属表面与氧隔开，促进钝化膜破坏；对于活性金属，海洋生物附着能隔离金属表面与腐蚀介质，阻碍氧的输运，会减少腐蚀。海洋生物附着还会对结构物的镀层和涂层产生损害。生物附着的程度随地域而变化，在热带海水中生物附着可能全年发生，而在北极水域几乎不存在生物附着。

3. 海水腐蚀的防护措施

防止海水腐蚀主要采取如下技术措施。

（1）开发和合理选用耐蚀材料

海洋腐蚀体系庞大而复杂，根据不同的腐蚀环境开发耐海水腐蚀的新材料和合理选用现有耐蚀材料是控制海水腐蚀的重要措施之一。材料的选择应综合考虑有效性、重要性和经济性等。比如，海洋探测用深潜器通常选用耐海水性能优异但价格较高的钛合金制造；船舶螺旋桨则选用耐蚀性较好，价格适中的铜合金制造；军用快艇选用有一定耐蚀性但质轻的铝合金；大型海洋工程结构却选择价格低廉的低碳钢和低合金钢，并通过涂层和阴极保护来防护。

（2）涂层保护

① 长效金属复合涂层。长效金属复合涂层是目前应用于舰船船体、管路（主要是外壁）、组装件等防腐蚀最有前途的一项长效保护技术。长效复合涂层由金属镀层加有机涂层组成，通常是热浸镀或热喷镀金属加有机涂层。复合涂层的防护性能取决于金属涂层的种类、厚度及其环境的适应性。

② 塑料涂层。塑料具有很高的耐蚀性，现在发展起来的塑料粉末涂料和涂覆方法，集防蚀与装饰于一体。塑料涂层分为涂塑和喷塑，由于塑料涂层厚度可达 $500~\mu m$ 以上，因此它具有高的绝缘性和高的耐蚀性，在管道和储罐的防护上应用越来越广泛。

③ 重防腐蚀涂料。在严酷的腐蚀环境下，一般防腐蚀涂料是无法适用的，为此发展了重防腐蚀涂料和涂装技术。重防腐蚀涂料是相对于一般防腐蚀涂料而言的，它是指在严酷的腐蚀条件下，防腐蚀效果比一般防腐蚀涂料高数倍以上的一类新型防腐蚀涂料。

（3）阴极保护

在海水全浸状态下，利用电化学阴极保护是控制海水腐蚀的重要措施之一。阴极保护往往需要与涂料保护联合使用，以达到更为理想的效果。根据实际情况，阴极保护可选择牺牲阳极保护方法或外加电流保护方法。阴极保护不仅对全面性腐蚀有效，而且对局部腐蚀也有效。

此外，近年来采用电解海水释放氯的方法用以杀死海洋生物，是防止海洋生物腐蚀和污损的十分有效的技术方法，目前该方法已得到推广使用。

5.2.3 土壤腐蚀

1. 土壤腐蚀的特点

土壤是一种具有特殊性质的电解质，其表现为多相性、多孔性、导电性、不均匀性、相对固定性等特点。

多相性表现在土壤为固、气、液和微生物等组成的多相体系。土壤具有毛细管的多孔性，同时还是胶质体系。在土壤的颗粒间形成大量毛细管微孔或孔隙，为空气和水的存在提供便利条件，土壤中含有的盐类溶解在水中，使土壤具有离子导电性。

土壤的性质及结构容易出现小范围或大范围内的不均匀性。从小范围看，有各种微结构组成的土粒、气孔、水分的存在，以及结构紧密程度的差异；从大范围看，有不同性质的土壤等。

因此,土壤的各种物理、化学性质,尤其是与腐蚀有关的电化学性质,不仅随着土壤的组成及含水量变化,而且随着土壤的结构及其紧密程度有所差异。

对于土壤来说,其固相部分几乎不发生机械的搅动和对流,因此在一般情况下,土壤的固体构成物,对于金属表面来说,可以认为是固定不动的,而仅仅靠着气相和液相做有限的运动。例如,土壤孔穴中的对流和定向流动,以及地下水的移动等。

土壤作为腐蚀性介质所具有的这些特点,必将影响到其电化学过程的特征。

土壤中的氧存在于孔隙中和溶解在水中,由于水中溶解氧是有限的,因此,对土壤腐蚀起主要作用的是缝隙和毛细管中的氧,它们透过固体的微孔电解质到达阴极表面,传递过程比较复杂,进行得也比较慢。显然,土壤的结构和湿度,对氧的流动有很大的影响。在疏松的土壤中,氧的渗透和流动比较容易,金属的腐蚀就严重;而在粘性土壤中,氧的渗透和流动速率较小,使阴极过程受到较大的阻滞。

土壤腐蚀过程的控制因素有如下几种情况:潮湿土壤中微电池腐蚀时,主要是阴极控制;疏松、氧渗透率很大的干燥土壤中微电池腐蚀时,以阳极控制为主;长距离宏观电池腐蚀时,为阴极-电阻混合控制或电阻控制。

2. 土壤腐蚀的几种形式

(1) 由于充气不均匀引起的腐蚀——氧浓差电池腐蚀

当金属管道通过结构不同和潮湿程度不同的土壤时(如通过砂土和粘土时),由于充气不均匀形成氧浓差电池的腐蚀,如图 5.32 所示。处在砂土中的金属管段,由于氧容易渗入,电位高而成为阴极;而处在粘土中的金属管段,由于缺氧,电位低而成为阳极。这样就构成了氧浓差腐蚀电池,因而使粘土中的金属管段加速腐蚀。

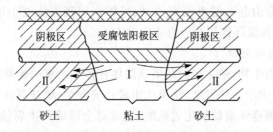

图 5.32　管道通过不同土壤时形成的氧浓差电池腐蚀

同样,埋在地下的管道(特别是水平埋放,并且直径较大的管子)、金属钢桩,设备底架等,由于各部位所处的深度不同,氧到达的难易程度就会有所不同。因此,就会构成氧浓差电池。埋得较深的地方(如管子的下部),由于氧不容易到达而成为阳极区,腐蚀主要就集中在这一区域。

另外,石油化工厂的储罐底部若直接与土壤接触,则底部的中央,氧到达困难,而边缘处,氧则容易到达,这样就形成充气不均的宏观氧浓差电池,导致罐底的中部遭到加速腐蚀。

(2) 由杂散电流引起的腐蚀

杂散电流是地下的导电体因绝缘不良而漏失出来的电流,或者说是正常电路以外流入的电流。地下埋设的金属构筑物在杂散电流影响下所发生的腐蚀,称为杂散电流腐蚀或干扰腐蚀。杂散电流的主要来源是直流大功率电气装置,如电气化铁道、有轨电车、电解及电镀车间、电焊机、电化学保护设施和地下电缆等。图 5.33 所示为土壤中杂散电流腐蚀实例的示意图。

在正常情况下,电流自电源的正极通过电力机车的架空线,再沿铁轨回到电源负极,但当

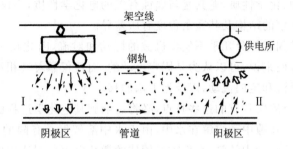

图5.33　土壤中杂散电流腐蚀实例的示意图

铁轨与土壤间绝缘不良时,有一部分电流就会从铁轨漏失到土壤中。若附近埋设有金属管道等构件,杂散电流就会由此良导体通过,再流经土壤及轨道回到电源。此时,土壤作为电解质传递电流,有两个串联的电池存在,即

电池(Ⅰ):钢轨(阳极)→ 土壤→管线(阴极)

电池(Ⅱ):管线(阳极)→ 土壤→钢轨(阴极)

杂散电流从金属管道或路轨流入土壤(电解质)的部位是电解池的阳极区,腐蚀就发生在此处,显然图5.33中受腐蚀区域是电流流出的钢轨或管线阳极区。电池(Ⅰ)会引起钢轨腐蚀,但发现这种腐蚀和更新钢轨并不困难;电池(Ⅱ)会引起管线腐蚀,这种腐蚀难以发现和修复。金属腐蚀量与流过的杂散电流的电量成正比,符合法拉第定律。计算表明,每流入1 A的电流,每年就会腐蚀9.15 kg的铁或11 kg左右的铜或34 kg左右的铅。可见,杂散电流引起的腐蚀是相当严重的。例如壁厚为7~8 mm的钢管,4~5个月即可发生腐蚀穿孔。

已发现交流电也会引起杂散电流腐蚀,但破坏作用较直流电小得多。例如,对于频率为60 Hz的交流电来说,其破坏作用约为直流电的1%。

(3) 由微生物引起的腐蚀

引起腐蚀作用的微生物,最主要的是嗜氧的硫杆菌和厌氧的硫酸盐还原菌。

在地下管道附近,由于污物发酵,结果产生硫代硫酸盐,硫杆菌就在其上大量繁殖,产生元素硫,然后,氧化硫杆菌将元素硫氧化成硫酸,造成对金属的严重腐蚀。在酸性土壤及含黄铁矿的矿区土壤中,由于这种菌形成了大量的酸性矿水,使矿山机械设备发生剧烈腐蚀。

如果土壤中严重缺氧,并且又不存在氧浓差电池及杂散电流等腐蚀宏观电池时,腐蚀过程是很难进行的。但是,对于含有硫酸盐的土壤,如果有厌氧的硫酸盐还原菌存在,则腐蚀不但能顺利进行,而且更加严重。这主要是由于生物的催化作用而加速腐蚀的缘故。硫酸盐还原菌所具有的氢化酶能移去阴极区氢原子,促进腐蚀过程中的阴极去极化反应,其作用机理可用图5.34示意。硫酸盐还原菌的参与能够极大地提高钢铁的腐蚀速度,如海泥中的硫酸盐还原菌可使碳钢和铸铁的腐蚀速度增加十几到几十倍。

海底的沉积物,不管深浅如何,道常都会有细菌,沉积物中的细菌通常都是厌氧的。由细菌作用产生的气体有NH_3、H_2S和CH_4,因此生物腐蚀对海底管线具有较大的威胁。

(4) 其他类型的腐蚀

除上述几种形式的土壤腐蚀外,还有土壤中异类金属或新旧管线电接触引起的电偶腐蚀,土壤中含盐量不均匀引起的盐浓差宏观电池腐蚀(盐浓度高的部位电极电位低成为阳极而加速腐蚀),土壤中温度不均匀造成的温差电池引起管线或构筑物局部加速腐蚀等。

土壤的电导率、透气性、含水量、含盐量及酸碱度等是影响土壤腐蚀的主要环境因素。

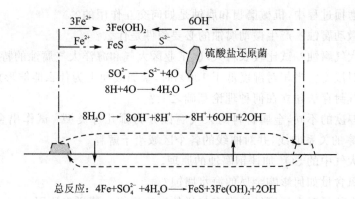

总反应：$4Fe+SO_4^{2-}+4H_2O \longrightarrow FeS+3Fe(OH)_2+2OH^-$

图 5.34　硫酸盐还原菌腐蚀机理图解

3. 控制土壤腐蚀的技术措施

为了防止土壤腐蚀,通常可采用如下技术措施:

① 覆盖层保护。地下金属构件上施加的涂层,通常是由有机或无机物质做成的。常用的有石油沥青、煤焦油沥青、环氧煤沥青、聚乙烯胶粘带、聚氨酯泡沫塑料、环氧树脂等。目前用得比较普遍的是煤焦油沥青、环氧树脂涂料和聚氨酯泡沫塑料等。

② 电化学保护。延长地下管线寿命的最经济有效的方法是把适当的覆盖层和电化学阴极保护法联合使用。既可以采用牺牲阳极的阴极保护法,也可以采用外加电流的阴极保护法。涂层与阴极保护联合使用法,不仅可以弥补保护涂层的针孔或破损缺陷造成的保护不完整,而且可以避免单独阴极保护时高电能的消耗。

③ 土壤处理。利用石灰处理酸性土壤可有效地降低其浸蚀性。在地下构件周围填充石灰石碎块,或移入浸蚀性小的土壤,并设法降低土壤中的水分,也可达到有效控制土壤腐蚀的目的。

思考题与习题

1. 什么是应力腐蚀? 发生应力腐蚀开裂需要具备哪些基本条件? 为什么应力腐蚀一般发生在活化-钝化或钝化-过钝化的过渡区电位范围内?

2. 试根据应力腐蚀的机理类型,阐述应力腐蚀破坏的主要控制措施。

3. 受拉应力的软钢在沸腾的 $Ca(NO_3)_2$ 溶液中,裂纹连续扩展速率为 0.2 mm/s。这相当于多大的腐蚀电流密度? 如果此速率是有代表性的,那么对于裂纹的电化学机理,你的答案意味着什么?(提示：根据法拉第定律推算裂纹扩展速率与铁发生阳极溶解的电流密度之间的关系式。)

4. 什么是氢脆? 氢的来源有哪些? 氢在金属中的传输方式如何?

5. 举例说明什么是不可逆氢脆? 什么是可逆氢脆? 试论述可逆氢脆机理的主要观点。

6. 降低氢脆敏感性的途径和方法有哪些?

7. 什么是腐蚀疲劳? 试画出腐蚀疲劳裂纹扩展速率 da/dN 随裂纹尖端应力强度因子幅 ΔK 变化的典型曲线,并说出主要的腐蚀疲劳类型。

8. 什么是冲刷腐蚀? 其特点是什么?

9. 什么是空泡腐蚀? 空泡是如何产生的?

10. 在腐蚀磨损过程中,机械磨损和腐蚀是如何交互作用的?

11. 什么是微动腐蚀? 产生微动腐蚀的必要条件是什么?

12. 什么是大气腐蚀? 试比较农村大气、工业区大气和海洋大气腐蚀的特点。

13. 何谓相对湿度? 当相对湿度低于100%时,金属表面上为什么能够形成水膜?

14. 干燥空气封存法建立在何种理论基础之上?

15. 按水膜厚度的不同,金属材料的大气腐蚀分为哪几种类型? 试作出金属表面水膜厚度与金属腐蚀速率的关系曲线,并对曲线的各个区域给予解释。

16. 试阐述大气中的SO_2加速钢腐蚀的原理。

17. 海水中氧含量如何影响金属的海水腐蚀?

18. 温度和含盐量对金属腐蚀速率有怎样的影响规律? 请说出原因。

19. 第一次世界大战后不久,美国制造的一艘豪华游船"海洋在召唤号",船体用Monel合金(一种Ni-Cu合金)作船体外壳,用钢钉铆接。在海洋中试船不久,就发现船体主要构件发生了严重的破坏,最后不得不报废。请分析破坏的原因及腐蚀的形态,用什么措施可以减轻或防止其腐蚀?

20. 试比较大气、海水和土壤腐蚀中的阴极过程的异同。

21. 试以碳钢的海水腐蚀为例,给出钢板厚度相对损失δ与5个海水腐蚀区的关系曲线,说明腐蚀速率最大的是哪个区域,其原因何在?

22. 土壤有何特点? 土壤中微生物对腐蚀有何影响?

23. 说明土壤的电阻率是评估土壤腐蚀的重要依据而不是唯一依据的原因。

24. 试分别给出大气腐蚀、海水腐蚀和土壤腐蚀的控制措施,并加以比较。

25. 土壤中杂散电流为什么会引起土壤中金属的腐蚀? 如何进行控制?

第6章 工程结构材料的腐蚀与防护

工程结构材料(Engineering Structure Materials)一般指用于产品结构装置的普通碳钢、合金钢、不锈钢、铝合金、钛合金、复合材料等。人们通常根据工程结构的应用目的和使用环境,来确定工程结构材料的类型。如建筑结构用钢、汽车结构用钢、航空结构用高强度钢、高强铝合金等。就航空结构钢而言,有飞机起落架用高强度钢、高强螺栓用钢等。即便是航空航天用高强铝合金也有2系和7系等类型的高强铝合金材料之分,它们应用的目的和环境条件不同。再有工程结构材料在大气环境或者海洋环境中的腐蚀失效行为、安全可靠性能也是不同的,除了结构材料本身的成分、组织性能的影响之外,所受载荷、受力状态等也会加速这些工程结构材料的腐蚀失效破坏,如发生摩擦磨损破坏、应力腐蚀断裂、腐蚀疲劳破坏等事故。从而造成经济损失或者其他严重破坏等。因此,工程结构材料的应用安全可靠性、腐蚀失效行为等越来越被材料科技工作者、腐蚀与防腐蚀工程师、产品结构设计师等高度关注。

就一种工程结构材料来讲,其服役环境条件(温度、湿度、载荷等)不同,表现出来的腐蚀特性也是不同的,如航空飞行器结构常用的30CrMnSiA等高强钢材料,由于其具有优异的高强度、高韧性、良好的机械加工性和优异的抗疲劳性能等,也被广泛用于高速交通、大型重要建筑、国防军工等领域的工程结构中。但30CrMnSiA等高强结构钢可能会在大气环境中服役或者在海洋大气环境中服役,其被腐蚀侵袭的程度、腐蚀行为机制不同。且这种30CrMnSiA高强度钢材料,不管其是在大气环境中服役还是在海洋大气环境中服役,其腐蚀敏感性对于结构的服役安全和服役寿命也会有非常重要的影响。

通常情况下,海洋大气环境对于30CrMnSiA这一类高强结构钢材料的腐蚀性能的影响更严重,30CrMnSiA高强结构钢在海洋大气环境中表现出较高的腐蚀敏感性,而在工业大气环境中则表现出相对低的腐蚀敏感性。所以,在海洋大气这种严酷的腐蚀环境中,高强度结构材料的表面防腐蚀措施就很重要,其抗腐蚀性能通常与这类材料表面的涂、镀防护层的类型、界面结合等特性有关。

实际上其他类型的结构用材料(不锈钢、铝合金、钛合金、复合材料等)在严酷的海洋大气环境中也同样需要表面的涂、镀层防护或者其他防腐蚀的措施,否则难以在这种环境中保持其安全可靠性能。因此,为30CrMnSiA这一类高强结构钢材料在海洋大气环境中的应用,而开展相应的防腐蚀措施及相关防腐蚀的设计也显得非常重要。

6.1 合金钢结构材料的腐蚀特点与防护措施

结构钢、工具钢和特殊钢材料通常是按钢的使用种类划分的,有按成型方法划分的轧制钢(热轧、冷轧)、锻钢和铸钢等;还有就是按材料的化学成分划分的,如碳素钢(Carbon Steel)和合金钢(Alloy Steel)等。

碳素结构钢有Q195、Q215、Q235、Q255和Q275等牌号,这类钢材的屈服强度越大,其含碳量、强度和硬度也越高,但材料的塑性较低。其中Q235钢在使用、加工和焊接方面的性能都比较好,是工程结构常用的钢材之一。

低合金高强度结构钢材料是指在炼钢过程中添加一种或几种少量合金元素，其总量低于5％的钢材。低合金钢材因含有少量合金元素而具有较高的强度。根据国家现行标准《低合金高强度结构钢》(GBT/1591)的规定，其牌号与碳素结构钢牌号的表示方法相同，常用的低合金钢有 Q345、Q390、Q420 等。由于这类钢材的强度高，在航空航天、交通运输等行业得到了广泛的应用。

总的来讲，合金钢的耐腐蚀性能都不是太高，因此，在服役环境中其表面都需要有涂镀层保护，才能满足使用环境对材料耐腐蚀性能的要求。

6.1.1　合金钢的腐蚀类型与腐蚀特征

合金钢材结构部件由于其服役环境的不同，发生腐蚀失效的形态也不相同，航空飞行器用合金钢材料制备的零部件，由于其服役环境恶劣复杂，而发生的腐蚀情况也比较复杂，因此腐蚀类型与特征也有很大差异。一般在自然大气环境下，合金钢材料发生的腐蚀类型分为均匀腐蚀和局部腐蚀等。

均匀腐蚀的特征是，腐蚀是在整个金属材料表面均匀地发生，并在平面上逐步地使金属腐蚀（均匀向下）而降低其机械性能。

合金钢结构材料在自然大气环境中多出现局部腐蚀，其腐蚀类型有很多：点腐蚀、电偶腐蚀、缝隙腐蚀、晶间腐蚀、选择腐蚀等。

结构钢材料表面的点腐蚀只是初始腐蚀的特征，如结构钢材开始腐蚀时，只是表面上出现一些小点，然后这些小腐蚀点往深发展成坑，且点蚀坑互相隔离或靠得很近，表面看上去很粗糙，随着材料表面点腐蚀坑的进一步发展，一些薄钢板材料表面的腐蚀坑就会越来越深甚至出现腐蚀穿孔，从而引起钢结构部件的强度性能下降等现象。

1. 电偶腐蚀

在一些工程结构装置中，有一些不同的金属材料需要连接或者接触，由于金属材料的电位差可能会构成腐蚀电池，所以腐蚀电池的阳极部位就会发生腐蚀。而这种腐蚀是合金钢材与其他金属材料组合接触而成的，也是结构部件常见的腐蚀类型，如合金结构钢材与铝、铜、锌、镁、钛合金或者碳纤维复合材料等的接触就会发生这类腐蚀。在工程结构服役环境中，除了金属材料的接触构成的电位差外，还受工程结构服役环境下的温度、湿度等影响，使接触金属材料表面的水膜成为宏观腐蚀电池的电解质，从而加速其中电位较负的金属材料的腐蚀失效。

影响合金钢工程结构材料电偶腐蚀的主要因素有服役环境条件、介质的导电性，构成电池阴阳极的面积比等。在结构钢材料发生电偶腐蚀的事故中，人们发现，环境湿度越大或者大气环境中含盐分越多（如海洋环境），其合金结构钢材料的电偶腐蚀就越严重。当结构钢材料构成了大阴极小阳极的电偶时，就会出现阳极腐蚀严重的失效故障。电偶腐蚀首先取决于异种金属之间的电位差。这里的电位指的是两种接触金属分别在电解质溶液（腐蚀介质）中的实际电极电位，即该金属在溶液中的腐蚀电位。两者之间的电位差越大，在其他条件不变的情况下，合金钢结构材料的腐蚀可能性就越大。

2. 缝隙腐蚀

缝隙腐蚀一般发生在处于腐蚀液体中的合金钢结构材料表面或其他屏蔽部位，是一种很严重的局部腐蚀破坏，经常发生于金属结构表面的缝隙中。如飞机结构、桥梁结构、汽车结构等复杂连接部位，还有金属垫片、螺丝和铆钉下的缝隙等，这些都容易造成环境介质在缝隙处的积留，还有材料缝隙内外的氧浓差等也都是引起结构钢材料缝隙腐蚀的重要条件。

　　并不是所有合金钢材料的零件连接一定要有缝隙才可以发生这种类型的腐蚀(见图 6.1),这与工程结构的缝隙尺寸大小(一般为 0.025~0.1 mm)有关,太宽和太窄的结构缝隙都不会产生材料的缝隙腐蚀。缝隙腐蚀的发生是存在孕育期的,一般与环境、结构形状、材料成分等因素有关。另外在合金结构零件表面上若覆盖了灰尘、脏物等也会发生缝隙腐蚀,因为沉积物下部与相邻部分构成氧的浓度差异,在环境湿度适宜时,构成了合金钢结构材料缝隙腐蚀的条件。在结构材料服役环境中几乎所有的腐蚀性介质,淡水、盐水等,都有可能引起合金钢的缝隙腐蚀,而含氯离子的水溶液是缝隙腐蚀比较敏感的介质环境条件。

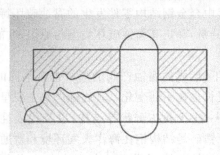

图 6.1　结构钢发生的缝隙腐蚀

3. 磨损腐蚀

　　磨损腐蚀是合金钢结构材料在腐蚀介质和机械磨损共同作用下产生的腐蚀破坏类型(见图 6.2)。由于合金钢零件的机械磨损作用而破坏了钢材表面的钝化膜,加速了环境腐蚀介质的侵蚀作用,钢材的腐蚀产物又使其表面抗磨损能力下降,从而加速了钢材的磨损腐蚀破坏。这类腐蚀的破坏程度与合金钢零件的机械运动速度、环境的温湿度、磨损颗粒的氧化程度等有关,一般运动速度快,环境温度高、湿度大,磨损颗粒易氧化等都可以加速合金钢材料的磨损腐蚀破坏。

图 6.2　合金钢在介质和机械磨损下的腐蚀照片

4. 应力腐蚀

　　结构材料发生应力腐蚀断裂的前提条件是有应力,如合金结构钢零件在冷加工时产生的残余内部应力,以及结构部件在受到外加载荷时发生的应力集中或应力不均匀形成的载荷应力。一般在张应力作用下,合金钢材的晶格将发生变形,其电极电位较未变形时低,当服役环境中的介质具有腐蚀特性时,使合金钢晶格发生变形的部位构成腐蚀电池的阳极,其余部位为阴极,所以受应力的部位往往特别容易生锈(腐蚀),对于高强度合金钢(如钢筋弯钩的弯曲部位)甚至发生应力腐蚀断裂破坏。合金钢零件所受应力状态,包括残余应力、组织应力、焊接应力或工作应力等,在适当的环境中,都可以引起材料的应力腐蚀破裂。对于某些合金钢材料来说,只有在特定的环境中服役才会发生应力腐蚀断裂破坏。

　　在航空航天工业中,对一些高强度结构钢结构零件更需要重视这种类型的腐蚀破坏,因为其造成的危害非常严重,甚至会造成机毁人亡的大事故。

5. 腐蚀疲劳

合金钢结构零部件在服役过程中,可能会受到交变应力(Alternating Stress)的作用,再在服役环境中介质(水、氧、氯离子等)的作用下,发生合金钢结构材料的腐蚀疲劳破坏,这也是一种典型的钢结构材料的腐蚀失效破坏形式。如高强度钢丝绳经常出现的腐蚀疲劳破坏,最典型的案例是美国西弗吉尼亚州和俄亥俄州之间的俄亥俄大桥的突然倒塌,就是因为连接大桥的高强度钢丝绳发生了腐蚀疲劳和应力腐蚀导致的断裂破坏。

焊接钢材零部件在有些环境条件下,除了发生上述腐蚀类型外,还有可能发生其他形态的腐蚀破坏,如氢脆等。因此,一些实际工程中合金钢结构零件发生的腐蚀破坏特征具有不同特点,需要针对实际工况环境条件进行细致分析,确定其腐蚀破坏类型与原因,才能采取相应的、有效的防腐蚀措施。

另外,合金结构钢在不同的服役环境下,形成的腐蚀产物的形貌也是不同的,且在特定地点形成的腐蚀产物形貌随着服役时间的延长也在不断变化。其腐蚀产物主要呈现具有代表性的纤铁矿(γ-FeOOH)的球状、棒状、线状、沙状和花瓣状等结构,以及代表性的针铁矿(α-FeOOH)的针状(须状)结构。纤铁矿和针铁矿是结构钢在海洋大气环境和普通大气环境中形成的腐蚀锈层的主要成分。除了纤铁矿和针铁矿外,在海洋大气环境中,结构钢的锈层还发现了四方纤铁矿。随着服役时间的延长,结构钢零件表面锈层的主要成分类型没有明显变化,只是改变了表面锈层各成分之间的比例。

在海洋大气服役环境中,像30CrMnSiA这类高强低合金钢材料,在发生腐蚀的初期,往往先表现出点腐蚀的特征,随着服役时间的延长,在海洋大气环境中形成的表面锈层呈现逐渐剥落的趋势,显然这种锈层剥落的情况,会大幅度降低结构钢材料的力学性能,并且失去了结构钢材料的承载作用,所以一旦发生这种情况,所造成的腐蚀损失就非常严重。

6.1.2 合金结构钢材料的防腐蚀措施

1. 加入不同元素提高合金结构钢的耐腐蚀性能

通常人们依据合金结构钢材料的防腐蚀基本理论,通过改变合金结构钢的成分,如加入一定的耐腐蚀元素(如铬、镍、钼、锰、铝、钒、钛、铈、磷、硼、硅、氮等),来提高结构钢材料的环境耐腐蚀性能。需要注意的是,每种钢号的材料加入的元素以及相应的含量是不同的,其耐腐蚀性能的提高效果也是不同的。

钢铁研究总院梁彩凤等人对17种最常用的碳钢、低合金钢及低合金耐候钢材料,在全国7个典型环境进行了20年的大气腐蚀暴露实验数据进行了分析整理,发现加入的不同元素对低合金钢的耐腐蚀性能的影响是不同的。他们发现磷、硅、铜元素能提高合金结构钢材料的耐大气腐蚀性能,硫元素则急剧降低合金钢材料的耐大气腐蚀性能;某些元素的作用在腐蚀性强的环境中更明显,在腐蚀性弱的环境中则作用较小;硅元素在湿热变化较大的环境中则明显改善合金结构钢的耐大气腐蚀性能。

还有在合金钢的冶炼中,人们通过加入铬、镍、钛等元素,制成不同种类的不锈钢材料(奥氏体、马氏体等),来提高这类钢结构材料在大气环境中的抗腐蚀能力。当然使用这类高耐腐蚀材料,其制备产品零部件的成本可能会增加,在工程上应用是否可行,要根据产品结构的服役环境需要和工程成本来决定。

2. 结构钢零部件表面的涂镀层保护

一般在合金钢零件表面涂覆或者镀覆保护涂镀层,来实现合金钢结构零件的防腐蚀寿命的提高。在结构钢表面施加金属镀层保护是工程中控制材料腐蚀的常用和主要措施,如钢铁零件进行电镀锌或热镀锌、化学镀镍、电镀锌镍合金等,就是利用镀层金属与合金钢基体材料的电位差,通过钢铁零件表面的阳极保护或者阴极保护镀层来提高产品零件的耐腐蚀性能。也就是通过钢铁零件表面的金属镀层来保护合金钢基材免受环境中腐蚀介质的侵蚀,延长产品零件的使用寿命。

还有就是工程上常用的在合金钢零件表面涂覆一层或者多层的有机树脂一类的非金属保护膜层。利用这种防护涂层的机械隔离作用来保护钢铁零件基体免受环境中腐蚀介质的侵蚀。当然前提是有机涂层在固化成膜时要尽可能使表面的涂层致密,有效地隔离服役环境中水分、有害成分等。当然,涂镀层的种类有很多,一般是根据产品零部件的服役环境选择,在严酷一些的海洋服役环境中,人们往往在有机防护涂层中加入一些缓蚀剂、无机填料等成分,以起到牺牲阳极保护的作用,甚至在零件表面涂层损伤后,能起到膜层的自修复作用,从而保护基体钢铁材料在服役环境中的抗腐蚀性能。

具体到合金钢零件表面是采用镀层还是涂层保护,需要根据这些产品零部件的服役环境需要、结构零件的复杂程度、形状尺寸、加工成本、服役性能指标要求等进行选择,另外也有一些成熟的经验可以在材料相关工具手册中检索。

6.2 铝合金材料的腐蚀特点与防护措施

铝及其合金材料也是人们工作和生活中常用的一种材料,尤其是在航空航天、高速交通等行业,这种高强铝合金材料的应用会更广。铝及铝合金材料的化学性质很活泼,由于它能在表面与氧生成钝化的薄薄的氧化膜(厚度不均匀,约有几纳米或者几十纳米),其耐腐蚀性比钢材要好。但是铝合金材料表面的氧化膜厚度不是很均匀,在自然大气环境(包括海洋等)等条件下,铝及铝合金零件仍然会发生腐蚀,也就是有其自身腐蚀的特点。当然其抗大气腐蚀性能与铝合金表面的氧化膜性质和在不同服役环境中的稳定性有关,一般认为铝及其合金材料在干燥的大气中是稳定的,在潮湿的大气环境中耐蚀性明显下降,在海洋大气和工业污染大气环境中的耐腐蚀性能会显著下降。一般情况下,铝及其合金裸材很少在工程中应用,需要进行表面处理,一些带有化学氧化膜、阳极氧化膜或者在其上喷涂有机涂层的铝合金零部件,在自然大气环境、海洋大气环境中的抗腐蚀性能主要与其表面膜层的性能有关,基于实际工程应用的考虑,人们除了研究铝及铝合金本身的耐腐蚀性能外,也研究铝合金材料表面带有氧化膜层、有机涂层(如三防涂层)的环境腐蚀行为特征、腐蚀规律与机制和腐蚀控制措施等,因为带各种氧化膜和涂层的铝合金结构材料是人们常用的材料。

6.2.1 铝及其合金在自然大气环境中的腐蚀

铝及其合金材料在自然大气环境中的腐蚀,主要是受到自然大气环境中所含水分、氧气和腐蚀性介质的联合作用引起的电化学腐蚀。铝及铝合金材料大气腐蚀行为的发生是在铝及铝合金材料表面的薄层电解液(湿度大的环境)下进行的,其阳极反应和阴极反应如下:

阳极反应:

$$Al - 3e^- \longrightarrow Al^{3+}$$

阴极反应:

$$O_2 + 2H_2O + 4e^- \longrightarrow 4OH^- \quad (在中性或碱性溶液中)$$

或

$$O_2 + 4H^+ + 4e^- \longrightarrow 2H_2O \quad (在酸性溶液中)$$

铝及其合金的腐蚀产物形成的过程为：腐蚀是先在铝合金材料表面生成一薄层 γ-AlOOH，然后在这 γ-AlOOH 上又覆盖上一层 $Al(OH)_3(Al_2O_3 \cdot 3H_2O)$。

由铝-水体系的电位-pH 图可知，$Al(OH)_3$ 在较宽的 pH 范围内都保持稳定，但是当 pH=4 时，$Al(OH)_3$ 开始溶解；当 pH=2.4 时，$Al(OH)_3$ 会完全溶解。因此，在自然大气环境中出现降雨、雾的情况下，铝及铝合金零件表面的液层和电解质（空气污染导致）都会使铝及铝合金材料处于腐蚀状态，其主要腐蚀形式表现为点蚀（孔蚀）、晶间腐蚀和剥层腐蚀等。

1. 点　蚀

点蚀是铝及其合金在自然大气环境中的主要腐蚀形式。是铝合金零件在大气环境或介质中，经过一定时间后，大部分零件表面不发生腐蚀或腐蚀很轻微的情况下，在个别的点或微小区域内出现了蚀点，随着零件服役时间的推移，铝合金零件表面的蚀点不断向纵深方向发展，形成腐蚀坑，严重时出现腐蚀孔洞。

铝合金材料表面出现点蚀的起因，是自然大气环境中的氯离子对表面钝化膜的破坏作用出现了点蚀。另外，铝合金内部的金属间化合物（Intermetallic Compound）易引起铝合金材料的点蚀，如 7075 铝合金材料就易在 Al_7Cu_2Fe 颗粒的周围发生点腐蚀；对 Al-Zn-Mg 合金来说，点腐蚀易在 $MgZn_2$ 颗粒周围发生。因为在铝合金发生点腐蚀构成的腐蚀微电池中，金属间化合物颗粒（Al_7Cu_2Fe、$MgZn_2$ 等）作为腐蚀电池的阴极，加速了周围铝合金材料的阳极腐蚀反应，形成了点→坑→孔这种形式的腐蚀破坏过程。

2. 晶间腐蚀

早在 1940 年，人们就注意到铝合金材料的晶间腐蚀现象。因为铝合金材料发生晶间腐蚀引起的损失、破坏非常严重，其腐蚀特征为破坏材料的晶界和晶粒之间的结合力，导致铝合金材料力学性能的降低。1981 年我国台湾民航客机 B737 空中失事，其原因就是机身下部的高强度铝合金结构件多处发生严重的晶间腐蚀和剥蚀，进而形成裂纹，造成机毁人亡，110 人全部遇难。

关于铝合金材料发生晶间腐蚀主要有 3 种理论观点：

① 阳极性的晶界构成物（沉淀相/溶质贫化区即 SDZ 或沉淀相）与晶格本体的腐蚀电位差异形成电偶腐蚀，进而导致铝合金材料发生晶间腐蚀。

② 铝合金材料的沉淀相/溶质贫化区和晶格的击穿电位差异，导致发生晶间腐蚀。

③ 铝合金晶界沉淀相的溶解，形成侵蚀性更强的闭塞腐蚀电池微区环境，导致了连续的晶界腐蚀。

实际上，这些观点都指向了铝合金材料内部的沉淀相，或者是认为铝合金材料的晶间腐蚀，是以铝合金内部的沉淀相与周围的差异为基础提出的解释观点。

用铝合金车身代替普通钢铁车身，是轨道交通实现高速化和节能化的重要途径。其中 Al-Mg-Si 系中强铝合金的 6005A 铝合金因比强度高、热挤压性能和焊接性能优异以及耐蚀性良好而得到应用，如 6005A 铝合金在地铁、轻轨和高铁等轨道交通列车上的应用。

但是，由于挤压工艺的内在局限性和合金特点，6005A 铝合金的热挤压零件在淬火时效后表现出强烈的组织不均匀性，在铝合金零件表面出现晶粒异常粗大的聚集区，称为"粗晶环"（Coarse Grain Ring）。这种铝合金挤压型材的组织不均匀性（"粗晶环"）对其腐蚀性能是有影响的，尤其是使发生晶间腐蚀的危险再增加。

从铝合金挤压型材表层粗晶区(表层 100 μm 内)和中心层细晶区(中部区域)截取试样,按 GBT7998 标准进行铝合金的晶间腐蚀实验,图 6.3 给出了以 TD - ED(轧件水平方向为 ED,竖直方向为 TD)面为腐蚀实验实际作用面,表层粗晶和内层细晶区的晶间腐蚀形貌。可以看出,粗晶区与细晶区的腐蚀程度有很大差别。粗晶区具有较好的抗晶间腐蚀性,经腐蚀液浸泡 24 h 后表面仅有轻微的腐蚀坑(见图 6.3 的(a)和(b)),其最大腐蚀深度为 37 μm。细晶区具有很强的晶间腐蚀倾向(见图 6.3(c)和(d)),浸泡后表面晶粒相互分离,甚至出现了晶粒剥落的现象,表明发生了严重的晶间腐蚀,其最大腐蚀深度为 459 μm。

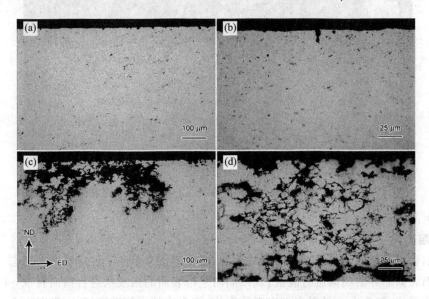

图 6.3　6005A 铝合金的热挤压零件表层粗晶区和内层细晶区的晶间腐蚀形貌照片

图 6.4 是 6005A 铝合金 TD - ND 面经晶间腐蚀加速溶液浸泡 24 h 后的腐蚀形貌及其局部 EBSD 图,可以看出,腐蚀主要发生在中部区域,而边部区域较为平整,没有明显的腐蚀痕迹(见图 6.4(a))。图 6.4(b)给出了图 6.4(a)中标记部位的 EBSD 分析结果,可见晶间腐蚀避开了表层粗晶区并沿着细晶区域向内延伸,在边部粗晶区和内部细晶区的晶间腐蚀最大深度分别为 22 μm 和 926 μm。

以往关于 6XXX 铝合金晶间腐蚀的研究,多集中在合金成分、热处理制度等方面。归根结底都是组织的变化导致晶间腐蚀性能的差异。在 6005A 挤压铝合金从固溶温度冷却到室温的过程中,溶质原子在晶界处聚集析出第二相,造成周围基体中的溶质原子过饱和度降低,形成无沉淀析出带(PFZ)。晶界第二相(AlMgSiCu 相、MgSi 相)在材料腐蚀的初期,电化学活性高于基体和 PFZ,在腐蚀介质的作用下作为阳极被优先腐蚀。因此,合金的抗晶间腐蚀性能与晶界区的状态,尤其是晶界析出相的大小和分布密切相关。

6005A 铝合金挤压型材粗晶区域的抗晶间腐蚀性能优于细晶区,晶间腐蚀避开粗晶区域而沿着细晶区晶界向材料内部扩展。6005A 铝合金型材在挤压过程中复杂的金属流动性即不均匀的摩擦分布状态,是其表层粗晶形成的主要原因。另外,铝合金材料组织的不均匀性尤其是粗晶区和细晶区晶界析出物的尺寸分布的不同,导致发生晶间腐蚀的敏感性不同。

在研究铝合金材料热处理时效对晶界结构、晶界沉淀相与晶格本体的击穿电位的差异和腐蚀形式的影响时发现,铝合金发生晶间腐蚀的倾向,可以通过适当的热处理措施来消除材料内部有害析出物来加以解决,也可以在铝合金零件表面,采用复合板或喷涂牺牲阳极金属层来

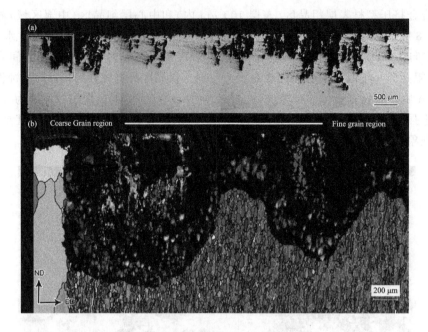

图 6.4　TD－ND 面经晶间腐蚀溶液浸泡 24 h 后的腐蚀形貌及其局部 EBSD 图

防止其发生晶间腐蚀的风险。

3. 剥层腐蚀

铝及铝合金材料的剥层腐蚀又叫层状腐蚀,是变形铝合金的一种特殊腐蚀形态,特征是沿着平行于铝表面晶界的横向进行腐蚀,或以晶内平行表面的条纹状进行横向腐蚀,并且表现出不同的腐蚀形式,如铝合金材料表面出现的粉化、剥皮或鼓泡等破坏现象(见图 6.5)。

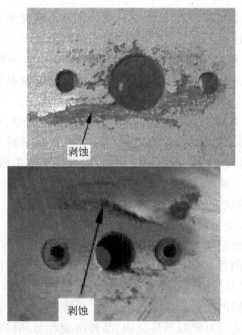

图 6.5　飞机龙骨梁下缘条 7150 铝合金发生的剥蚀

在 2004—2009 年间,人们对中国民航 14 年以上的波音 B737 飞机重要结构材料腐蚀状况进行的调研结果表明:波音 B737 飞机龙骨梁下缘条等 7150 铝合金结构剥蚀问题比较突出,不仅使营运人蒙受了巨额经济损失,还严重危及飞机的飞行安全。铝合金材料发生剥蚀的后果是导致材料强度和塑性大幅度下降,从而降低铝合金材料的使用寿命。在实际工程应用中人们发现,铝合金材料中的合金元素和热处理工艺对铝合金的剥蚀影响较大。如对 7150 铝合金进行 T6 时效态的热处理,发现产生剥蚀的根源为晶界连续分布的 η 相作为阳极腐蚀溶解;进行 T77 时效态热处理的 7150 铝合金,其剥蚀为基体边缘连续分布的无析出带(PFZ)作为阳极腐蚀溶解,说明 T77 时效态 7150 铝合金比 T6 时效态的抗剥蚀的性能要好。

在铝合金的剥蚀机理研究方面,D. J. Kelly 和 M. J. Rohin-son 等学者认为铝合金发生剥蚀需要的条件是:材料内拉长的晶粒和晶界电偶腐蚀(沉淀相/溶хим化贫化区)造成的腐蚀通路。此外,他们还认为对铝合金材料剥蚀产生影响的重要因素是腐蚀产物所产生的外推力,外推力与晶粒的形状有关,晶粒被拉长得越严重,那么产生的外推力就越大。

M. J. Robinson 提出了变形铝合金材料剥蚀过程中腐蚀产物楔入应力作用下产生鼓泡的数学模型,并结合铝合金材料失效程度计算了剥蚀鼓泡内部的压力,从理论上探讨了铝合金材料晶粒被拉长程度和热处理的影响,推出了铝合金材料剥蚀过程中的表面应力、鼓泡内部压力和表面应变的变化趋势,并且进行了实验验证,实验与他的计算结果相吻合。

从铝及其合金材料的腐蚀形态看,很多局部腐蚀的发生常常从表面点蚀开始,并且随着点蚀程度的加剧开始出现晶间腐蚀和剥层腐蚀等,从而导致铝合金材料性能下降和失效。剥层腐蚀往往是沿晶界进行的,所以可以看作是晶间腐蚀的一种特殊形式。因此铝合金剥层腐蚀的机制与晶间腐蚀的机制具有一定的共同之处就是先发生点腐蚀。由于铝合金材料的种类太多,大的服役环境和局部环境、细节环境的差异,仍然需要人们对铝合金材料发生的点蚀、晶间腐蚀、剥蚀之间的关系进行深入的研究,才能获得进一步的腐蚀机理的深入研究成果。

铝合金一度威胁到汽车工业内钢铁材料在过去所扮演的主要地位,铝合金和钢铁材料比较,其重量可以减轻一半左右,铝合金的抗腐蚀性能也更优于钢铁,但铝合金价格相对贵一些。

随着整个社会对环保节能呼声的提高,使汽车制造商们不得不寻求更坚固、更轻薄的造车原料,而铝合金与高强度钢都是首选材料。如奥迪 A8 采用了全铝合金车身结构,在强度与安全可靠性得到保证的前提下,耐腐蚀性能得到大幅度提高,节能减排效果显著。

4. 铝合金阳极氧化膜在自然大气环境中的腐蚀特性

通常,人们为了提高铝合金材料的耐候和耐腐蚀性能,常对铝合金零件表面采用化学氧化、阳极氧化工艺进行处理,在铝合金零件表面获得均匀、细致、有一定绝缘性、厚度可控的氧化膜层,以满足其在服役环境条件下的耐腐蚀、耐候性等要求。

铝及铝合金零件的化学氧化(Chemical Oxidation)处理是在含有氧化的溶液中,通过铝合金在溶液化学成分的作用,零件表面获得一层厚度在几微米的均匀细致的化学氧化膜层。阳极氧化处理是将铝合金零件置于阳极氧化溶液中,在电场的作用下,铝合金零件表面形成阳极氧化膜。这个氧化膜由外表面的多孔层(厚度可以是几微米到几十微米)和基体界面上的阻挡层(厚度只有几十纳米)构成,铝合金阳极氧化膜层的主要成分为 Al_2O_3,这种表层的多孔结构具有良好的吸附性能(可以封闭、填充),膜层的耐腐蚀性能好、硬度高、绝缘性好,远高于铝合金表面的化学氧化膜层。

虽然铝合金零件表面的阳极氧化膜可以提高其耐腐蚀性能,但是在严酷的腐蚀环境中,服役环境中的一些阴离子如 Cl^-、O^{2-} 及水分子等是可以透过氧化膜层的孔隙(多孔结构)而引起小孔腐蚀或其他类型的材料腐蚀。

对于铝合金零件阳极氧化形成的多孔氧化膜,环境中的腐蚀成分须先进入氧化膜的孔中,再通过氧化膜层的孔隙到达氧化膜孔底即基体材料界面,从而引起铝合金材料的腐蚀。

在整个自然大气环境中,铝合金材料的腐蚀过程是,表面形成的腐蚀产物须通过氧化膜层孔隙排出,所以,只有腐蚀过程的各连续步骤畅通进行,腐蚀反应才得以一定的速度进行。实验研究表明,铝合金阳极氧化膜之所以发生腐蚀,是由于氧化膜表面的水分子膜中或者溶液中的腐蚀离子,通过氧化膜的孔隙进入氧化膜的底部而导致了铝合金基体材料的腐蚀,而且发现氧化膜的耐蚀性与氧化膜的离子导电性有关。用电化学方法对铝合金阳极氧化膜的腐蚀行为研究发现,这种多孔结构的氧化膜,其孔径大小、孔密度等直接影响着氧化膜层在服役环境中的腐蚀性能。人们利用这种多孔氧化膜结构进行封闭填充,可以进一步提高铝合金阳极氧化膜的耐腐蚀性能。

6.2.2　铝合金在海洋大气环境中的腐蚀

铝及铝合金材料除了应用在自然大气环境下外,在一些船舶及海洋工程装备等领域也有应用,由于铝合金材料受到海水飞沫和海洋大气的侵袭,产生的腐蚀程度及腐蚀特点与普通大气环境下的腐蚀又有不同。尽管铝合金材料在海洋大气环境下的腐蚀也表现为点蚀、缝隙腐蚀、晶间腐蚀及剥落腐蚀等,但是海洋环境下的铝合金材料的腐蚀程度要更严重,除了受海洋大气环境的影响外,与铝合金材料的合金元素、杂质及表面的防护体系(阳极氧化膜+底漆+面漆等多层有机涂层)等密切相关。

1. 海洋大气环境气候特征

我国海洋区域宽广,东海、南海等海洋环境复杂,因此,服役在海洋环境中的铝及铝合金零部件要承受海洋环境的考验,如南海区域的海洋环境,由于地理位置接近赤道,属赤道带、热带海洋性季风气候,具有高温高湿、雨量充沛、日照时间长、辐射强烈、受台风影响较大等气候特征。对于满足这种服役环境的铝合金材料的要求会更高。

由于是接近赤道的海洋环境,受太阳辐射的热量较多,气温较高,年平均气温一般在 $25 \sim 28\ ℃$,一年中的气温变化不大,温差较小,而环境湿度相对较高,年平均湿度高达 83.6%。

广阔的海洋有丰富的水汽来源,大量水汽受各种条件的作用形成丰沛的降水,降雨没有明显的季节划分,终年雨量丰富。据统计,南海诸岛年平均降雨量在 1 300 mm 以上,年总降雨量在 2 500~3 000 mm 之间。

南海区域属于强日照环境,年平均辐射量为 1 820.04 J/(cm² · d)。南海诸岛在夏秋两季常受台风影响,所以,海洋环境中使用的铝合金材料还要承受台风带来的影响,如冲击与海洋环境介质的交互作用等。

总之,海洋环境变化复杂,对于海洋环境中的铝合金结构材料需要关注的抗腐蚀性能更需要高度重视。

2. 海洋大气环境中铝合金腐蚀类型

铝合金材料在海洋大气环境下发生的点蚀,主要是由弥散在大气中的盐分或污染物引起。在潮湿的海洋大气环境下,破坏钝化膜的活性阴离子(如 Cl^-,Br^- 等)可促进阳极反应的发生。点蚀是由于活性阴离子吸附在表面膜中某些缺陷处引起的,在达到点蚀电位时,表面膜最薄弱部分的电场强度较高,使 Cl^- 穿透薄膜而形成氯化物。钝化膜局部被破坏时,微小的膜破口处的金属成为阳极,其电流高度集中,破口周围大面积的膜成为阴极,因此腐蚀迅速向内发展,形成蚀孔。点蚀是阳极反应的一种特殊形式,是一种自催化过程,铝合金发生点蚀的部位会生成白色粉末状物质,对铝合金基体有保护作用。

另外,点腐蚀也是铝合金其他类型腐蚀的初期腐蚀的表现形式,如剥落腐蚀等。

缝隙腐蚀是指在两个连接物之间的缝隙处发生的腐蚀,金属与金属之间、金属与非金属之间都会出现这种局部腐蚀。缝隙有些是由于结构设计不合理造成的,也可能是因海洋污损生物(如藤壶或软体动物)栖居在表面所致。缝隙腐蚀的驱动力来自钝化膜内外的氧浓差,而铝合金是靠氧来维持钝态的金属材料,当维持钝化膜消耗氧的速度大于外部氧扩散进去的速度时,钝化膜内外就形成氧浓差电池。在南海海洋大气环境下,空气湿度大、盐度高,当有盐沉积且湿度较大时,在铝合金表面会生成一层导电的盐水膜。这层盐水膜对于氧浓差电池的形成起着重要作用,且这种电池一旦形成便很难加以抑制,促使缝隙腐蚀的发生。

晶间腐蚀通常是由晶粒表面和内部化学成分的差异以及晶界杂质或内应力的存在造成的腐蚀,在 2A12 和 7A04 等高强铝合金中表现尤为明显。其形状为网络状,能够破坏晶粒与晶界之间的结合力,降低材料的力学性能。晶间腐蚀的驱动力是晶粒与相邻晶界之间的电位差,产生的原因是合金本身的电化学不均匀性,使晶界与晶粒间存在电位差,在腐蚀介质中会沿晶界形成腐蚀微电池。由于晶粒面积远大于晶界的面积,于是在晶界处形成阳极小阴极大的腐蚀模式,其中发生阴极反应的是晶粒,发生阳极反应的是晶界。所以,当铝合金内部界面的电流密度大于粒子本身时,便产生了晶间腐蚀破坏。

剥落腐蚀是沿晶粒产生的腐蚀过程,是腐蚀表面平行于基体分层的特殊形式之一。铝合金剥落腐蚀发生的必要条件有三个:适宜的腐蚀介质、高度定向的显微组织和晶界敏感度。铝合金剥落腐蚀的初期症状为表面点蚀的形成,在存在电解质的情况下,由点蚀产生的腐蚀产物纹路为场所,进行非纵向分散,形成剥落腐蚀。

除了上述主要腐蚀类型外,在海洋大气环境中铝合金腐蚀类型还有应力腐蚀、接触电偶腐蚀等。海洋大气的高湿度以及侵蚀性 Cl^- 离子的存在是导致铝合金材料腐蚀的重要因素。Al-Cu 系铝合金 2A12 在海洋大气环境中普遍存在点蚀现象,在海洋大气环境下 2A12 铝合金材料在 1~3 年间腐蚀比较缓慢,从第 4 年开始,腐蚀急剧增加。模拟海洋大气环境中的研究表明,在 90% 的湿度条件下这种铝合金出现最大点蚀深度,在实际海洋环境的暴露实验中还有铝合金剥蚀现象的发生。此外,在海洋大气环境中,高强铝合金还具有较高的应力腐蚀敏感性。在青岛、海南等海洋大气环境下暴露不到 1 年,2A12 铝合金就产生了明显的应力腐蚀开裂。

6.2.3　铝合金在海洋大气环境中的防腐蚀措施

控制铝合金材料在海洋大气环境中的腐蚀一直是材料科技工作者非常关注的课题,随着耐腐蚀铝合金材料制备技术和表面防护技术的进步,人们在铝合金在海洋大气(海洋大气)环境中的腐蚀控制措施方面取得了很大的进步。如在船舶壳体结构上用的 Al-Mg 系铝合金,主要是 5083、5086、5456、5466 等,它们有较好的耐腐蚀性能、力学性能和焊接性能等。

在铝合金材料的选择上,通常是优先选用耐蚀性能优良的 5 系(5083、5086 等)Al-Mg 系铝合金材料,因其具有优良的耐蚀性而被称为防锈铝,是变形铝合金中耐蚀性最好的一员。5 系铝合金主要第二相 β 相(Mg_2Al_3 相)的电极电位与铝基体的电极电位比较接近,二者之间的电化学反应非常弱,宏观表现为较强的耐腐蚀性。而 2 系、6 系、7 系等铝合金材料主要第二相(分别为 Al_2Cu 相、Mg_2Si 相、$MgZn_2$ 相)的电极电位与铝基体电极电位相差较大,在电化学反应中作为阳极而发生溶解,如果在力(内应力、外载荷应力)的作用下迅速形成裂纹、扩展,最终导致铝合金材料失效,所以这类铝合金的耐蚀性就差。在材料的加工制备方面,采用先进的加工工艺,提高原材料的纯净度,添加钪、锰、铬、锆、钛等微量元素,使铝合金内部组织更均匀,以保证铝合金材料的耐蚀性能。

在工程应用方面,除了选材外,还要根据具体服役环境情况,对铝合金材料和产品表面采取相应的防腐蚀处理措施,控制铝合金材料在海洋大气环境中的腐蚀,实现铝合金产品零件高耐腐蚀性能的要求。

1. 加入不同元素提高铝合金材料的耐腐蚀性能

在铝合金中添加镁元素,在保证耐腐蚀性能的同时,提高了这种铝合金材料的机械性能,因此,这种铝合金材料在多个行业领域得到了广泛的应用。在铝合金中添加镁元素的量越大,铝合金材料的强度就越高。一般耐腐蚀用的富镁铝合金板材中 Mg 的含量为 4%～8% 或 10%,通过连续铸造的方法制成的板材既具有抗应力腐蚀的能力,又具有耐晶间腐蚀的能力。

锆元素具有非常好的抗腐蚀性能、高的熔点、高的硬度和强度等,是冶金工业的"维生素",有很强的脱氧、除氮、去硫的作用。因此,在铝合金材料中加入锆元素,可以大幅度提高其性能,被广泛用在航空航天等工业领域。

稀土元素在铝合金材料中的作用,主要表现在提高材料的强度和耐腐蚀性能,强度提高的原因是细晶强化、有限固溶强化和稀土化合物的第二相强化等。固溶在铝合金基体的稀土以及稀土化合物具有熔点很高、个体很小、分布均匀的特点,不仅能提高铝合金材料的室温强度和高温强度,而且与 Zr 元素同时添加,可以提高铝合金材料的塑性。在铝合金材料中添加 La 元素,晶粒尺寸及晶界的变化对铝合金的耐蚀性有着重要的影响,晶粒细化导致的晶界特性变化将显著影响合金的电化学行为,引起其耐腐蚀性能的变化。当 La 元素比例达到质量分数 0.15%、Y 元素比例达到质量分数 0.2% 时,铝合金晶粒细化最为明显,小角度晶界所占比例明显提高,铝合金材料的耐腐蚀性就可以得到显著提高。

与一般结构所用的材料不同,铝合金换热器、空冷器及管道,在使用过程中一般会存在压力大、温度高、腐蚀性强等特点,所以在成分设计时一定要在耐腐蚀能力不降低的前提下,尽量考虑铝合金材料的强度等级、韧性及塑性要求等,才能通过添加合适的元素来实现高性能的要求。

在铝合金中添加钪、硅、锰、铬、钛等微量元素,同时控制好热处理工艺,就可以提高铝合金材料的耐腐蚀性能。像铝-锰系防锈铝(3000 系铝合金)广泛应用于航空航天、化工设备的制造以及民用建筑等场合。其突出特点是抗腐蚀性好,强度比工业纯铝高,而且塑性很好,焊接性能优良,因此在工程领域得到了广泛的应用。

2. 铝合金材料零部件表面的氧化膜层及有机涂层保护

对于铝合金零件的表面防护来说。目前有多种方法,镀层保护、涂层保护、电化学保护、转化膜处理等。在海洋大气环境下铝合金的防护措施要求会更高,包括包铝、有机涂层防护、化学氧化、阳极氧化、牺牲阳极阴极保护等。

纯铝材料能够与空气中的氧作用生成致密的氧化铝薄膜,可以阻止大气中的腐蚀介质与铝合金基体的直接接触,从而起到防腐蚀的作用。因此,在铝合金板材制造中,采用滚压工艺在铝合金板件表面包覆上一层纯铝(通常称为包铝板),来提高铝合金材料在海洋大气环境中的耐腐蚀性能。

在铝合金零件表面进行化学氧化或者电化学氧化处理,可以获得一层在大气环境中稳定的氧化膜层,来提高铝合金材料在自然大气环境中的耐腐蚀性能。

铝及铝合金化学氧化是指在不通电的条件下,将铝及铝合金零件在适当的温度范围内浸入铝合金化学氧化溶液(有酸性、碱性)中发生化学反应,在其表面生成与基体有一定结合力的、稳定的氧化膜层。在化学反应过程中,铝合金零件在溶液中溶解的三价铝离子(Al^{3+})与氧化溶液中的氧化剂、氢氧根(OH^-)结合生成三氧化二铝(Al_2O_3)和氢氧化铝($Al(OH)_3$)。当由 Al_2O_3 和 $Al(OH)_3$ 组成的氧化膜厚度达到一定值($0.5\sim4\ \mu m$)时,由于膜层没有疏松的孔隙,阻碍了溶液与基体的接触,使化学氧化膜层的生长停止。

铝合金阳极氧化技术是提高铝合金材料在海洋大气环境下耐蚀性比较有效的手段之一,它是将铝合金零件为阳极,置于氧化溶液中进行处理,利用电化学原理使铝合金表面形成氧化铝膜层。铝合金阳极氧化溶液一般有硫酸、铬酸、硼硫酸、草酸等酸性溶液体系,还有硅酸盐、磷酸盐等碱性溶液体系。可以通过选用不同类型、不同浓度的氧化溶液,控制氧化时的工艺条件(电压、温度、时间等),在铝合金零件表面获得几微米至几百微米的氧化膜,这种氧化膜具有非常突出的耐腐蚀、耐磨(硬度)、绝缘和装饰等性能。在膜层厚度、硬度、耐腐蚀性能等方面都明显优于铝合金化学氧化膜层。

有机涂层防护技术主要用于在严酷的海洋大气环境下的金属材料,由于海洋大气环境中的 Cl^- 等强腐蚀介质成分和高温高湿的影响,铝合金零件表面只有氧化膜层还不能满足腐蚀要求,需要在氧化膜层上面涂装有机涂层来提高其防腐蚀性能。

随着人们对于环境保护意识的加强,一些含有机锡、砷、铬等有害元素的防腐蚀涂层(包括重防护有机涂层)被逐渐限制使用,一些新的环保型、不产生可挥发性有机物和其他空气污染物的用于海洋环境的防腐蚀涂层体系投入应用。在海洋大气环境下,有机防腐蚀涂层具有好的耐盐雾性以及附着力等性能,如环氧聚氨酯类底漆、氯化橡胶底漆、纳米高耐腐蚀涂层等。尤其是不同类型的环氧改性树脂,具有好的耐水性和耐腐蚀性能,同时对铝合金基体的附着力强、与多种不同形式的涂料配套性好,在海洋服役环境中得到了应用。

一般为了进一步加强涂层的防护作用,通常将铝合金零件化学氧化或者电化学氧化后进行有机涂层防护,除了可以提高铝合金零件的耐腐蚀性能外,还可以利用氧化膜层的孔隙,提高铝合金基体与底涂层(一般是有机底层)的附着力。

牺牲阳极保护技术:是应用于海洋环境中的一种好的结构零件防护措施;是利用不同金属材料的电位差来保护铝合金零件,或者降低铝合金材料的腐蚀速率牺牲阳极保护阴极;是将电位较负的金属(如镁合金)与铝合金零件连接起来,依靠电位较负的金属溶解来提供所需要的保护电流,即利用这种电位较负的金属阳极逐渐被溶解,进而保护铝合金零件。需要注意的是,作为牺牲阳极的金属材料一般应具备以下条件:要有足够负的电位,且很稳定;作为阳极的极化率小,溶解均匀,产物可自动脱落;有较高的电流效率,电化学当量高;生成的腐蚀产物应无毒,不污染环境;价格低,来源方便等。

总之,在海洋环境中控制铝合金产品零件的腐蚀,除了上述方法之外,还有电镀、化学镀等多种方法,有时候人们也把几种方法结合起来,实现除防腐蚀目的之外的铝合金零件表面的其他功能要求。

6.3　钛及其合金的腐蚀特点与防护措施

钛是 20 世纪 50 年代发展起来的一种重要的结构金属材料。钛及钛合金材料具有比强度高、耐蚀性好、耐热性高等特点,被广泛用于航空航天等多个工业领域。金属钛的晶体结构有密排六方 α 结构和体心立方 β 结构。根据相组成不同,钛及其合金又分为 α、近 α、α - β、β 相。α 钛合金是 α 相固溶体组成的单相钛合金,这种相结构材料的组织稳定,表面的耐磨性高,大气或者海洋环境中的抗氧化能力强等。但是这种材料不能进行热处理强化,其室温的强度也不高。

商业用纯钛材料为 α 结构,添加少量的 Pd 和 Ru 元素就能够显著提高其耐腐蚀性。近 α 结构的钛合金是密排六方结构,加入少量(质量分数小于 1%)的 Mo 和 Ni 元素,特别是 Pd 或 Ru 元素,其耐腐蚀性增加更加明显。在纯钛中加入 V 和 Al 元素可以形成高强度的 α - β 钛合金,而提高该合金的耐腐蚀性仍然是需要添加少量的 Pd 或 Ru 元素。β 钛合金是添加 Cr、Zr、Nb 等元素的高强度钛合金,主要用于航天航空领域,如飞机零件的制造等。

从钛合金的使用性能看,α 和近 α 钛合金具有优异的耐蚀性能,α - β 和 β 钛合金则有高的比强度。钛合金材料具有优异的耐腐蚀性能是因为其表面能够形成非常稳定的透明氧化膜,且该氧化膜的钝化能力强,自愈速度快,在遭到破坏时能够及时修复。

但是在无氧或者缺氧的环境中,钛合金表面的钝化膜一旦遭到破坏将会发生腐蚀破坏。而且,服役环境中的 pH 值、温度、氟化物、氢吸附等因素对钛合金材料的耐腐蚀性的影响也是不容忽略的,钛合金材料在某些使用环境中也会发生应力腐蚀、缝隙腐蚀、电偶腐蚀、点蚀等局部腐蚀的破坏。

6.3.1 钛合金的耐腐蚀性能

在普通大气环境和水溶液的环境中,钛与空气中的氧很容易发生反应生成一层化学结合的致密的 TiO_2 氧化膜,使钛及其合金材料具有优异的耐腐蚀性能。这层 TiO_2 氧化膜由于形成速度与方式的差异产生非晶和晶体两种结构,晶体结构的 TiO_2 氧化膜有锐钛矿和金红石两种。

在缺氧的环境中,Ti^{3+} 进入材料晶格中使得氧化膜成为 N 型半导体,在金属与氧化膜界面处 TiO_2 与 Ti^{3+}/Ti^{2+} 同时存在,并且在氧化膜与溶液的界面处与水化合。

α 和近 α 钛合金表面氧化膜中不含合金元素(Pd、Ru、Ni),但 α - β 型钛合金氧化膜中含有少量的 Al 和 V 元素,且氧化膜的致密程度和结晶度在空间上有很大不同。当有第二相出现时,在晶界上氧化膜的保护程度要低于在晶粒上的,而这层膜的坚韧程度对于材料的耐蚀性非常重要。此外,环境不同也会影响钛合金表面氧化膜的防护性能,进而影响钛合金材料的耐腐蚀性能,如环境的 pH 值、温度、氟化物和氢离子等。

当环境介质的 pH 值<4 时,Ti 变得活泼,表面氧化膜开始溶解,钝化-活化的转折点已不在电位范围 $-0.7 \sim -0.3$ V 之间,腐蚀反应速度加快,生成氢化钛(TiHx)等腐蚀产物。当钛合金表面腐蚀出现 Pd/Ru 的富集时,腐蚀速率将会受到抑制。即使在高温、强酸条件下,由于钛合金表面 Pd 和 Ru 元素的富集,可以促进氢离子还原,使钛合金的腐蚀电位正移,表面出现钝化,因此可以有效抑制腐蚀速率。

在富氧的条件下,当钛合金材料的腐蚀电位大于 -0.3 V 时,表面处于钝化状态,即使环境温度高于 100 ℃,腐蚀速率也非常低。而且随着材料腐蚀电位正移,表面的氧化膜更加致密、完整,保护作用更好。

当钛合金在高温的碱性溶液中时,表面氧化膜变得可溶,腐蚀速率会增加,如在生产纸浆的过程中,因为是在 pH 值大于 10.6 的碱性纸浆溶液中,所以钛合金零件的腐蚀速率就很高,这是因为存在了侵蚀性较强的 HO_2^- 阴离子。而在 pH 值较低的溶液中，H_2O_2 将会修复钛合金表面的钝化膜。

6.3.2　钛合金材料腐蚀性能的主要影响因素

一般来说，钛合金材料的耐腐蚀性能是非常优秀的，但是，在适当的环境条件下，也会引起钛合金材料的腐蚀失效。

1. 温　度

钛合金材料在酸性和碱性环境中，其腐蚀速率随着温度的升高而增大。但是在钝化状态下，温度的影响就小。随着温度升高到 70 ℃，表面钝化膜因吸附水分而结晶度更高，开始有裂纹或缺陷出现，就容易发生腐蚀。在 150 ℃的含 Cl^- 溶液中，虽然腐蚀电位出现波动，表面出现裂纹或缺陷，但是钝化膜会很快自我修复，保持钛合金材料在这种条件下的耐腐蚀性能。实际上，即使环境温度高于 200 ℃，钛及其合金在盐碱环境中的腐蚀速率也不会明显增大。

2. 氟化物的影响

氟离子是水溶液中唯一能够破坏钛及其合金表面氧化膜的离子，氟离子的侵蚀归因于低于溶液 pH 临界值时，钛与氟离子反应生成 TiF_6^{2-} 和 TiF_6^{3-} 水溶液的复合物，使钛合金表面的钝化膜遭到破坏。pH 临界值因氟离子浓度和 Pd/Ru 在钛合金中的含量不同而不同。如 Pd 的质量分数大于 0.1%，氟离子浓度为 900 mg/L 时，钛合金发生钝化的 pH 临界值为 4，而在氟离子含量为 9 000 mg/L 的溶液中，pH 值为 6.5 时不会发生均匀腐蚀，但是表面有点蚀（约 2 μm）发生。

对于 TA2 和 TC2 钛合金材料，当 pH 值<3 和 1.5 时，氟离子的影响表现出可以破坏钛合金表面的钝化膜而发生腐蚀。

3. 氢吸附

在还原性酸或碱性的双氧水溶液中，由于氢离子的还原而导致氢吸附可以使钛合金材料发生氢腐蚀破坏。在室温条件下，α - Ti 中氢的溶解度很低，为 20～100 μg/g，因此，氢吸附容易导致在 α 合金和近 α 合金中生成脆性氢化物而产生氢致脆断，而且这些少量的氢吸附会降低钛合金材料的冲击韧性。一般来说，氢吸附的程度与氢扩散速率与钛合金的成分、微观结构和温度有关。在含 Pd/Ru 的钛合金中，氢的还原催化会促进氢的吸附，但同时受到溶液充气的影响。含 Ni 的 β 相晶界促进氢传输到钛合金内部，因为 H 在 β 相中的扩散系数是在 α 相中的 105 倍。钛及其合金表面的钝化膜可以有效阻止氢的吸附，在 pH>3 的环境中，其吸附率接近零，除非阴极极化电位小于 −0.6 V，发生的氧化还原反应过程中会伴随氢吸附，但是极化电位小于 −1.0 V 才会有大量的 H 传输。

6.3.3　钛合金发生局部腐蚀的类型

钛合金材料的耐腐蚀性能好，主要体现在抗点蚀、气相腐蚀和微生物腐蚀方面。但是这种材料也会在适当的环境中，发生缝隙腐蚀、应力腐蚀和氢致开裂等腐蚀类型。此外，钛合金材料在非水含卤离子溶液中也会发生点蚀，在钛合金表面钝化膜破裂时，如果与电位较负的异种金属偶接也将会发生电偶腐蚀。

1. 点　蚀

一般情况下，钛及其合金在自然大气环境中是不容易发生点蚀的，因为它的腐蚀电位>−0.3 V，就会有完整稳定的表面氧化钝化膜层。而发生点蚀的主要原因是介质中卤素离子对于表面氧化钝化膜层的侵蚀,表面氧化钝化膜出现的局部破坏就会引起点蚀,所以避免环境中的卤素离子对于钛合金抗点腐蚀非常重要。如钛及其合金零件在含 Br^- 的介质中,因为 Br^- 容易吸附在表面钝化膜的含杂质(包括 Al、Si 和 Fe)部位,所以此处的氧化钝化膜比较薄弱,容易引发点蚀。在含 Cl^- 的介质中,达到合适的极化电位也会诱发点蚀,当环境温度高于 100 ℃时,点蚀电位为 2 V 左右,也会导致钛合金表面氧化钝化膜层的破裂,为 Cl^- 的传输和点腐蚀创造了条件。

在实际工程实践中,采用阳极保护或者在含有卤素离子的介质中添加少量的氧化剂(如 O_2、Fe^{3+})就可以减少钛合金材料发生点蚀的几率。在干燥的环境(如 Cl_2)和有机化工生产过程中,只要有少量的水汽或氧气,钛合金材料就能够保持表面氧化钝化膜层的完整与稳定,反之,就会发生点腐蚀。如 TA7 钛合金在 0.6% HCl 甲醇溶液中具有十分明显的点蚀敏感性,这是由于介质中 Cl^- 离子在破坏钛合金表面的氧化钝化膜的同时,氧的匮乏抑制了氧化钝化膜的修复,从而促使钛合金材料遭到腐蚀破坏。

氟离子在介质中能够破坏钛及其合金材料表面的氧化钝化膜,当介质中氟离子含量为 9 000 mg/L、pH 值为 6.5 时,材料表面会出现点蚀现象,点蚀易发生在钛合金含 Fe 杂质的晶界上。施加阴极极化时,腐蚀电位正移,钛合金表面的氧化钝化膜修复,可以抑制点蚀的扩展。另外钛合金的点蚀敏感性与材料的表面状态有关。如砂纸打磨后的粗糙表面,或用锌、铁、铝、锰、铜等金属材料摩擦后的钛合金材料表面,点蚀更容易发生。因此,在工程实践中避免钛合金与其他金属材料的摩擦非常重要。

2. 电偶腐蚀

当钛合金零件与其他金属零件接触时,在适当的环境介质中,因为腐蚀电位的不同,就会造成同一介质中异种金属接触处的电偶腐蚀。一般钛合金的自腐蚀电位较正,在电解质溶液中,与异种金属偶接时作为偶合阴极加速偶接金属材料的腐蚀,同时自身也将发生氢吸附,在高温环境下发生钛合金的氢脆和氢致断裂。如在 3.5% NaCl 溶液中,钛合金 TC2 与铝合金 LY12 和 LC4 以及高强度钢 30CrMnSiA 偶接时就检测到明显的电偶腐蚀电流,且电偶电流随自腐蚀电位差增大而增大。但是钛合金材料与不锈钢接触时,其电偶电流密度低于 0.3 $\mu A/cm^2$,电偶腐蚀的敏感性相对较低,在常温环境中可直接接触使用。

对深海环境中的钛合金与 SS316 不锈钢零件偶接试验结果表明,在深海环境中钛合金与不锈钢偶接且发生相对运动时将发生严重的电偶腐蚀,而静止的海水中则无电偶腐蚀发生。这是因为不锈钢与钛合金的电位差较小,各自表面都有稳定的氧化钝化膜,当不锈钢和钛合金零件相互运动时,表面的氧化钝化膜遭到破坏,而不锈钢表面的钝化膜修复比钛合金慢,使不锈钢钝化膜破损区作为偶合的阳极而导致接触腐蚀。

在实际的海洋环境中,海水的流速也会影响钛合金与不锈钢的电偶腐蚀趋势,电偶电流在静止的海水中较小,随着海水流速的增大,电偶腐蚀电流也随之增大,同时电偶电位发生正移,加速了电偶对电极材料的腐蚀。

3. 缝隙腐蚀

金属材料连接产生的狭缝或间隙,使缝内介质的扩散受到了限制,导致狭缝内金属的腐蚀(称为缝隙腐蚀)。对于经常使用的 TA2 钛合金,在环境温度低于 70 ℃,任何 Cl^- 浓度和 pH 值条件下,都不会发生缝隙腐蚀。即便在 pH 值>10 的任何温度下,这种钛合金都不会发生缝隙腐蚀。

缝隙腐蚀诱发的前提条件是缝隙内钛合金表面的氧化钝化膜破损及活性环境。在狭窄的缝隙中,钛合金的金属离子(Ti^{3+}/Ti^{4+})发生水解,使缝隙内溶液酸化,增加了缝隙内腐蚀介质的活性,在环境温度高于 70 ℃时,钛合金表面的氧化钝化膜开始破裂,缝隙内由于活性腐蚀介质的存在使钛合金表面氧化钝化膜不易修复,因而发生缝隙腐蚀。并且随着缝隙内 H^+ 的还原(70%~80%)和缝隙外 O_2 的还原(30%~20%)使钛合金材料的腐蚀不断扩展。

对于 TA2 钛合金,如果具备了诱发缝隙腐蚀的前提条件,那么缝隙腐蚀的扩展取决于材料内 Fe 杂质元素的含量与分布。当 Fe 元素分布在材料晶界上,不以 TixFe 的形式存在时,则发生缝隙腐蚀的速率就快。反过来讲,发生缝隙产生的腐蚀产物会引起整个的欧姆电位降,从而抑制了钛合金的缝隙腐蚀。如果 Fe 杂质以 TixFe 形式存在,则在缝隙内部发生再钝化,也可以抑制缝隙腐蚀的发展。对 TC2 钛合金来说,由于存在较多的 Ti2Ni 化合物,也很容易迅速钝化,从而减轻缝隙腐蚀的深度。

钛合金材料缝隙腐蚀发生的本质是缝隙内氢离子的还原,在钛中加入 Pd 或 Ru 元素就可以有效降低或者消除缝隙腐蚀的风险。尽管环境温度大于 70 ℃时,表面氧化钝化膜会破裂,但实际上即使环境温度超过 200 ℃,甚至在极端严酷的环境中,如 10% $FeCl_3$ 溶液和 20% NaCl(饱和 Cl_2)溶液中,近 α 和 α-β 含 Pd 或 Ru 的钛合金材料都不会发生明显的缝隙腐蚀。

4. 应力腐蚀破坏

钛合金零件表面的钝化膜通常是性质稳定,不易被破坏,所以在多数应用环境中,钛合金材料不易发生应力腐蚀破坏。如在干甲醇溶液环境中,只要有少量的水存在,就能够使钛合金材料发生钝化,从而避免应力腐蚀开裂。在高浓度、低 pH 值和高温卤化物水溶液中,钛合金材料表面氧化膜被破坏,氧化膜破损的区域发生局部酸化而产生氢吸附,致使钛合金材料的裂纹尖端脆化而发生应力腐蚀断裂。

钛合金材料具有良好的延展性和钝化性,因此,在实际工程中很少有腐蚀失效的故障,只有含合金 Al 和 Sn 元素的高强度近 α 钛合金发生过应力腐蚀开裂的事故。当有应力腐蚀破坏威胁时,可以通过减少钛合金中的间隙溶质原子的含量,来降低其应力腐蚀断裂的敏感性。总之,应力腐蚀断裂诱发的前提是钛合金表面钝化膜存在应力缺陷或者其他损伤。尽管施加低频循环载荷会增加钛合金材料发生应力腐蚀断裂的风险。但是钛合金 TC2 和 TA7 在 pH 值为 2.7~12,温度为 60~90 ℃的盐溶液环境中,具有好的抗应力腐蚀断裂的特性。

5. 氢致断裂

在阴极保护的条件下,钛合金表面氢吸附达到一定数量,就会发生氢致开裂。钛合金表面氢吸附的能力取决于氢在钛合金中的溶解度及钛合金微观结构和材质。氢在 α 和 β 相中溶解度差别较大,分别是 20~100 μg/g 和 >9 000 μg/g。由于溶解度的不同,氢在 β 相中的传输速率要大于在 α 相中的传输速率,因此,近 α 和 α-β 钛合金有很强的氢致开裂敏感性。尽管可以增加近 α 和 α-钛合金中的 Al 元素含量以提高其抗氢致开裂性能,但是氢含量低至 70 μg/g 也会降低其冲击韧性。

在慢应变和恒载荷下,钛合金表面 H^+ 的吸附量相对较高。TA2 和 TC2 的慢应变速率试验表明,在氢吸附小于某一临界水平时对其断裂韧性影响很小。但是应力强度因子和 H^+ 浓度的值满足某些组合时,可能会出现几种情况:导致钛合金材料裂纹的快速增长而发生脆性断裂;或者是裂纹缓慢扩展最终发生恒载荷下的开裂或韧性断裂;也可能不出现断裂失效的现象。

氢吸附临界值与钛合金的结构和组成有关,也与裂纹的方向和外加应力有密切关系。根据 TA2 裂纹开裂方向及其轧制方向可知,氢吸附临界值范围 400~1 000 μg/g;裂纹开裂方向与 TA2 板材的轧制方向一致。

6.3.4 钛合金实际应用中的腐蚀失效

一直以来钛的价格较贵,因此钛及钛合金的工程应用仅局限于对耐腐蚀性能或比强度要求较高的特殊工业领域。

钛及其合金在诸多苛刻的腐蚀性环境中,如热氧化性的酸、热盐溶液、含硫气体、有机溶剂等,都具有持久可靠的耐腐蚀性能。因此,钛及钛合金材料在航空航天、船舶及海洋工程、生物医学及化学加工和能源系统等领域得到了广泛应用。

在航空航天领域,钛及钛合金材料的应用,既是基于其非常优异的耐腐蚀性能,又是因为它具有高的比强度和良好的高温性能。钛比相同强度的钢轻 45%,强度是铝的 2 倍,重量却只有铝的 60%,并且可以代替铝在 130 ℃ 以上的高温中使用。在航天飞行器中,钛合金用于航天飞行器的发动机零部件,环境温度可达 600 ℃。但是在更高一点的温度,就存在高温氧化的问题,导致钛合金材料的机械性能严重下降。在高温环境下,氧通过钛合金表明氧化膜快速扩散并溶解于基体,使基体合金表面产生脆性层,其力学性能恶化并增加了开裂的倾向。通常可以通过适当的表面处理来提高钛合金的抗高温氧化性。

飞机零件中钛及钛合金材料的用量在不断增加,包括燃气涡轮发动机部件中也采用了较多的钛合金材料。在飞机服役环境中,只要不与热的液压机液体接触,钛及钛合金材料几乎不发生腐蚀,因此,飞机上的钛合金零件不需喷涂油漆或涂层,而铝及铝合金零件则一定需要氧化膜层加有机涂层进行多层防护。

在钛与铝或低合金钢接触的航空零件界面需要喷涂涂层,使其绝缘以避免发生电偶腐蚀。在液压机液体中,由于高温分解形成有机磷酸而引起钛合金的腐蚀和氢脆,但是采用添加合金元素 Nb 和 Mo 的 β 钛合金,就可以有效地避免液压机液对于钛合金的侵蚀。

在盐水、海水等介质中,钛合金作为理想的材料代替白铜合金,而用于热交换器和冷凝器的制造中。与白铜合金材料不同,钛及钛合金零件可以在温度高达 260 ℃ 的环境中不会发生均匀腐蚀,具有良好的耐局部腐蚀以及耐硫化物腐蚀和流体腐蚀等性能。即使液体介质流动速度超过 36 m/s 仍然不会引起钛合金材料的冲刷腐蚀、空蚀或者砂子等颗粒物引起的冲击腐蚀等。

由于钛合金材质的薄壁管同时具备极好的耐蚀性和热传输性能,所以有大量的钛合金薄壁管已经在工业上使用了几十年也没有发生过腐蚀失效。

在海水及盐水环境中应用的钛合金零部件还应用于船舶行业、石油和天然气平台、海水淡化系统、制盐蒸发器和喷水推进系统等。包括干湿交替、水线区暴露腐蚀及盐雾腐蚀试验等各种评价试验,钛合金材料均无明显的腐蚀发生。即便是在海洋微生物环境中,钛及钛合金材料也具有较好的耐微生物腐蚀性能,用于防止海生物的污损且不污染海洋环境。

但是对于用于海洋环境中的钛合金零件来说,与其他金属零件的接触,出现电偶腐蚀是难免的,因此,钛及钛合金材料不腐蚀而引发接触的金属材料快速腐蚀成了钛及钛合金材料应用中的主要问题。

钛及钛合金还具有良好的生物相容性,因此可以作为人体植入材料应用,如钛合金作为牙科植入体材料在口腔环境中的腐蚀速率极低。但需要注意的是,Ti-6Al-4V 钛合金作为植入材料时,有发生腐蚀疲劳的风险。

总之,钛及其合金具有优异的耐腐蚀性能、高比强度、高温性能等特点,广泛应用于航天航空、船舶及海洋工程、化工机械、医学等各个领域,并且取得了显著的应用效果。然而氟和氢环境会破坏钛及其合金的表面氧化钝化膜,在特定的环境中发生局部腐蚀或氢致开裂,在导电的腐蚀介质中与异种金属偶接,难免会发生电偶腐蚀等。

6.3.5　钛及钛合金表面处理技术

在钛合金材料的实际工程应用中,人们往往根据钛合金零件的服役环境条件,进行合理的选材或适当的表面防护措施,来避免钛合金材料有可能发生的腐蚀失效问题。

如在航空航天领域中,采用含 Pd/Ru 的钛合金材料,来尽量避免出现缝隙腐蚀和点腐蚀;在非水介质环境中,采用阳极保护或者添加少量的氧化剂(如 O_2、Fe^{3+})可以减少或消除钛合金发生点腐蚀和应力腐蚀断裂。

人们通过表面的阴极极化使钛及其合金零件的腐蚀电位大于 -0.7 V,来避免服役过程中发生氢致开裂的风险。在良好导电的腐蚀介质环境中,钛及其合金材料与异种金属材料偶接时,需要使用绝缘垫片或者其他绝缘措施,来避免发生电偶腐蚀的风险。

在生物医学领域,采用表面处理使植入的钛合金表面形成非晶氧化膜,可以避免体内出现的点蚀和缝隙腐蚀的风险,当然要关注这种氧化膜的生物相容性。

此外,在某些特定的服役环境中,如高浓度、低 pH 值和高温的卤化物水溶液以及强碱性的双氧水溶液和强酸性的含氟溶液中,尽量不使用钛及钛合金材料制作的零部件。

当然,在钛及钛合金零件的表面进行电镀、化学镀、阳极氧化处理、多功能离子束增强沉积等处理技术,使钛合金零件表面获得一定性能的镀层或者膜层,其中一个重要的目的是提高钛及钛合金零件的表面防腐蚀性能。如在 Ti6Al4V 钛合金表面用多功能离子束增强沉积制备 Cr 和 Cr-Mo 合金层,获得的膜层有很好的耐 Cl^- 介质环境的腐蚀性能,并且与钛合金基体之间有很好的接触腐蚀相容性。对于改善钛合金零件的抗高温氧化性能,传统的表面处理方法有:离子注入、激光表面处理、磁控溅射、扩渗处理、热喷涂、物理气相沉积(PVD)/化学气相沉积(CVD)、热氧化法、等离子喷涂-激光重熔复合处理技术等。这些表面处理方法各有不同的特点,而相对于新型的低成本钛合金零件表面改性的方法有:离子氮化/碳化处理、离子束增强沉积(IBED)、阳极氧化、微弧氧化(MAO)和离子表面合金化等,这些都可以应用在钛合金零件上。

离子束增强沉积和离子氮化技术是将薄膜沉积技术和离子注入技术相统一,有学者在钛合金零件表面制备固体润滑膜层(MoS_2-Ti、MoS_2)和硬质抗磨层,通过 MoS_2 与 Ti 合金接触复合,改善零件表面对环境的适应性。另外离子束增强沉积和氮化技术处理钛合金获得的 TiN 层,可以降低钛以及其合金在氯化钠溶液中的电化学活性,降低了这种材料的腐蚀敏感性。还有人在钛合金零件表面进行离子渗碳,同样可以提高钛合金材料在盐酸腐蚀环境与交变应力下的抗腐蚀性能。

用离子束增强沉积技术在钛合金零件表面制备的纳米铬-钼和铬合金膜,膜层致密、结合强度和硬度高,关键是提高了钛合金零件在氯离子环境中的抗腐蚀性能。利用原位生长氧化物陶瓷层技术,是将 Ti 及其合金置于电解液中,在非法拉第区火花放电,材料表面微孔会产生火花放电的斑点,在高温高压、电、化学、等离子化学等复杂反应作用下,通过在钛合金零件表面原位生长,得到非晶态、致密均匀的陶瓷膜层,可以大大提高钛合金零件的耐腐蚀性,同时这种膜层还具有高的耐磨性和绝缘性等。

总的来说,随着钛及其合金材料价格的下降和各项机械性能的提高,钛合金材料的应用领域将不断开拓。因此,深入开展钛及其合金材料在不同服役环境中腐蚀行为与表面改性技术的研究,掌握其环境腐蚀的特点与规律,为提高其腐蚀防护性能以及研制新型钛合金材料提供理论与技术指导,加快钛合金材料在新的领域的推广和应用。

6.4　纤维复合材料的腐蚀失效与防护措施

各种不同纤维构成的复合材料(Composite),具有重量轻、比强度和比模量高、热膨胀系数小等特点,在航空、航天、建筑、海洋、汽车、交通等领域得到了广泛应用。如碳纤维(Carbon Fiber)环氧树脂复合材料是航空制造中主要使用的结构材料,这是因为这种复合材料具有轻质高强、可设计性好、抗腐蚀能力强、电磁性能优良、耐疲劳性好等特点。还有玻璃纤维(Glass Fibre)增强材料作为海洋防腐蚀工程用轻质高强耐腐蚀材料(如玻璃钢),在港口码头、海洋平台等海洋工程中得到了广泛应用。当然,这类材料在不同服役环境中也存在腐蚀老化失效的问题,在实际工程中要给予足够的重视。

6.4.1　碳纤维环氧复合材料的腐蚀失效

一般情况下,碳纤维是由不完全石墨结晶沿纤维轴向排列的一种多晶的无机非金属材料,由于碳纤维独特的结构和电化学性能,其电极电位较正,由其组成的碳纤维复合材料在一般腐蚀环境中呈惰性状态。但是这种复合材料在使用过程中,可能会遇到各种严酷的服役环境,如温度、湿度、雨雪和阳光等,如在强碱溶液、高温等条件下,复合材料性能都会有不同程度的退化,引起碳纤维环氧复合材料的退化和变质(腐蚀老化失效)。其实碳纤维本身抵抗极端环境的能力很好,而在极端环境中的耐久性主要取决于复合材料中树脂基体的耐久性能。

对于碳纤维增强复合材料来说,严酷的湿热环境条件会引起碳纤维复合材料的力学性能降低,因为树脂基体是吸湿的,随着环境中湿度的增加,材料吸湿的扩散,会使材料结构出现不同的吸湿量分布,导致碳纤维抗腐蚀阻力的降低,在较高的环境温度下,还会使复合材料树脂基体的玻璃化转变温度 T_g(Glass Transition Temperature)降低,并降低其材料的强度和刚度。

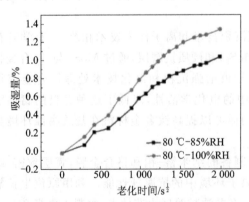

图 6.6　T700/5224 复合材料吸湿量与老化时间的关系

图 6.6 是单向铺层的 T700/5224 碳纤维高温固化改性环氧树脂基复合材料,在 80 ℃-85%RH 和 80 ℃-100%RH 的湿热环境下的吸湿量随时间的变化曲线。在试验初期,复合材料的吸湿量基本呈线形增长,经过一段时间后其增长速率变小。在相同温度条件下,环境湿度增加有助于复合材料吸湿量的增加。80 ℃-85%RH 试验 1 000 h 后的材料吸湿量为1.05%,80 ℃-100%RH 试验 1 000 h 后的吸湿量为 1.35%。所以,碳纤维复合材料的应用应尽可能避免湿度大的环境,实在避免不了这种环境,就需要对于复合材料构件进行相应的表面处理。

图 6.7 是 T700/5224 碳纤维高温固化改性环氧树脂基复合材料,在 80 ℃-85%RH 和

80 ℃-100％RH 的湿热环境下的力学性能的变化曲线。由图 6.7(a)可知,T700/5224 复合材料在湿热环境下,不同时间测得的剪切强度在 85～95 MPa 之间,与 T700/5224 复合材料的原始剪切强度(92 MPa)比则变化不大。在 80 ℃-100％RH 条件下复合材料的剪切强度随老化时间呈下降趋势。一般来说,材料的剪切强度主要考察树脂基复合材料的界面性能,碳纤维本身的吸湿量小,在湿热作用下基本不发生变化,而树脂吸湿后会发生膨胀,从而使碳纤维受轴向的拉伸应力,树脂受压缩应力,同时在碳纤维/树脂界面产生剪切湿应力,使材料界面性能下降。

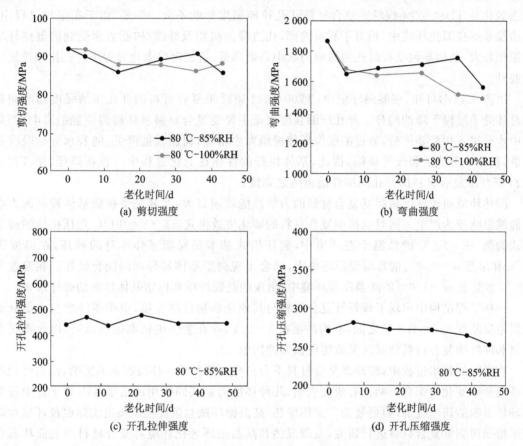

图 6.7　湿热环境下 T700/5224 复合材料力学性能随老化时间变化曲线

　　实际上,树脂基碳纤维复合材料的湿应力主要与吸湿率有关,更大的吸湿率所引起的湿应力会给界面造成更大的破坏。因此当温度一定时,随着相对湿度的增加,进入树脂基复合材料内部的水分增加,对界面的影响增大。在相同温度下,相对湿度 100％RH 条件下剪切强度的下降幅度要比 85％RH 条件下明显。由图 6.7(b)可知,在湿热老化(Wet Heat Aging)过程中 T700/5224 碳纤维复合材料弯曲强度变化较大。在开始的 5 d 内,材料的弯曲强度下降较大,在随后的 30 d 内则变化不明显,35 d 后弯曲强度又发生了较大的下降。

　　环境温度和湿度对复合材料性能的影响有两个方面:一方面,湿气的渗透破坏了树脂基体的化学键,当碳纤维受力后基体传递载荷作用降低,复合材料的强度下降;另一方面,高温使材料中的树脂固化程度增加,有利于材料性能的提高。因此,这两种作用的综合使复合材料的弯曲性能出现起伏。因此,在应用初期,由于环境中水分的逐渐渗入,环境湿度的影响起主导作用,材料的弯曲性能表现为下降;当环境湿度和温度的影响作用趋于平衡时,复合材料的弯曲性能基本稳定;但是随着环境中水分的继续渗透和扩散,湿度的影响又起主导作用,材料的弯曲性能再次下降。在相同的环境温度下,较高的湿度时,材料的力学性能下降较多,说明材料在吸收了较多水分的情况下,内部形成了很多缺陷,导致力学性能下降较快。

由图 6.7(c)可以看出,T700/5224 碳纤维复合材料在湿热老化过程中,材料的开孔拉伸强度在 $450\sim500$ MPa 之间,相对于原始开孔拉伸强度 450 MPa,虽然经历了湿热环境,但开孔拉伸强度并没有下降。这是因为材料基体树脂在老化过程中性能虽然会降低,但树脂基复合材料的拉伸强度主要由碳纤维承受拉力的作用,树脂在这其中所起到的作用并不明显,因此湿热老化对 T700/5224 碳纤维复合材料开孔拉伸强度影响不大。但是,由于在湿热过程中,孔边缘暴露在湿热环境中,相对于材料内部,孔边缘的树脂及纤维/树脂界面受到的湿热环境的损伤较大,从而导致受拉时孔边缘应力集中系数降低,造成湿热老化过程中开孔拉伸性能出现波动。

由图 6.7(d)可知,在湿热环境中,T700/5224 碳纤维复合材料的开孔压缩强度随时间延长总体处于缓慢下降的趋势。开孔压缩强度也是主要受复合材料基体树脂性能的影响,当环境中水分进入树脂基体后,通过溶胀作用使树脂发生增塑,树脂性能降低;随着水分的吸收和扩散,树脂中形成了裂纹等缺陷,因此,基体树脂的性能在老化过程中一直在降低,使 T700/5224 碳纤维复合材料的开孔压缩性能也随之降低。

湿热环境对碳纤维树脂基复合材料的力学性能影响很大,尤其是受树脂基体控制的力学性能的影响较为严重。同时也影响复合材料的破坏失效模式,以 T300/914C 层压板压缩破坏模式为例,在 -50 ℃ 的低温干态环境中,破坏模式基本是树脂基体本身的破坏,在温度为 23 ℃ 和湿态 $m=0.9\%$ 的常温湿态环境中,则会出现树脂基体和界面的混合破坏。在温度为 120 ℃ 和湿态 $m=1.6\%$ 的高温高湿环境中,出现的是碳纤维和树脂基体界面的破坏形式。

一些工程结构中出现了碳纤维复合材料与其他金属构件的连接,由于碳纤维与大部分的金属电位差在 $0.5\sim1.0$ V 之间,有的甚至在 $1\sim2$ V,存在发生电偶腐蚀的风险,因此需要在金属和碳纤维复合材料偶联区采取防电偶腐蚀措施。

在实际的使用过程中,碳纤维复合材料不会只受到某种单一环境因素的影响,而是受到各种环境参数变化的综合影响。有研究表明,几种环境因素共同作用的结果并不等于其中各单一环境影响的简单叠加,而更复杂。采用湿热-高温循环试验条件模拟飞机实际服役环境对碳纤维增强树脂基复合材料进行研究,发现湿热和高温循环老化环境对复合材料的表面状态和力学性能是有影响的:随着湿热环境老化次数的增加,碳纤维复合材料的饱和吸湿率逐渐增大后又减小,达到吸湿饱和所用时间逐渐缩短;而随着高温环境老化次数的增加,在老化前期复合材料的质量损失速率有些降低,但最终的质量损失率有小幅度的升高。

湿热-高温循环老化环境导致了复合材料碳纤维与树脂基体间界面的破坏,层间剪切强度随着循环老化次数的增加逐渐降低,但层间剪切强度降低的幅度不大。每次湿热老化后的 T_g 都较前一次有所升高,但在每次高温老化后的 T_g 都相差不大。研究还发现高温老化在循环老化过程中起主要作用,湿热老化对复合材料树脂官能团的影响不大,在高温老化(High Temperature Aging)过程中发生了热老化效应和氧化反应。实际上,飞机的实际服役环境要比湿热和高温循环老化环境的情况复杂,受力状况也不相同,所以,研究碳纤维复合材料在实际服役环境中的腐蚀失效行为与影响就显得非常重要。

从碳纤维环氧树脂复合材料的腐蚀机制讲,通常分为化学腐蚀(Chemical Corrosion)和物理腐蚀(Physical Corrosion)。化学腐蚀是由于腐蚀介质及环境的化学反应使热固性环氧树脂化学键断裂,热固性环氧树脂是多官能团的,在同一时间内存在一个以上的化学腐蚀反应,并且这种化学腐蚀反应是不可逆的。物理腐蚀是环境中腐蚀介质与复合材料的相互作用,使碳纤维环氧复合材料的性能发生改变,但没有化学反应发生。环境中腐蚀介质扩散进入复合材料基体中,在适当的条件下,腐蚀介质也可以从复合材料中扩散出来,复合材料原有的性能可以恢复。碳纤维环氧树脂复合材料的吸湿包括:水、NaCl 等介质通过复合材料的表面、界面吸附、扩散和吸收进入内部,使其发生增重,引起碳纤维复合材料性能的变化,当腐蚀介质进入复合材料后,产生聚集,使树脂基体溶胀,导致材料界面承受横向的拉应力,界面结合力降低,从而影响复合材料的性能。

6.4.2　碳纤维环氧复合材料的表面防护措施

材料发生电偶腐蚀一般有三个条件,即电位差、电解质、导电连接。因此,控制复合材料电偶腐蚀的措施就应当从这三个方面入手。首先通过合理的防腐蚀结构设计,最大限度地防止材料周围电解质溶液的积聚,避免形成腐蚀电池,注意材料结构的密封,以防止雨水、雾、凝露等的渗入,对复合材料连接部位容易积水的地方要设置排水孔等。尽量避免小的金属部件(如铝合金)与大面积的碳纤维复合材料的接触,对于紧固件之类的连接,应采取严格的防护措施。其次,选用相互相容的材料,选用耐腐蚀且与碳纤维复合材料电位差小的材料,特别是紧固件之类的小零件更应该注意。绝缘或封闭材料应不吸湿,不含有腐蚀性的成分。最后,使用适当的金属或非金属覆盖层进行过渡或控制发生腐蚀。如进行阳极氧化、化学氧化、钝化、磷化等表面处理技术。金属与碳纤维复合材料的连接部分应同时采用防护涂层,以避免金属涂层局部损伤后,电解液通过微孔渗入,形成大阴极小阳极的不利情况。另外,复合材料与金属部件的电偶腐蚀会在阴极部位产生碱性物质,因此,表面的防护涂层应是耐碱性环境的。

碳纤维复合材料在紫外线辐射环境中,引起的材料损伤是个缓慢的过程,只要碳纤维复合材料结构表面的防护涂层完好,如喷涂适宜的丙烯酸漆,使用适当的抗紫外线吸收浅色漆层作为外防护层,就可以在紫外线辐射环境中保护复合材料基体。

另外,在碳纤维复合材料结构表面喷涂防雨蚀的防护漆可以抵抗外场风化、砂蚀、雨蚀环境对复合材料引起的老化损伤,降低服役环境因素对复合材料的破坏与损伤。

复合材料防静电抗雷击的一个主要措施就是在其表面制备相应的防静电层(导电层),将其表面静电荷及时排放。通常采用火焰喷涂或等离子喷涂的方法,在复合材料构件表面形成一层金属铝膜,使复合材料构件表面形成连续的导电层,为累积的静电荷和雷击电流的消散提供通路。如波音飞机的机翼前缘和末端,一些整流罩的外表面都有一层火焰喷涂铝层。实际上在有些情况下,也可以将一层铝箔层覆盖在复合材料构件表面,与复合材料共同固化在构件表面形成一层金属导电铝箔层。在导电性要求不高的情况下,也可以在复合材料构件表面喷涂防静电涂料。

总之,由于复合材料的服役环境比较复杂,要在其结构零件表面进行必要的防护处理,才能抵抗外界环境引起的复合材料腐蚀老化的影响,从而提高复合材料结构部件在实际工程应用中的安全可靠性。

思考题与习题

1. 分析讨论工程结构材料的大气环境腐蚀与海洋环境腐蚀的不同特点,提出相应的防腐蚀措施。

2. 合金钢结构材料在自然大气环境中多以局部腐蚀的形式出现,请列表分析讨论点腐蚀、电偶腐蚀、缝隙腐蚀、晶间腐蚀的不同特点。

3. 高强度合金钢结构件在外力或者载荷作用下,同时在高温、高湿环境中,可能会发生哪些腐蚀? 请给出一些相应防腐蚀措施的建议。

4. 对于航空飞行器结构常用的 30CrMnSiA 高强钢材料,若采用电镀镉或者电镀锌镍合金镀层进行防腐蚀处理,需要注意什么问题?

5. 在铝及其合金材料表面进行防腐蚀的措施中,就有铝合金零件表面化学氧化或者电化学氧化,获得氧化膜层,而铝及铝合金在自然大气环境中表面本身就可以氧化获得氧化膜层,是否可以不需要进行化学氧化或者电化学氧化? 为什么?

6. 为什么说,铝及其合金材料局部腐蚀的发生常常从表面点蚀开始,并随着点蚀程度的加剧开始出现晶间腐蚀和剥层腐蚀等?

7. 请总结分析归纳铝合金材料受海水和海洋大气的侵袭,产生的腐蚀程度及腐蚀特点与普通大气环境下的腐蚀有哪些不同?

8. 铝合金材料在海洋大气环境中腐蚀控制措施有哪些?

9. 采用牺牲阳极保护技术用于海洋环境中保护铝合金零件,请设计一个保护铝合金产品的牺牲阳极保护系统。

10. 钛合金材料具有优异的耐腐蚀性能的原因是什么? 为什么氧化膜在遭到破坏时能够及时修复?

11. 影响钛合金材料腐蚀性能的主要因素有哪些?

12. 钛合金材料发生缝隙腐蚀,为什么说诱发的前提条件是缝隙内钛合金表面的氧化钝化膜破损及存在活性环境?

13. 分析讨论钛合金材料在含氟和氢环境中会发生局部腐蚀或氢致开裂的原因与防止措施。

14. 碳纤维环氧复合材料的环境腐蚀失效有什么特点? 为什么严酷的湿热环境条件会引起碳纤维复合材料力学性能的降低?

15. 分析讨论并提出在金属部件和碳纤维复合材料部件偶联区采取什么样的防电偶腐蚀的设计方案。

16. 在碳纤维复合材料结构表面喷涂防雨蚀的防护漆,而防静电抗雷击的措施是在碳纤维复合材料结构表面制备相应的防静电膜层,请设计一种既防雨蚀又防静电的表面防护涂层。

第7章　功能材料的环境腐蚀与失效控制

功能材料(Functional Materials)一般是指通过光、电、磁、热、化学、生化等作用后具有特定功能的材料。人们又将这类材料分为：功能材料、特种材料或精细材料等。通常将功能材料定义为：具有优良的电学、磁学、光学、热学、声学、力学、化学、生物学功能及其相互转化的功能，被用于非结构目的的高技术新型材料，可见功能材料的功能非常广泛，应用前景也非常广泛。由于功能材料涉及的范围有：光、电功能，磁功能，分离功能，形状记忆功能、阻尼功能等等。也就是说相对于结构材料而言，除了具有机械特性外，还具有其他的功能特性，可以应用于各种需要功能的场合，所以，功能材料与我们的工作和日常生活越来越密切，应用范围也越来越广。

随着现代科学技术的发展，功能材料本身的功能和特性范围也在不断地延伸。但是这种材料的分类目前还没有统一的方法，通常人们根据下面几种情况进行分类：

① 按功能材料的化学键分为：功能性金属材料、功能性无机非金属材料、功能性有机材料和功能性复合材料等。

② 按功能材料的物理性质分为：磁性材料、电性材料、光学材料、声学材料、力学材料、化学功能材料、热学功能材料等。

③ 按功能材料的应用领域分为：电子材料、电工材料、航空航天材料、核材料、信息材料、能源材料、传感材料、仪器仪表材料、生物医学材料等。

实际上，功能材料包括制成的功能零部件(器件一体化)，其应用范围在不断扩大。由于其应用的环境条件差异较大，导致一些功能材料受服役环境的影响而引起腐蚀、老化、失效、破坏等现象。因此，研究这类功能材料的环境服役行为，探讨功能材料发生腐蚀、老化、失效、破坏的规律与失效机理就显得非常重要。

实际上有相当多的功能材料是通过元器件的形式，实现电子、信息、仪器仪表、传感、催化、显示等功能的。在不同的服役环境条件下，由这些功能材料制作的电子元器件产品会随着环境服役时间的延长，其发生环境腐蚀、老化失效的风险增加。服役环境因素包括温度、潮湿、灰尘、振动、光照、介质成分等，这些都有可能导致功能元器件产品的使用障碍和老化失效。

另外，一些电子产品中的机壳大部分是高分子塑料材料，当受到温度、湿度等环境因素影响较大时，就很容易发生老化失效。一些仪器仪表中的集成线路板(见图7.1)及相应的元器件(见图7.2)，当受到服役环境温度、湿度、灰尘、微生物等影响时，就有可能发生电路的老化，镀层或者焊点发生腐蚀，电阻和电容等元件内部的老化等，这些都会导致电子器件发生老化失效故障。

图 7.1　集成线路板出现的镀层腐蚀图片

图 7.2　电子接插件出现的表面腐蚀失效照片

7.1　高分子材料的环境老化失效

高分子材料一般包括塑料、橡胶、纤维、薄膜、胶粘剂和有机涂料等。由于其具有一般金属材料不同的性能和特征,使其在国民经济领域的用途越来越广。由于高分子材料具有重量轻、强度高、抗腐蚀性能好等特点,因此大量用于航空航天、汽车、舰船、仪器仪表、交通运输、基础建筑、家用电器等领域,是一种人们工作与生活不可缺少的基础原材料。

实际上高分子材料在制作加工、贮存运输和使用过程中,由于受到使用服役环境中力、光、热、氧、水、辐射、化学以及生物侵蚀等内外因素的综合作用,使高分子材料的化学组成和结构会发生变化,故其物理化学性能也会相应变化,如发硬、发黏、变脆、变色、强度下降等,这些现象都被认为是高分子材料的老化失效(Aging Failure)(见图 7.3)。

高分子材料发生老化的主要原因是由于结构或组分内部的不饱和双键、支链、羰基、末端

图 7.3　高分子橡胶材料支座的老化开裂与支撑钢板的锈蚀

上的羟基等,在外界服役环境因素的作用下,如阳光、氧气、臭氧、热、水、机械应力、高能辐射、电、工业气体、海水、盐雾、霉菌、细菌、昆虫等引起了材料的失效破坏。

从高分子材料的结构来说,聚乙烯(Polyethylene,简称 PE)比聚四氟乙烯(Polytetrafluoroethylene,简称 PTFE,俗称特氟龙)容易老化,因为 C—F 键的键能比 C—H 键的键能大,它起着保护碳链的作用。聚丙烯(Polypropylene,简称 PP)不如聚乙烯抗环境老化,这是因为聚丙烯的碳链上有甲基,甲基碳原子上的氢原子比较容易脱去。由于聚酰胺(Polyamide,简称 PA,俗称尼龙)链上有酰胺基,聚酯纤维(Polyester Fiber)中的酯键容易水解,因此也容易发生老化。二烯烃聚合的橡胶中含 C═C 双键,易在服役过程中会发生热氧老化、光氧老化、臭氧老化等现象。由于高分子橡胶常在应力条件下使用(橡胶垫圈),比较容易发生臭氧龟裂,所以臭氧老化也常常是高分子橡胶老化的主要原因。氯丁橡胶(Neoprene)由于含有吸电子基的氯原子,相对其他橡胶材料其抗环境老化的性能要好一些。

高分子聚合物材料由于结构上的特点,在一定服役环境条件下会发生各种老化现象。包括高分子聚合物材料受到不同辐射时的老化,特别是高能辐射时,材料的化学键就会发生断裂,即使是近紫外光辐射也能足够打开一般高分子的单键(C—H、O—H 那样的强键除外),从而发生老化失效。

从高分子材料发生老化的原因来改善高分子的结构,以提高材料的老化能力很重要。如高分子橡胶材料在硫化后,依然存在着不饱和双键,而橡胶制品在使用时又难以避免日光、氧气、臭氧等的侵蚀,所以在人们研究新的合成橡胶时,把避免或减少橡胶的高分子链上的双键作为主要选项。有人用络合催化剂定向聚合聚乙烯,以及用乙烯和丙烯两种单体经共聚制成弹性体,合成出二元乙丙橡胶,其区别在于结构上的主链中不含双键,完全饱和,是一种耐臭氧、耐化学品、耐高温的抗老化橡胶。但是,乙丙橡胶也带来聚二烯橡胶所没有的缺点,如硫化速率慢,不易跟金属粘合等。于是人们在乙丙橡胶上接上易硫化的第三单体,来提高硫化速率。相信随着高分子科学和技术的发展,通过不断地改进高聚物橡胶的性能,以延缓橡胶材料的老化并延长其使用寿命。

在合成高分子材料的过程中,通过添加防老剂、抗氧化剂(防止氧气或臭氧引起老化)、紫外光稳定剂、热稳定剂、防霉剂等,来提高高分子材料在环境中的抗老化性能。还可以采用物理防护的方法,如在高分子材料制品表面涂漆、镀金属、浸涂防老剂等。

实际上,高分子材料老化的本质是指其在服役环境中的物理结构或化学结构发生的变化,从而导致材料的性能逐渐下降,并失去其应有的使用价值。高分子材料的老化,尤其是在苛刻复杂的服役环境条件下的老化加速，会导致高分子材料的产品过早失效，不仅造成材料的资源浪费，甚至会因其功能失效酿成大的事故，而且其老化失效引起的高分子材料分解也可能会对周围的环境产生污染。

因此，高分子材料在服役环境中的老化与防老化已成为高分子材料科学与技术的重要研究方向。国内外很多关于高分子材料老化失效的研究，集中在高分子材料的产品老化现象及特点，影响老化的可能因素与规律，高分子材料产品的老化评价以及一些高分子产品的防老化措施等。

7.1.1　高分子材料老化的影响因素

由于高分子材料产品的聚合物品种不同，形状结构尺寸不同，服役环境的条件（载荷、温度、湿度、光线等）也不同，因而表现出不同的高分子材料产品的老化现象和特征。如农用塑料薄膜经过日晒雨淋后会发生变色、变脆、透明度下降等；航空有机玻璃用久后表面会出现银纹（Craze）、透明度下降；橡胶制品在服役时间较长后会表现出弹性下降、变硬、开裂或者变软、发黏等现象；大量的高分子材料产品零件表面的耐候有机涂层随着服役时间增加而发生失光、粉化、气泡、剥落等现象。总之，高分子材料在服役环境中以不同形式反映出其老化失效的特征。

1. 外观形貌

从高分子材料及产品零件产品外观看，发生老化失效的表现有：产品表面出现变色（光泽消失）、污渍、斑点、银纹、裂缝、喷霜、粉化、发黏、翘曲、鱼眼、起皱、收缩、焦烧、光学畸变以及光学色泽和透明度的变化，有时候会表现出一种或者多种形式的老化失效，可以通过目视高分子制品的表面外观形貌的变化来定性评价其老化的程度（见图7.4 塑料产品老化的表面色泽的变化）。

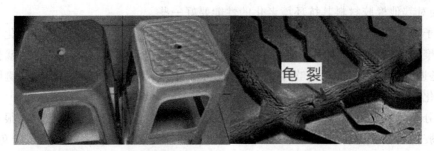

新的塑料凳　　　　老化的塑料凳　　　　　　出现龟裂的橡胶轮胎

图7.4　高分子塑料及橡胶制品发生老化的外观形貌

2. 物理性能

在服役环境中，除了高分子产品的外观变化外，高分子材料本身的溶解性、溶胀性、流变性以及耐寒、耐热、透水、透气等物理性能也会发生变化，因此要进行物理性能测试来定量评价确定高分子材料老化失效的程度。

3. 力学性能

高分子材料产品的拉伸强度、弯曲强度、剪切强度、冲击强度、相对伸长率、应力松弛等性能也会随着服役时间的延长而发生变化，这种变化会直接影响高分子材料的使用寿命。因此，测试高分子材料随服役时间的力学性能数据变化，判别高分子材料随服役环境的老化失效程度。

4. 电性能

高分子材料产品一般是绝缘的,在服役一段时间后,受服役环境因素的影响,其表面电阻、体积电阻、介电常数、电击穿强度等都会发生变化,从而影响产品的使用效果,所以适当地测试服役一段时间后的电性能数据,对于判别高分子材料的老化失效同样重要。

当然,进行高分子制品在服役过程中的老化失效程度,重要的是测试评价上述 4 个部分的指标。

7.1.2　高分子材料老化失效的内在和外在影响因素

高分子材料的物理性能、力学性能与其自身的化学结构(Chemical Structure)、聚集态结构(Aggregation Structure)等有着密切的关系。化学结构是高分子材料借助共价键连接起来的长链结构,聚集态结构是许多大分子借助分子间作用力排列、堆砌起来的空间结构,如结晶态、非晶态、结晶-非晶态等,维持聚集态结构的分子间作用力是离子键力、金属键力、共价键力以及范德华力。

在服役环境中,由于环境因子的影响,导致高分子材料分子间的作用力改变,甚至是内部链结构的断裂或某些表面基团的脱落,最终会破坏高分子材料的聚集态结构,使高分子材料的物理性能、力学性能发生改变而失效。

影响高分子材料发生老化的因素通常有内在因素与外在因素。

内在因素包括:聚合物的化学结构、物理形态、立体归整性、分子量及其分布、微量金属杂质和其他杂质等。

通常高分子聚合物发生环境老化与本身的化学结构有关,化学结构的弱键部位容易受到外界环境因素的影响发生断裂成为自由基,并成为引发自由基反应的起始点。从材料的物理形态讲,高分子聚合物的分子键有些是有序排列的,有些是无序的。有序排列的分子键可形成结晶区,无序排列的分子键为非晶区(Amorphous Region),很多高分子聚合物的形态并不是均匀的,而是半结晶状态,既有晶区也有非晶区,一般材料的老化首先是从内部的非晶区开始的。

另外,聚合物的立体归整性与它的结晶度有密切关系。一般规整的聚合物比无规聚合物的抗老化性能要好。

高分子聚合物的分子量与环境老化的关系不是很大,而材料的分子量分布对聚合物的老化性能影响很大,分布越宽越容易发生老化,因为分布越宽,材料的端基越多,就越容易发生老化失效。

高分子材料在加工时,有时候要和金属零件接触,有可能会混入微量金属,或在聚合反应时,残留一些金属催化剂,这些都会影响材料的自氧化(即老化)的引发,从而加速其老化过程。

外在影响因素包括环境温度、湿度、氧气、光照射、化学介质、霉菌的影响等。

随着服役环境温度的升高,高分子链的运动加剧,一旦超过高分子化学键的离解能,就会引起高分子链的热降解或基团脱落,有大量的研究结果证明了高分子材料的热降解过程与规律。环境温度低,往往会影响高分子材料的力学性能。而与材料力学性能密切相关的有材料的临界温度点如玻璃化温度 T_g、粘流温度 T_f 和熔点 T_m 等(见图 7.5)。

材料的物理状态一般分为玻璃态(Glassy State)、高弹态(Elastomeric State)、粘流态(Viscous Flow State)。当高分子材料的温度趋于临界温度附近时,其聚集态结构或高分子长链都会产生明显的变化,使材料的物理性能发生显著的改变,老化失效在所难免。

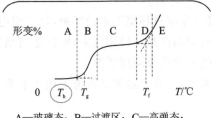

A—玻璃态；B—过渡区；C—高弹态；
D—过渡区；E—粘流态；T_g—玻璃化温度；
T_f—粘流温度

图 7.5　高分子材料的形态变化与形变的关系

橡胶材料属于高度交联的、非晶聚合物,应保证其处于高弹态下的服役环境,使用温度须高于玻璃化温度、低于粘流温度及分解温度。一些高度结晶的纤维也是高分子材料,其服役温度要远低于材料的熔点 T_m。对于结晶型的塑料材料,玻璃化温度 $T_g<$ 使用温度< 熔点 T_m,但对于非晶塑料材料,其服役温度须控制在玻璃化温度 T_g 以下 50 ℃左右。

在严寒地区,环境温度对于塑料及橡胶制品的性能影响较大。对于结晶态的塑料,如果服役环境温度低于材料的玻璃化温度,会使高分子链段的自由运动受到阻碍,表现为塑料变脆、变硬而易折断。而寒冷环境对于非晶态塑料的影响不是很大。对于高分子橡胶制品,环境温度低于玻璃化温度,也会丧失橡胶材料应有的性能。因此,在高寒地区尽量不要使用高分子材料。

环境湿度对高分子材料的影响很大,环境中的水分会对高分子材料溶胀及溶解带来影响,使维持高分子材料聚集态结构的分子间作用力发生变化,从而破坏高分子材料的聚集状态,尤其对于非交联的非晶聚合物,环境湿度的影响会非常明显,使高分子材料发生溶胀甚至聚集态解体,从而使材料的物理、力学性能受到损坏;对于结晶态的塑料或纤维材料,由于存在水分渗透的限制,环境湿度的影响不是很明显。

大气环境中的氧成分会引起高分子材料的老化,由于环境中氧的渗透性不同,结晶态聚合物材料较无定型的聚合物材料抗氧化。服役环境中的氧先进攻高分子材料主链上的薄弱环节,如双键、羟基、叔碳原子上的氢等基团或原子,形成高分子过氧自由基或过氧化物,然后在此部位引起主链的断裂,影响严重时,聚合物的分子量会下降,玻璃化温度明显降低,使聚合物材料变黏,在某些易分解为自由基的引发剂或过渡金属元素的作用下,加剧其氧化反应,促进了材料的老化失效。

聚合物材料在太阳光的照射下,有可能引起高分子材料的分子链断裂,其主要取决于光能与分子链离解能的相对大小以及高分子化学结构对光波的敏感性。由于地球表面存在臭氧层及大气层,能够到达地面的太阳光线波长范围为 290～430 nm,光波能量大于化学键离解能的只有紫外区域的光波,引起高分子材料化学键的断裂。

研究发现,紫外波长 300～400 nm,是含有羰基及双键的高分子聚合物发生吸收,导致大分子链断裂。材料化学结构的改变,也会使高分子材料的性能变差。如聚对苯二甲酸乙二醇酯对 280 nm 的紫外线具有强烈吸收,产生的降解产物主要是 CO、H、CH。只有 C—C 键的聚烯烃对紫外线无吸收,但在存在少量杂质的情况下,如羰基、不饱和键、氢过氧化基团、催化剂残基、芳烃和过渡金属元素等影响下,同样可以促进聚烯烃的光氧化反应,进而加速高分子材料的老化。

环境中的化学介质只有渗透到高分子材料的内部,才能发挥作用,包括对共价键的作用与次价键的作用。共价键的作用表现为高分子链的断链、交联、加成或这些作用的综合,这是一个不可逆的化学过程;化学介质对次价键的破坏虽然没有引起化学结构的改变,但高分子材料的聚集态结构会发生改变,使其物理性能发生相应改变。

服役环境中高分子材料发生应力开裂(Stress Crack)、溶裂(Solvent Cracking)、增塑

(Plastification)等物理变化,是高分子材料受环境介质影响的化学老化的典型表现。当双向受力的高分子聚合物零件表面存在少量的非溶剂液体介质时,表面会出现微小的裂纹或银纹,就是环境应力开裂的典型现象,这种现象是在化学介质的增塑和材料表面应力集中作用下,在零件表面局部的应力超过其屈服应力的结果。在有些应用的场合,可借助改变高分子聚合物的结晶类型和结晶度来防止环境应力开裂,增加分子量和链支化度可以减少聚合物的结晶性,来提高其耐环境应力开裂性能。

当少量的溶剂与受应力的高分子聚合物材料接触时,也可能引起材料的溶裂,溶裂常常可能发生在无定型和结晶态的高分子聚合物材料中,从高分子材料形态学看,溶裂实际上是高分子聚合物在应力方向上重新定向的结果。而消除溶裂的方法是消除高分子材料的内应力,如在高分子材料的成型加工后进行退火,消除高分子材料的内应力,从而减轻高分子聚合物发生溶裂的风险。

增塑是在液体介质与高分子聚合物材料持续接触的情况下,高分子聚合物材料与环境中的小分子介质间的相互作用,部分代替了高分子之间的相互作用,使高分子链段变得较易运动,玻璃化温度降低,材料的强度、硬度与弹性模量下降,断裂伸长率增加等,这些都是高分子材料老化的前提条件。

由于塑料制品在加工过程中几乎都使用了不同作用的添加剂,有的就成为霉菌的营养源(加上高分子材料的分子链本身就含有能被霉菌吸收的碳源和氮源)。如聚碳酸酯和聚酰胺中含有酯键和酰胺键,酯键和酰胺键上的电子云分布不均衡,当有水分存在时,菌丝产生的立体酶中活性中心影响了键上电子云的重新分布,发生重排现象,导致酯键和酰胺键的水解,大分子断裂并被菌丝进一步吸收。

霉菌生长时,吸收了塑料表面和内部的营养物质而成为菌丝体,菌丝体又是导体,因而使塑料的绝缘性下降,重量变化,严重时会出现剥落。霉菌生长时的代谢物中含有有机酸和毒素,会使塑料的表面出现发黏、变色、变脆、光洁度降低等现象。这种情况在湿热带地区和海洋性气候条件下使用的塑料制品中较为常见。

另外,聚合物材料长期处于某种霉菌生长环境中,由于微生物具有极强的遗传变异性,会逐步进化出能够分解利用这些高聚物的酶类,从而能够以其为碳源或氮源生长,尽管降解速率低,但这种潜在危害是存在的。在高分子聚合物材料中加入酚类以及含铜、汞或锡的有机化合物,可以防止其菌解。

20 世纪 90 年代以后,天然高分子淀粉类、纤维素类、甲壳素类及其改性高分子化合物被广泛应用于可降解塑料的各个领域。多糖类天然高分子及其改性化合物通过与通用塑料的共混改性等手段可以加工成可降解的一次性薄膜、片材、容器、发泡制品等,其废弃物可以通过自然环境中广泛存在的淀粉酶等多糖类天然高分子分解酶的介入,逐步水解成小分子的化合物,并且最终分解成无污染的二氧化碳和水,回归大自然生物圈。

7.1.3 高分子材料环境老化实验与评价

1. 高分子材料环境老化实验

高分子材料的老化实验大体可分成两类:自然环境老化(Natural Environment Aging)和人工加速老化(Artificial Accelerated Aging Test)失效实验。

自然环境老化失效实验是利用自然环境条件或特定环境介质进行的实验,包括:大气暴露老化、埋地实验、仓储实验、海水浸渍实验、水下埋藏实验等。自然环境老化失效实验结果更符合实际、所需费用较低而且操作简单方便,是国内外常用的评价方法。其中对高分子材料而言,应用最多的是自然气候暴露实验(Outdoor Weathering Test,又称户外耐候老化实验)。

自然气候暴露实验就是将高分子试样或者零件置于自然气候环境下暴露,使其经受日光、温湿度、氧、水等环境气候因素的综合作用,通过测定其性能的变化来评价塑料材料的耐候性或者老化性能。

直接自然环境气候暴露实验方法有:光解性塑料材料户外暴露实验方法、金属零件有机涂层自然环境气候暴露实验方法和塑料零件自然环境气候暴露实验方法等。另外,还有将高分子材料置于玻璃板下的自然环境气候暴露的实验方法,硫化橡胶材料在玻璃板下的暴露实验方法,塑料制品经玻璃板后的日光间接暴露实验方法等。这些方法在相应的手册中分别规定了不同高分子制品在自然环境气候暴露实验的具体要求及步骤,用于评价高分子材料制品在室外自然条件以及经玻璃过滤后的日光暴露下的耐候性及抗老化等,在达到一定的实验周期后,观察高分子材料制品的外观形貌变化,或者测试其力学性能、电学性能等,评价其相应的抗老化规律。

自然气候环境暴露实验可以得到高分子材料老化的真实结果,但高分子材料在大气环境中受日照、雨淋、冻融等环境条件变化引起的外观、物理与化学性能的变化十分缓慢,因此,进行自然环境老化,不但旷日持久,而且因为环境条件变化(比如每年的气候条件不同)与影响因素复杂,对老化失效的实验结果评价带来一定困难。

因此,为了获得自然环境条件的材料老化失效规律与实际数据,通过设计模拟自然环境老化的实验加速条件,快速评价高分子材料的老化规律数据,开展户外自然加速暴露实验、综合环境加速老化失效实验不失为一种好的快速方法。

户外自然加速暴露实验是在大气暴露实验方法的基础上,人为地控制并强化某些环境参数(如温度、湿度、光照等),来加速高分子材料或制品的老化失效过程,相对快速地得到高分子材料在自然环境条件下的老化失效规律。一些加速暴露老化实验设备得到了很好的应用,如橡胶动态环境暴露实验装置、追光式跟踪太阳暴露实验装置、聚光式跟踪太阳暴露实验装置、加速凝露暴露实验装置、喷淋加速暴露实验装置、黑框暴露实验装置等。

高分子材料人工加速老化是通过人为控制实验设备内模拟近似于大气环境条件或某种特定的环境条件,并强化某些环境参数的影响(如高温、高湿、强光照、载荷等),以期在短期内获得高分子材料老化失效的实验结果。目的是提供相对快速的高分子材料在长期使用中发生老化失效的结果。当然,究竟采用哪种快速模拟加速老化的实验方法,取决于要测试的高分子材料制品的应用场合环境条件、材料遭破坏的类型与机理模型等。目前,有很多国家、行业标准采用了这种加速方法来评价高分子材料产品的抗老化性能。

高分子材料人工环境加速老化实验的方法主要有:耐候性实验(Weatherability Experiment)、热老化实验(Heat Aging Experiment)(绝氧、热空气热氧化、吸氧等)、湿热老化实验(Damp And Heat Aging Experiment)、臭氧老化实验(Ozone Aging Experiment)、盐雾腐蚀实验(Salt Spray Test)、耐寒性实验(Cold Resistance Test)以及抗霉菌实验(Antifungal Test)等。用户根据制品的服役环境和需要选择其中的实验评价方法。

(1)耐候性实验

在自然大气环境条件下,作为考察高分子材料的正常使用寿命的指标称为耐候性。在自然大气环境下评价高分子材料寿命的实验方法有:室外老化实验及人工老化实验。室外老化实验是评价材料实用性最适宜的方法,可以综合一些引起高分子材料老化的热、光、摩擦、化学药品、微生物等因素的综合作用,而其中的日照量、风雨等都是难以控制的气候因素,因此实验周期比较长。在实验室条件下,模拟户外气候条件进行加速老化实验是高分子耐候性实验的重要方式。通常加速老化评价高分子材料耐候性的实验采用气候老化试验装置,该装置采用碳弧灯、氙灯或紫外荧光灯照射模拟日光的紫外线照射,周期性地向试样喷洒盐水、模拟酸雨溶液等来模拟降雨及盐粒等作用,是一种考察多重环境因子的交替作用构成环境实验过程,得到的老化失效规律比较接近真实情况。

（2）热老化实验

热是促进高分子聚合物制品发生老化反应的主要因素之一,热可使高聚物分子发生链断裂从而产生自由基,形成自由基链式反应,导致高分子聚合物材料的降解和交联,性能劣化。热老化实验是通过加速高分子材料在氧、热作用下的老化进程,老化结果反映材料的耐热氧性能。可以根据高分子材料的服役环境要求确定实验温度等参数。

一般对于热塑性高分子材料选择的温度应低于其维卡软化点（适用于控制聚合物品质和作为鉴定高分子新品种热性能的一个指标,不代表材料的使用温度）,对于热固性高分子材料应低于其热变形温度,选取不致造成试样分解或明显变形的温度。通行的实验测试方法有:塑料热空气暴露实验、硫化橡胶或热塑性橡胶热空气加速老化实验、耐热实验及漆膜耐热性测定实验等。

（3）湿热老化实验

在自然大气环境下,温度（热）和湿度（水分）是客观存在的环境因素。有些高分子材料是在高温、高湿的环境中存储、运输或使用的,也有可能在低温条件下使用。因此,湿热老化实验评价具有一定的实用价值。高温条件下的水汽对高分子材料具有一定的渗透能力,在热的作用下,这种渗透能力更强,能够渗透到材料体系内部并积累起来形成水泡,从而降低分子间的相互作用,导致高分子材料的性能老化失效。湿热老化实验一般使用湿热试验箱,提供标准的大气环境（实验气体由 N_2、O_2、CO_2 和水蒸气组成）,温度 $40\sim60\ ℃$,相对湿度 RH90% 以上。对于低温环境下的高分子老化实验可以在低温老化实验箱内进行,低温温度也是根据高分子材料的服役环境条件选择的。

（4）臭氧老化实验

臭氧尽管在大气环境中的含量很少,却是高分子橡胶材料龟裂的主要因素。臭氧老化实验是通过模拟和强化大气中的臭氧条件,研究臭氧对橡胶制品的作用规律,快速鉴定和评价橡胶抗臭氧老化的性能,也可快速评价高分子材料中抗臭氧剂的防护效能,进而采取有效的防老化措施,以提高橡胶等高分子制品的使用寿命。一些橡胶类防水材料、高分子聚合物防水材料都是按照此项实验来评价其老化性能的。

（5）盐雾腐蚀实验

高分子材料在海洋环境应用的情况下,盐雾微粒一定会沉降附着在材料的表面,并且迅速吸潮溶解成氯化物水溶液,在一定的温、湿度条件下,材料表面溶液中的氯离子通过材料的微孔逐步渗透到内部,引起高分子材料的老化或与之链接形成构件的金属材料的腐蚀。所以,对于高分子与金属链接的构件,既要考虑高分子材料的环境老化,又要考虑金属材料的腐蚀失效,因此,进行盐雾腐蚀试验,用来鉴定整个材料结构的电化学腐蚀性能是一种好的实验评价方法。

（6）耐寒性实验

高分子聚合物材料的耐寒性是指它抵抗低温引起的性能变化的能力,当环境温度达到某一低温区域,高分子聚合物材料会发生脆化(冷脆)。因此,评价低温环境下的材料储存也是非常重要的,可以通过模拟的低温环境条件,测试鉴定高分子材料的低温储存特性,评价高分子材料的耐寒性。高分子材料的耐寒性与聚合物的链运动、大分子间的作用力和链的柔顺性有关,如饱和聚合物材料的主链单键,由于其分子链上没有极性基或位阻大的取代基,故其柔顺性好,耐寒性也好。反之,如果其侧基为位阻大的刚性取代基,或者是重度交联的聚合物,其耐寒性就比较差。

(7)抗霉菌实验

霉菌是自然环境中的一种微生物,霉菌新陈代谢的排泄物(有机酸)不管是对于金属材料还是高分子材料,都会导致这些材料发生霉菌引起腐蚀老化失效(见图7.6)。在航空航天领域,众所周知的"三防"实验就有:盐雾腐蚀、湿热和霉菌实验。在国家军标GJB150"三防"中规定了盐雾、湿热、霉菌实验的要求。在霉菌试验中常用的菌种有:黑曲霉、黄曲霉、杂色曲霉、青霉、球毛壳霉等。因为不同材料遭受侵蚀破坏的霉菌种类有所不同,所以对不同的高分子材料应根据服役环境选用不同的实验菌种。

图7.6 霉菌引起的金属与高分子材料的腐蚀老化照片

霉菌实验一般为28 d,采用霉菌老化试验箱,在一定的温、湿度条件下通过培养真菌来试验高分子及金属材料产品的抗霉菌老化能力。特殊的服役环境下,如海洋服役环境可能会要求材料通过的霉菌实验时间更长。

2. 高分子材料的老化失效评价

按照材料基础理论,凡是在自然环境暴露过程中发生变化的材料,并可以测量其性能指标,都可以进行防老化性能的评价。在实际应用过程中,通常选择应用广泛的高分子塑料材料,因为这种材料不但应用广泛,变化也比较敏感,因此,可以根据其一种或几种指标的变化来评定塑料材料的老化失效情况。

高分子材料的老化评价指标一般分为如下几类:

(1)高分子材料的物理性能

最直观的评价高分子材料是否发生老化失效的重要指标有:材料表面形貌变化(目测制品表面是否发生局部粉化、变暗、龟裂、斑点、起泡及变形等)、光学性能变化(光泽、色变和透射率等)、物理指标变化(相对分子质量、相对分子质量分布、溶液粘度、熔融态粘度、质量)等。其中,对于橡胶和塑料软管采用氙弧灯暴晒,观察表面颜色和外观变化。对于有机高分子树脂涂层,要涉及表面光泽、颜色、厚度等变化。

（2）力学性能指标

高分子材料在实际工程应用中,涉及材料强度、韧性、形变率等性能。因此,高分子材料在变形和破坏情况下的力学性能是评价其老化的重要指标,拉伸强度、断裂伸长率、弯曲强度及冲击强度等变化都可以反映出高分子材料的老化程度。这些性能测试涉及的实验方法有:塑料拉伸性能实验、塑料弯曲性能实验、塑料薄膜拉伸性能实验、硫化橡胶耐臭氧老化实验、动态拉伸实验、硫化橡胶或热塑性橡胶拉伸应力应变性能的测定等。

（3）材料微观分析

一般来说,高分子材料的宏观物理性能是由其微观结构所决定的,因此,研究高分子材料的老化失效,除了用一些宏观物理性能作为评价指标外,用一些现代微观分析方法可以使研究高分子材料的老化失效行为更深入。在建立高分子材料人工老化和自然大气环境老化之间的当量关系时,现代微观分析方法就显得更为重要。

探讨高分子聚合物材料降解等失效规律的检测分析方法有:热分析法(差热分析 DTA、差示扫描量热法 DSC、热重分析法 TGA 及热机械分析法 TMA 等)、化学分析法(氧吸收、过氧化物基团测定、羰基测定、羧基测定等)、色谱法、质谱法、光谱法、核磁共振 NMR、电子自旋共振 ESR、动态热-力分析 DMA、激光解吸附电离飞行时间质谱 MALDI - TOF MS 等,可以根据材料的微观分析结果,探讨高分子材料的老化失效规律和机制等。

（4）耐久性能(Durability)指标

因为高分子材料的耐久性与其老化失效有关,一般没有标准的规范和规程可以遵循。所以只好评价其表面耐磨性、抗紫外线、抗生物、抗化学、抗大气环境等材料特性的变化。通常可以按实际工程的需要,进行专门的对比测试(新、旧零件)进行评价,也可以根据同样的高分子材料工程应用的实际经验,或者参考文献、资料上的性能数据判别其耐久性。

3. 高分子材料的生物腐蚀与降解

高分子材料的生物降解(Biodegradation)是在一定的时间和一定的条件下,被微生物(细菌、真菌、藻类)生化过程中产生的分泌物或酶降解为低分子化合物,最终分解为二氧化碳和水等无机物。生物降解的高分子材料具有的特点包括:易吸附水、含有敏感的化学基团、结晶度低、摩尔质量低、分子链线性化程度高和较大的比表面积等。因此,所有可降解高分子材料在降解过程均具有被腐蚀的特性。另外,难以生物降解的化学合成高分子材料和结构(不同材料构成,表面有金属或者非金属、树脂基碳纤维复合材料等)长期处于某种环境中也会存在被微生物腐蚀的风险,因为微生物具有极强的遗传变异性,在特定条件下也可能产生能利用这些高聚物的酶类,使之作为碳源或能源生长,尽管这种降解速率较低,但潜在危害是确实存在的。只是高分子材料的腐蚀老化比降解更复杂,因为它依赖于许多其他因素,如降解、溶胀、溶解齐聚物和单体的扩散以及形态学的改变等。特别是塑料品种的多样化、塑料改性的增加和应用服役环境的不断拓宽,使对塑料材料在抗菌防霉、防腐蚀方面的要求越来越高。所以,了解腐蚀老化机理对各类高分子材料的成功应用就显得非常重要。

高分子材料的生物腐蚀可能会因环境条件而减缓,因为可利用的碳、氮源及其他营养物质有限,从而限制了微生物的繁殖。但是腐蚀过程也可能在人为条件下或封闭环境中加速,如海底、宇宙飞船、航空器或其他封闭设备,因为这些环境中的湿度促进细菌生物膜在其表面扩展,而细菌生物膜的存在为真菌的侵染和定殖提供了生存环境。有时候微生物腐蚀造成材料的表征变化非常微小,但材料绝缘性能的细微改变都可能导致通信和防控系统的严重损失,导致出现灾难性后果。因此,关于防止包括塑料在内的高分子材料的微生物腐蚀和微生物降解研究一直是非常活跃的领域。

4. 高分子材料老化失效分析

通过高分子材料老化失效可以测试得到大量数据,以及一些实际的大气环境暴晒实验结果和室内加速老化实验结果,对这些结果进行相关系数的拟合分析,来确定这种材料的老化失效行为非常重要。随着科学技术的进步,现代分析测试手段水平的提高,对高分子材料的老化失效所表现出的表观形貌、微观形貌、成分结构变化、理化性能变化等,进行综合分析研究,探讨材料的老化历程和老化失效规律,提出老化失效机理模型,这些都需要进行深入细致的分析研究,才能为延缓高分子材料的环境老化失效提供有效的工程应用意见,因为高分子材料种类多,服役环境条件复杂,所以其老化失效的难度也是非常大的。

7.1.4 高分子材料的防老化措施

人们期望高分子聚合物零件在使用工程中一直保持原有的各种性能指标,但是由于服役环境的复杂,尤其是恶劣的温度变化、湿度变化、光线辐射、疲劳载荷等条件的冲击,使高分子材料零部件发生老化失效的时间缩短,为此,人们从高分子材料改性、表面涂镀层,并针对具体环境等采取了防老化措施。

1. 热老化环境的预防

在热环境或者冷热变化环境中,对于不同类型的高分子材料,人们提出了相应的使用要求。对于结晶型高分子塑料及橡胶材料其使用温度范围要处于其玻璃化温度以上,但是要注意的是,低温环境条件下也有可能会使高分子材料的使用温度低于玻璃化温度,从而使高分子材料的物理性能发生改变,而影响其使用性能。

为此,在高分子材料生产过程中,为降低材料的结晶度,提高大分子链的柔性,适当降低交联度,能相应降低其玻璃化温度。另外,在高分子材料成型过程中,加入增塑剂(Plasticizer)即可以提高高分子材料的可加工性,又可以降低其玻璃化温度,从而提高了这种材料的耐寒性。

增塑剂的作用机理包括分子增塑(内增塑)和结构增塑,分子增塑(Molecular Plasticization)是增塑剂在分子水平上与高分子混溶,降低高分子链间的相互作用力,增加高分子链的柔顺性;也就是说通过共聚的方法改变聚合物的化学组成,使高分子间的相互作用减弱而达到增塑的目的。

结构增塑(Structural Plasticization)是增塑剂以分子尺寸的厚度分布于聚合物的聚集态结构之间,而起到一种特殊的润滑作用而达到增塑的目的。

一般来说,非晶塑料零件的使用温度须低于玻璃化温度,结晶型塑料的使用温度须远低于熔点,橡胶材料的使用温度须低于粘流温度。某些高分子材料如长期在高温环境中使用,存在着老化失效的风险,因此,增加高分子材料链的刚性,在聚合物侧链中引入苯环,就可以适当提高结晶度、交联程度和分子量,从而提高高分子材料的熔点或粘流温度,达到抗热老化的目的。

此外,对高分子合金材料(由两种或两种以上不同种类的树脂,或树脂与少量橡胶,或树脂与少量热塑性弹性体,在熔融状态下,经过共混,通过机械剪切力,使部分高聚物断链,再接枝或嵌段,亦或基团与链段交换,而形成聚合物与聚合物之间的复合新材料),若需要提高其热稳定性,则可在聚合物中适当加入相容剂(Compatibilizer)。若服役环境需要,可在高分子聚合物中适当加入相容剂(Compatibilizer),在共混的聚合物组分间起到"偶联"作用,从而提高其热稳定性。在聚合物共混过程中,相容剂的作用是使聚合物易于相互分散以得到宏观上均匀的共混产物；另外就是改善聚合物体系中两相界面的性能，增加相间的黏合力，使之具有长期稳定的抗热老化性能。

2. 湿热环境老化的预防

聚酯、聚缩醛、聚酰胺和多糖类高聚物材料在具有酸或碱催化的湿热环境中，遇水（包括湿度大时，材料表面的水分子膜）很容易发生水解；在空气污染严重，酸雨频繁的地域使用这类高分子材料，就很容易发生老化。通常在这类材料的表面覆盖一层防水薄膜层，如有机无机复合纳米疏水膜层等，可降低湿热环境中高分子零件表面的水膜集聚，减轻发生高分子材料水解老化的风险。

3. 氧环境中老化的预防

在高聚物材料生产过程中，常加入一些胺类和酚类抗氧化添加剂、含硫有机化合物和含磷化合物添加剂等，通过这些添加剂与材料的过氧自由基迅速反应，促使连锁反应提早终止，来提高高分子材料的抗氧老化能力。抗氧剂有自由基受体型和自由基分解型两类，某些胺类和酚类抗氧剂就是自由基受体型抗氧剂，是与高分子材料自由基或过氧自由基迅速反应，活性降低，不能继续链反应的自由基；含硫有机化合物和含磷化合物是自由基分解型抗氧剂，可以使高分子材料的过氧自由基转变成稳定的羟基化合物。工程实践结果表明，将自由基受体型抗氧剂与自由基分解型抗氧剂共同应用，可以产生好的协同效果。

由于结构或者加工过程中，一些过渡金属元素的存在会加剧高分子材料的氧化老化，所以，在高分子材料成型加工过程中，加入一定的金属螯合剂（Chelator，又称络合剂），与其形成稳定的络合物而使其失去催化作用，提高高分子材料在氧环境中的抗老化性能。

4. 光老化的预防

光老化（Light Aging）是高分子材料最常见的一种老化方式，因此，防止光老化一直是高分子材料科技人员关注的话题，在高分子材料制备过程中，人们尝试加入各种各样的光稳定剂（Light Stabilizer），来避免材料的老化降解。实际上，光稳定剂种类很多，有光屏蔽剂、紫外吸收剂、淬灭剂和自由基捕捉剂等，作用不一。加入光屏蔽剂的目的是希望它能够反射紫外光，减少光激发反应，起光屏蔽的作用，这种物质有炭黑、钛白粉等。紫外吸收剂是能吸收紫外光，自身处于激发态，然后放出荧光、磷光或热而回到基态，不影响高分子材料本身。淬灭剂的作用是，当高分子材料吸收紫外光而处于激发态时，将能量转移给淬灭剂，回到基态，淬灭剂最后将所获得的能量以光或热的形式释放出去，而恢复到基态，保护材料减轻光老化的影响。自由基捕捉剂能够有效地捕捉高分子自由基而使链反应终止。也可以在聚合物表面涂抹一层防紫外的丙烯酸涂料，可有效增强高分子聚合物零件的光稳定性。当然涂层厚度、表面质量与防止光老化的效果有关。

5. 综合预防

实际上，随着高分子材料应用范围的不断扩大，人们针对不同的应用环境，提出了很多防止材料老化的措施和方法。其中应用比较广泛的是在高分子材料的生产过程中，根据服役环境因素的特点，相应加入一些防老化的助剂或者添加剂，来提高高分子材料的抗老化性能。

还有就是应用比较广泛的，在高分子材料零部件表面涂覆各种各样的抗老化涂层，尽管有的抗老化涂层也是一些高分子材料，但是这些高分子有机涂层中含有一些抗老化的助剂成分，可以提高高分子材料的抗老化性能。

在高分子材料表面，有一些无机有机杂化的复合抗老化涂层，得到了实际工程应用。而且，随着人们在高分子材料零件表面抗老化涂层方面的研究不断深入，一些含纳米氧化物、硅氮烷、稀土等成分的高分子抗老化复合涂层将会取得更好的防老化效果。

总之,控制高分子材料的老化和腐蚀,人们有了很多很好的经验,并且根据高分子材料产品的服役环境条件,有针对地选择不同的抗老化和防腐蚀措施,有时是将几种措施方法综合使用,以达到提高高分子材料抗老化的目的。

7.2 磁性材料的腐蚀老化失效

磁性材料(Magnetic Material)是一类重要的基础功能材料,它应用范围非常广泛,电子、信息、电动工具、汽车、家电等行业对磁性材料有着不可替代的需求。同时,由于当前国家提倡节能环保、绿色发展,所以作为一种清洁能源,磁性材料更是在节能环保、新能源、电动汽车、智慧城市等新兴领域中得到越来越广泛的应用,如机器人、无人机、航空航天、卫星遥感等国防领域。特别是其中价格低廉、资源丰富的铁氧体永磁材料,其整体市场需求在以每年 $10\%\sim 15\%$ 的速度高速增长。

磁性材料通常按照材质分为金属磁性材料和非金属磁性材料两类,如钕铁硼、钐钴等金属磁性材料多应用于军工和高档电子产品等领域;而非金属磁性材料价格低廉、性能稳定,常常用于相对比较恶劣和严峻的环境条件。铁氧体永磁材料(Ferrite Permanent Magnet Material)是非金属永磁材料中的主要代表,原料多来源于钢厂的副产品铁鳞、铁红等,经过高温回转窑烧制而成,具有工艺简便成熟,适合于多种工作环境等特点,多用于电气、机械、运输、医疗及生活用品等领域。

但是,磁性材料尤其是在复杂恶劣的环境条件中应用,其耐腐蚀性能是远远不够的,不能满足产品的长期使用要求,需要在磁性材料表面进行一定的表面防护处理,以获得具有一定防腐蚀能力的涂镀层。

NdFeB 永磁材料产品具有高磁能积、高矫顽力、高剩磁密度、体积小、重量轻等优点,被广泛用于电子通信、冶金制造、地质勘探、医疗保健、交通运输、能源动力及航空航天等领域。由于其制造工艺为粉末冶金烧结工艺,致使制备出的磁体材料的微观结构不致密、多孔、各相间的电位差较大,容易在湿热变化的环境中构成原电池产生严重的腐蚀,影响钕铁硼永磁体产品的性能和寿命。因此,钕铁硼永磁体的腐蚀规律与表面防护技术成了人们的重要研究方向。

7.2.1 永磁体材料的腐蚀环境与机理

对于非金属磁性材料来说,由于其稳定性好、耐腐蚀性能好,所以很少涉及其腐蚀规律与腐蚀机理,而研究比较多的则是钕铁硼永磁体材料的腐蚀行为。

要了解钕铁硼永磁体材料的腐蚀机理,首先要知道 NdFeB 永磁体材料的相组成,NdFeB 的相组成及成分复杂,有 $Nd_2Fe_{14}B$、$Nd_{1+\varepsilon}Fe_4B_4$、$Nd_5Fe_2B_6$、$Nd_2B_5$、$NdB_4$、$FeB$、$Nd_2Fe_7$ 等合金相,其中 $Nd_2Fe_{14}B$、$Nd_{1+\varepsilon}Fe_4B_4$ 和 $Nd_5Fe_2B_6$ 为主要合金相。另外,基体相($Nd_2Fe_{14}B$)具有优异的高饱和磁化强度和各相异性场,是合金的唯一永磁性相。富 B 相($Nd_{1+\varepsilon}Fe_4B_4$)常常是以不同变态的亚稳定相存在,其居里温度为 $T_C=13$ K,在室温以上为顺磁相,对磁体的磁性能有影响,但富 B 相增加对提高矫顽力有利。富 Nd 相是以薄层状和块状存在,分布在材料晶界的交隅处或 $Nd_2Fe_{14}B$ 的晶界上,使合金空隙减少提高其致密度,并能够隔离铁磁性,促进合金矫顽力的提高,是钕铁硼永磁体材料不可缺少的相组成部分。

但是,由于稀土钕元素的化学活性非常高,它的标准电势 $E_0(Nd^{3+}/Nd)=-2.431$ V,因此易于氧化,成了 NdFeB 磁体材料能否长期应用的关键。再由于富 Nd 相和富 B 相非常活泼,且各相的电化学电位差很大,易发生电化学腐蚀,大量的实际应用案例表明,NdFeB 磁体材料发生腐蚀的环境多是长时高温、湿热、电化学腐蚀环境。

关于钕铁硼永磁体材料的腐蚀机理,其实与其应用环境有关。

在干燥环境(相对湿度低于 15%)中,当环境温度高于 250 ℃时,钕铁硼永磁体材料中活性高的晶界富 Nd 相优先发生氧化:

$$4Nd + 3O_2 \longrightarrow 2Nd_2O_3$$

磁体材料表面产生疏松氧化物,随后,主相 $Nd_2Fe_{14}B$ 氧化分解生成 Fe 和 Nd_2O_3,再进一步氧化生成 Fe_2O_3 等产物,使其磁性能下降。环境湿度对烧结的 NdFeB 磁体材料的腐蚀速率的影响比温度的影响更为显著。在干燥气氛环境中,即使温度达到 150 ℃,磁体也基本不发生腐蚀;而在潮湿空气中,室温下磁体就会出现明显的腐蚀。在湿热环境中,晶界处富 Nd 相首先与环境中的水蒸气发生反应:

$$Nd + 3H_2O \longrightarrow Nd(OH)_3 + 3H$$

生成的 H 原子会渗入到磁体材料内部的晶界中,进一步反应致使出现晶界腐蚀:

$$Nd + 3H \longrightarrow NdH_3$$

而 NdH_3 会使磁材晶界相体积膨胀,在应力作用下进一步破坏晶界,造成磁体的粉化失效。一般说,湿热环境中的腐蚀产物不像干燥环境中的氧化产物那么致密,不能对磁体形成隔离保护,因此腐蚀速率远大于干燥环境下的氧化反应,当环境湿度过大时甚至会引发材料局部的电化学腐蚀过程。

在磁体材料能够发生电化学腐蚀的环境中,NdFeB 磁性材料中相互接触的三相之间存在着明显的电位差,产生接触电偶效应,富 Nd 相、富 B 相电极电位相对主相较负,充当电池的阳极优先发生腐蚀。由于富 Nd 相和富 B 相所占比例不到 10%,所以腐蚀微电池就具有了“大阴极、小阳极”的特点,少量晶界相承担了大的腐蚀电流密度,加速了阳极区域的溶解,整个腐蚀过程如图 7.7 所示,NdFeB 磁性材料发生的这种选择性腐蚀,会造成主相晶粒失去与周围晶粒间的结合而脱落。此外,当磁体表面由于表面保护的需要,通过电镀或者化学镀得到的镀层出现了孔洞或裂纹等缺陷时,镀层与 NdFeB 磁材基体间也会形成腐蚀微电池,多数情况下磁体会作为阳极而优先被腐蚀,而阴极的金属镀层会出现暴皮现象,最终导致防护失效、腐蚀加速。还有,在磁体材料表面处理的预处理工艺中,酸洗活化液和镀液等成分渗入磁体孔隙后,也会在应用过程中发生电化学腐蚀。

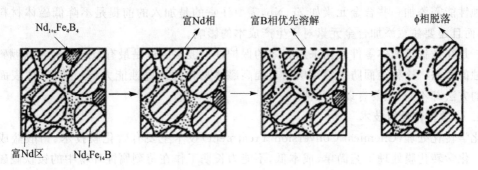

图 7.7　烧结 NdFeB 磁体发生电化学腐蚀的示意图

有人研究了 NdFeB 永磁材料在不同腐蚀乳液中的腐蚀行为,发现在 HCl、HNO_3 和

H_2SO_4 溶液中,NdFeB 永磁材料的腐蚀速度较快;而在 H_3PO_4 和 $H_2C_2O_4$ 溶液中,由于在磁体表面生成的钝化膜,使腐蚀速度减慢;在 NaCl 溶液中,腐蚀速度介于上述二者之间;在 NaOH 溶液中几乎不发生腐蚀。Sueptitz 等人进一步研究了溶液 pH 值对 NdFeB 永磁材料电化学腐蚀速率的影响,发现在 pH 值较高的硫酸溶液中,由于电极区域氢离子浓度低,在材料富钕的区域表面也能形成氢氧化物层,从而阻止了钕的进一步腐蚀。

谢发勤等人分别熔炼了 NdFeB 磁材的 3 个组成相:Nd_4Fe(富 Nd 相)、$NdFe_4B_4$(富 B 相)和 $Nd_2Fe_{14}B$(主相),研究了各相在 HCl、NaCl 等电解质溶液中的腐蚀电位和极化特性,发现 Nd_4Fe(富 Nd 相)的腐蚀速度远高于其他两相,NdFeB 磁材的腐蚀速度在很大程度上取决于富 Nd 相的腐蚀行为。Costa 等人研究了在充磁和未充磁两种状态下磁体材料的腐蚀行为差异,发现溶液中顺磁性氧分子在磁场作用下,能够运动到磁体材料表面,通过消耗氢加快阳极区反应速率,并加速溶液传质过程,从而增加了磁体材料的腐蚀速率。

在电解质溶液中,NdFeB 磁体材料的富 Nd 相和主相都易发生吸氢行为:

$$Nd + x2H_2 \longrightarrow NdH_x \quad Nd_2Fe_{14}B + x2H_2 \longrightarrow Nd_2Fe_{14}BH_x$$

氢的进入会导致 NdFeB 磁体材料晶格膨胀,引起局部磁性能下降甚至磁体粉化。有人研究了 NdFeB 的吸氢腐蚀,通过电化学和 X 射线衍射等测试发现,吸氢量随着 NdFeB 磁体材料中稀土元素总含量的升高而增多,且腐蚀速率随着吸氢量增多而增加。在磁体清洗和电镀过程中常伴随氢的释放,如果工艺参数控制不当就会对其表面的防护镀层造成不良影响。

总之,钕铁硼永磁体材料的腐蚀行为与材料的相组成、应用环境等密切相关,关于材料发生腐蚀的原因要具体情况具体分析。

7.2.2 钕铁硼磁体材料表面防护处理技术

裸露的钕铁硼永磁体材料其耐腐蚀性能比较差,必须进行适当的改性或者防腐蚀处理,其原则是在不得损害磁体材料本身基本性能的前提下进行处理,来提高钕铁硼永磁体材料的耐腐蚀性能。

提高钕铁硼磁体材料零件的防腐蚀措施主要有以下三种:

一是改善磁体材料本身的耐腐蚀性能。通过改进磁体微观结构,用热压工艺,获得高致密超细晶粒的磁体,可大大提高磁体本身的耐腐蚀性能,但该工艺由于成型技术工艺限制,主要用于汽车 EPS 电机领域,没有得到大批量工业应用。

二是在钕铁硼磁体材料中添加一些合金元素改善磁体的耐腐蚀性能。要改善磁体本身的耐腐蚀性能需添加一些合金元素如 Zr、Nb,需要注意的是加入的前提是不降低磁体材料的磁性能,而且还要注意添加合金元素对于生产成本的影响。

三是在钕铁硼磁体零件表面采用有效的保护性涂镀层。这是最有效地减轻钕铁硼磁体材料腐蚀的方法。这种表面防护涂镀层用来提高磁体材料的抗腐蚀能力,但是对磁体表面进行处理的方法却不同,主要有以下几种。

1. 化学转化处理技术

化学转化处理(Chemical Conversion Treatment)技术主要有磷化膜技术、铬酸盐成膜技术等。化学转化膜处理工艺简单、成本低,不能为长期工作在苛刻腐蚀环境中的钕铁硼磁体零件提供好的保护,一般作为提高磁体与后续有机涂层(喷涂、电泳)结合力的中间过渡膜层。

磷化处理(Phosphating Process)是将钕铁硼磁体零件在含有磷酸及磷酸二氢盐(锰盐、锌盐)的溶液中浸泡,形成以磷酸盐沉淀物组成的晶粒状磷化膜。磷化时间、磷化液成分都会影响钕铁硼磁体零件表面成膜速度、致密程度和厚度等。一般在常温、中温或者高温的磷化溶液中进行磷化。磷化溶液中用一些促进成膜的 NO_3^-/NO_2^-、$NO_3^-/ClO_3^-/NO_2^-$ 促进剂。有人先对烧结钕铁硼磁体零件进行磷酸盐处理,再经喷涂有机涂层或者进行油漆电泳,即保证了磁体材料与有机涂层的结合力,又可以提高磁体零件的耐腐蚀性能。

另外,在电镀前采用磷化处理可以在钕铁硼磁体零件晶界相生成一层相对稳定的磷化膜,磷化处理和电镀铜镀层的双层保护作用能够提高磁体零件的抗腐蚀能力。在含氟化铵的乙二醇溶液中通过阳极化过程在 NdFeB 磁体零件磁体表面制备一层纳米多孔氧化膜,结果证明氧化膜能够通过锚钉效应来提高保护性涂层与磁体之间的结合力,从而改善钕铁硼磁体零件的耐腐蚀性能。

2. 磁体零件表面的金属保护镀层

(1) 化学镀层

化学镀层具有良好的均匀性、致密性、耐蚀性和仿型性,与电镀相比,化学镀工艺设备简单,不需外加电源系统,镀层不存在边角效应,形状复杂的盲孔、深孔、腔体或管状的钕铁硼磁体零件比较适宜用化学镀的方法来提高其防腐蚀能力。化学镀是依据氧化还原反应,使化学镀液中的金属离子沉积到磁体零件表面形成镀层,使钕铁硼零件的表面耐腐蚀和耐磨损等性能得到提高,钕铁硼磁体零件的化学镀层主要有:镍磷化学镀层以及镍铜磷、镍钨磷和镍铜磷等化学合金镀层。其中应用最广泛的是具有优异的耐蚀性能的化学镀 Ni-P 合金镀层,当镀层中 P 含量在 8%~16%(质量分数)时,化学镀镍磷合金镀层为非晶态结构,无晶界、缺陷等,因而耐腐蚀性较高。

但是钕铁硼磁体零件表面的化学镀镍磷层由于沉积过程中析氢而导致镀层有一定数量的孔隙,从而影响其防护性能,为此,用封孔的方法或增加化学镀镍磷层的厚度,减轻或者消除镀层孔隙带来的后果。

随着化学镀镍磷合金层中 P 含量的逐渐增多,镀层的结构由晶态结构逐渐转变为非晶态结构,耐腐蚀性能也会提高。钕铁硼表面化学镀 Ni-Cu-P 镀层的耐腐蚀性与镀液中络合剂的浓度、pH 值、施镀温度及金属离子配比等有关,当金属离子配比 $[Ni]^{2+}/[Cu]^{2+})$ 为 0.02 时获得的镀层耐腐蚀性能远远优于同等条件下的 Ni-P 化学镀层。

但是钕铁硼磁体零件在酸性化学镀镍磷合金镀液中施镀,零件表面的吸氢现象比较严重,会影响化学镀镍磷合金层的性能。钕铁硼磁体零件在碱性镀液体系中沉积,获得的是低磷磁性镀层,会使磁体本身的磁性能减弱。

因此,针对钕铁硼磁体零件化学镀存在的这些问题,人们提出了在磁体表面先镀 2~3 μm 厚的普通化学镀镍磷层,然后再在其上化学镀覆有纳米颗粒增强的高磷镍镀层。另外优化酸性化学镀液体系以减缓钕铁硼磁体零件的吸氢程度也是今后的发展方向。

将化学镀与电镀技术相结合,在钕铁硼磁体零件上先镀一层化学 Ni-P(或 Ni-Cu-P)合金,然后再电镀双层镍(在一种镀镍液中镀覆第一层镍,然后在其上用第二种镀镍液镀覆第二层镍,第二层镍中含硫元素),利用高硫 Ni 层的电位最低的特点,使腐蚀可控制在高硫 Ni 层中横向进行,对于钕铁硼磁体零件来说,这样三层镀层的防护性能非常好。还有,人们将化学镀等工艺与电泳涂装、溶胶-凝胶技术相结合,以复合涂层体系的方式来提高钕铁硼磁体零件的耐腐蚀性能。

(2) 电　镀

1985—1995 年为钕铁硼永磁材料零件的电镀起始阶段,经过多年的应用与技术发展,钕铁硼永磁材料的电镀技术已经比较成熟,钕铁硼永磁材料的电镀主要包括:镀锌、镀铜、镀镍、镀锌合金、镀镍合金和复合镀层等。

实际上,钕铁硼磁体零件表面的电镀镍层,其防腐蚀性能不仅与镀镍层的厚度和质量有关,还与磁体材料本身的耐腐蚀性能有关。速凝薄带配合氢气破碎工艺制备的钕铁硼磁体零件的电镀镍层,其耐腐蚀性能较好。在钕铁硼磁体材料表面的镍镀层,在 3.5% NaCl 溶液中的腐蚀电位正移,腐蚀电流密度降低,可提高钕铁硼磁体零件的耐腐蚀性能。在应用实践中人们发现,预镀(铜、镍)工艺对烧结型钕铁硼零件电镀层的光亮度、孔隙率、结合力和耐腐蚀性都有显著影响。

在弱酸性的氯化物镀液中,在钕铁硼磁体零件表面电镀得到的锌铁合金层,含铁量为 0.92% 时获得的耐腐蚀性能较好,且锌铁合金镀层对磁体材料的基体起到阳极保护作用,得到的锌铁合金镀层晶粒细小、均匀、致密,对钕铁硼磁体本身的缺陷起到很好的填充作用,再对锌铁合金层进行钝化处理,可以有效地提高这种合金镀层的电阻率及耐腐蚀性能。

在钕铁硼磁体零件表面电镀 Zn-Ni 合金,可以在不降低磁体材料的磁损耗前提下,极大地提高钕铁硼零件表面处理后的耐腐蚀能力。

还有在钕铁硼磁体零件表面电镀 Ni-P 合金、电镀 Ni+Cu+Ni 复合层、电镀 Ni+Cu+Ni+电泳环氧树脂等多种组合的防护镀层。比较相同厚度的单层电镀 Ni、双层电镀 Ni、电镀 Ni+Cu+Ni 层的耐腐蚀性能,发现电镀 Ni+Cu+Ni 三层体系的防腐蚀效果最好。因为钕铁硼磁体零件表面先预镀一层 Ni,能够提供结构致密、电位较正的底镀层,同时也保证了镀层与磁体的结合强度,中间镀 Cu 层孔隙率比 Ni 层低,磁屏蔽作用小于 Ni 镀层,零件表面为光亮镀镍层,具有一定的硬度和装饰性。但是进一步进行加速腐蚀实验,发现钕铁硼磁体零件表面的 Ni+Cu+Ni 三层体系,在硫化物环境中易腐蚀,外层的镍镀层完全被剥离,零件表面有铜和铁的腐蚀产物,腐蚀速率随着环境温度升高而增加。

电镀 Zn 镀层也是常用的一种镀层,锌的标准电极电位较钕铁硼磁体材料负,可以提供牺牲阳极保护作用,再有电镀 Zn 成本低,因而一般环境条件下使用的钕铁硼磁体零件多进行电镀锌加工。电镀 Zn-Ni 合金的腐蚀电位较钢铁负,而比 Zn 镀层的正,也能起到牺牲阳极的保护作用,同时产生较小的腐蚀电流,相比单独的镀 Zn 层,钕铁硼磁体零件表面电镀 Zn-Ni(Ni 的质量分数为 11%~15%)合金层的耐腐蚀性能更优。

针对普通水溶液电镀过程存在的镀液渗入钕铁硼磁体孔隙和吸氢腐蚀的问题,人们在 $AlCl_3$+$LiAH_4$ 有机溶液中对钕铁硼磁体零件电镀铝,得到的高纯 Al 镀层结晶致密,与磁体材料的结合牢固,且镀层的防腐蚀性优于电镀 Ni、Zn 等镀层。还可以将钕铁硼磁体零件在 $AlCl_3$-EMIC(氯化 1-乙基-3-甲基咪唑)离子液体中进行阳极电解处理,能有效除去钕铁硼磁体表面的氧化层,然后在 $AlCl_3$-EMIC-$MnCl_2$ 离子液体中电沉积出非晶的 Al-Mn 合金镀层,这种镀层同样能为磁体零件提供牺牲阳极保护,腐蚀电流密度可以显著降低 3 个数量级,展现出更好的耐腐蚀性能。

钕铁硼磁体零件表面的电镀防护层的研究和应用日新月异,结合现代表面分析技术以及新材料技术,钕铁硼磁体零件表面防护水平与腐蚀机理的研究越来越深入,其取得的成果会推动钕铁硼磁体材料在电子信息、国防军工等高科技领域的应用。

3. 有机防护涂层

有机涂层是金属零件表面防护方法中应用最广泛的手段之一,也是钕铁硼磁体零件防腐蚀的主要方法,有机涂层主要是树脂和有机高分子材料,其中环氧树脂、聚氨酯涂层是应用比较多的涂层类型。环氧树脂有机涂层具有优异的防水性、抗化学腐蚀性和粘结性,而且有足够的硬度,得到了广泛的应用。其通常是在电镀锌、电镀镍的钕铁硼磁体零件上电泳涂覆环氧树脂涂层,防腐蚀性能远优于传统的镀锌、镀镍层。除环氧树脂外,其他树脂材料还有聚丙烯酸酯、聚酰胺、聚酰亚胺等,也有采用两种或两种以上的这些树脂的混合物作为复合涂层,同时在树脂中添加一些防锈材料如红丹、氧化铬等。

有人将纳米 CeO_2 颗粒均匀弥散地嵌入钕铁硼磁体零件上的环氧树脂涂层中,这样可以大幅度降低环氧树脂防护涂层的孔隙率,减少涂层中的缺陷,提高磁体零件表面环氧涂层的致密度,显著提高磁体零件的耐腐蚀性能。另外,在研究中发现,纳米 CeO_2 颗粒的掺杂,能明显提高环氧树脂涂层的屏蔽性能,延长环境中腐蚀介质向涂层内部渗入的通道,进一步提高钕铁硼磁体零件上的环氧树脂涂层的防腐蚀能力。

4. 物理气相沉积

物理气相沉积(Physical Vapor Deposition,简称 PVD)技术主要分为真空蒸发镀膜、真空离子镀膜和真空溅射镀膜等,通过蒸发、电离或溅射等物理方法,在真空条件下,将金属、合金、陶瓷等靶材部分电离成离子或汽化成气态分子,并通过等离子体过程或与反应气体形成化合物,从而在零件表面沉积得到所需要功能的膜层。在钕铁硼磁体零件表面通过物理气相沉积获得的防护镀层有:Al、Ti+Al、Al+Al_2O_3、TiN 等膜层。

真空蒸镀(Vacuum Evaporation)技术比较成熟,但用于钕铁硼磁体零件沉积时,得到的镀层结合力稍差,易形成粗大的柱状晶结构,导致其防腐蚀性能不能达到高的要求。

为此,有人在烧结钕铁硼磁体零件表面真空蒸镀 Al、Ti+Al 和 Ni+Al 防护膜层,再进行真空退火处理,发现在 Ti/Al 界面、Ni/Al 界面、Al/NdFeB 界面处有金属间化合物生成,可以有效提高烧结钕铁硼磁体与膜层之间的结合强度,同时耐腐蚀性能也得到提高。

对钕铁硼磁体零件表面热蒸发制备 2 μm 厚的 Cr 层,发现薄膜在潮湿环境下极易腐蚀。用离子辅助蒸发沉积技术在钕铁硼磁体零件表面制备同样厚的铝膜层,其晶粒细小,结合强度高,耐腐蚀性能要优于 Cr 层。

离子镀(Ion Plating)技术也是在真空环境中,其利用惰性气体的辉光放电将沉积膜材进行离子化,并用被蒸发膜材的离子或气体离子对沉积零件表面进行轰击,再将蒸发膜材或其反应物沉积在零件表面,得到的防护膜层具有附着力强、绕射性好、耐腐蚀性能好等优点,如可将离子镀铝技术应用在电机和电动车中的钕铁硼磁体零件表面。离子镀铝方法获得的铝防护膜层具有高的耐腐蚀性能,而且高能原子轰击产生了离子注入效应,在镀膜层/磁体零件界面还会发生原子扩散、冶金结合,进一步提高了镀膜层与磁体表面的结合强度和耐腐蚀性能。

有人用阴极电弧离子镀技术在 NdFeB 磁体零件表面制备 TiN 陶瓷膜层,不但能提高钕铁硼磁体的耐腐蚀性能,而且不会影响磁体本身的磁性能。TiN 陶瓷镀层还具有很好的生物细胞相容性和生物力学性能,在口腔医学领域用于正畸治疗方面具有大的优势。

磁控溅射(Magnetron Sputtering)技术是利用辉光放电产生的氩离子将靶材原子溅射下来后,在钕铁硼磁体零件表面上沉积成膜,如在钕铁硼磁体零件表面沉积一层铝膜,然后对其进行阿洛丁化学转化处理,得到的铝膜层更致密,自腐蚀电流密度降低了 1 个数量级,耐腐蚀性优良。用离子束辅助磁控溅射的方法在钕铁硼零件表面制备的 Al 膜层,相比普通的磁控溅射技术镀 Al 层,得到的铝膜层更加均匀和致密,盐雾腐蚀试验结果证明,其耐腐蚀性能明显提高,这是因为沉积的铝膜层柱状晶结构消失以及铝膜层中存在更多致密的氧化膜,从而提高了其耐腐蚀性能。另外还可以用等离子体辅助磁控溅射技术在钕铁硼磁体零件表面制备出耐腐蚀性能更加优良的 $Al+Al_2O_3$ 多层膜层。

5. 复合涂层

为了使钕铁硼磁体零件获得更好的抗腐蚀效果,采用几种涂镀层的组合,在钕铁硼零件表面形成复合防护涂层。复合防护涂层不但具有双重保护的叠加效果,而且对第一道防护涂层的缺陷具有修补作用,如化学镀镍和电泳环氧树脂复合防护涂层工艺,将钕铁硼上的化学镀镍(带孔隙)作为电泳涂层的预处理,电泳得到的环氧树脂涂层可进一步加强对钕铁硼磁体的表面防护作用。

另外,也可以用化学镀、双层复合电镀技术,如先化学镀 Ni-P 合金,再电镀双层 Ni,得到多层组合的复合防护镀层,可以大大提高钕铁硼磁体表面的抗腐蚀能力。当然这种复合防护多次电镀技术在实际应用中一般是比较烦琐的,只有特殊需要且对钕铁硼产品的抗腐蚀性要求很高时才用。常用的技术是在钕铁硼磁体表面进行电镀,获得镀锌,或者镀铜-镀镍,还有磷化-电泳防护膜层等。

随着钕铁硼材料应用范围的延展,磁体零件表面的防腐蚀技术也在不断发展,含有纳米氧化物颗粒的复合镀锌、复合镀镍,以及锌-镍-磷等多元合金电镀技术都有不同程度的研究与应用。还有将钕铁硼材料表面的电镀层、钝化膜层与硅烷封闭膜层相结合,构成复合防护体系,以进一步提高电镀磁体零件的抗腐蚀性能。

7.3 生物医用金属材料的环境腐蚀与防护

生物材料(Biomaterial)是广泛运用于医学等领域的重要材料,由于生物产品的结构复杂性,环境多变,所以需要生物材料具备不同的特性来满足各种需求,这也对生物材料提出了更高的要求。

一般说生物材料是指为植入人体各系统或与各系统相结合而设计的物质,且不与人体发生药理反应。当然,生物材料作为一种外来的物质,进入人体不可避免地会被人体的免疫系统所排斥,通过对生物材料表面进行去除特异性抗原处理可以有效避免免疫系统的排斥,防止人体产生不良反应。

生物材料主要有:天然高分子生物材料、高分子合成生物材料、复合杂化生物材料以及生物医用金属材料。其中天然高分子生物材料的使用历史久,其多功能性以及与机体良好的相容性被广泛使用,天然高分子生物材料由天然蛋白质材料及天然多糖类材料组成,适用于可吸收的外科缝线、人工皮、透析膜、医学组织引导再生材料等。

高分子合成生物材料由小分子单体聚合而成,在聚合过程中可对反应进程加以控制从而获得特殊的理化性质,也被大量应用于医学等领域。合成高分子生物材料依据降解性用于不同方面。不可降解的合成高分子材料例如聚氨酯、硅橡胶等用于管腔材料、人工晶体、粘合剂等。而聚乳酸、聚乙烯醇等可降解的生物材料则用于外科缝线、血浆代用品等。

而复合杂化生物材料则是由两种或两种以上不同生物材料组合而成的生物材料,一般根据需要选择不同材料进行组合,取长补短,来满足医学要求。

生物医用金属材料(Biomedical Metallic Material)包括不锈钢材料、镁及镁合金材料、钛及镍钛合金、钴铬合金等。在应用过程中,由于其多是植入人体,因此受人体生理环境的影响,可能会造成植入的金属材料在人体环境中受到腐蚀,导致金属离子向周围组织扩散及植入材料自身性质的蜕变,前者可能导致毒副作用,而后者常常导致材料植入失败。因此医用金属材料要满足临床应用,其首要条件是应具有生物相容性和生物安全性,其次是要有良好的耐腐蚀性及力学性能。

Fe-Cr-Ni 奥氏体不锈钢、钛基合金、钴基合金等生物医用金属材料,被广泛应用于对人体某些组织和器官的固定、修复和替代,如断骨结合夹板、矫形植入体、各种牙科材料、生物电极传感件等。植入人体内的金属材料一旦发生腐蚀,溶解的金属离子所生成的腐蚀产物对人体会产生不良影响。金属生物材料在人体环境中发生的腐蚀有电化学溶解以及磨损等,这些影响使植入人体的金属生物材料的使用功能下降及寿命缩短。因此,必须控制金属生物材料在人体环境条件中腐蚀及磨损损伤的发生。

7.3.1　医用不锈钢材料的腐蚀

不锈钢是医学外科常用和使用数量较大的一种植入性生物金属材料。因其具有抗高冲击、高强度拉伸、高抗磨损及较高的韧变性等,在外科尤其在骨外科手术中得到了普遍的应用。但其缺点是生物相容性较低,还会在人体生理液体环境中发生腐蚀,导致材料的某些机械性能变差,甚至导致材料的断裂、失效等,使人体植入手术失败。

不锈钢生物材料植入被腐蚀的另一种危险是一些存在于体内过量的游离态金属离子,这些会对人的肝、肾、心、脑等器官造成某种损害。

不锈钢材料在人体环境中被腐蚀的原因主要有:在不锈钢材料植入物的设计、制造和使用中,没有充分考虑材料成分或冶金条件的影响,如钼元素的添加虽可以增加不锈钢对盐水溶液的防腐蚀能力,但过多钼元素会引起材料内部相的不均匀,而使不锈钢材料容易脆化。

还有就是在选择和使用不锈钢植入器件时,由于金属材料金相状态的不同,组合器件材料的特性不匹配,在外科手术中,多个器件混合使用,会导致产生电化学接触腐蚀。

通过医用不锈钢材料腐蚀、磨损和生物相容性方面的文章发现,通过对生物金属材料表面改性处理以及无镍不锈钢的应用,可以有效提高生物不锈钢材料的耐腐蚀性能和耐磨性,降低了镍金属离子等在人体中的危害性。

根据生物医用金属材料在体内及在玻璃容器中的腐蚀测量结果表明,用作人工关节、骨折连接板等金属生物材料,在模拟体液,即不同温度、不同 pH 值及溶解氧浓度的情况下,其发生腐蚀的程度是不同的。

316L 不锈钢和 Co-Cr 合金金属生物材料在模拟体液中,pH 值降低,316L 不锈钢则出现明显的滞后环,有较大的局部腐蚀敏感性,腐蚀率增大;而 Co-Cr 合金则表现出较好的耐腐蚀性能。同时发现,由于闭塞电池效应,不锈钢试样的缝隙区发生 Fe、Cr 和 Ni 元素的阳极活化溶解,而引起生物金属材料器件的缝隙腐蚀。

医用不锈钢器件在人体生物环境中的腐蚀或磨蚀问题已经引起了人们的广泛重视,统计发现,医用不锈钢器件在人体环境内发生的主要腐蚀形式是缝隙腐蚀、晶间腐蚀和点蚀,还有少量的微动腐蚀和应力腐蚀开裂等。一般来说,植入体在人体内的时间越久,材料发生腐蚀的程度越严重。实际上,不锈钢材料的腐蚀除了会对不锈钢器件的力学性能和生物相容性产生不良的影响外,还会影响不锈钢材料或器件的使用寿命,另外腐蚀造成的金属溶出物会引起种植体周围人体组织的局部坏死和炎症,引起病人的发炎、过敏和致癌等反应,进而影响病人的身体健康。

因此,要高度重视植入不锈钢材料在人体环境中的腐蚀问题。

7.3.2 镁及镁合金在体液环境中的腐蚀

镁及其合金材料具有与人体骨骼相近的密度、弹性模量,同时无毒,具有生物相容性(Biocompatibility)和可降解性。这种材料还有比强度和比刚度较高等诸多优良的性能,在治疗骨折和骨缺损方面具有一定的优势,是新一代的金属硬组织植入材料。但是,由于镁的电位较负,化学性质极为活泼,在含 Cl⁻ 离子的环境中,很容易导致材料发生腐蚀,而在人体的体液环境中,含有大量的 Cl⁻ 离子,镁及其合金在人体生理环境中发生腐蚀的风险就比较大。

镁及其合金材料因为其与人体骨骼有好的生物力学相容性,植入人体后的不舒适感远低于不锈钢、钛合金等植入材料,而且能被人体吸收,释放出的镁离子还可促进骨细胞的增殖及分化,进一步促进骨骼的生长、愈合等。

镁合金除了可制成骨钉、骨板等医疗器械外,还可以用于心血管疾病的治疗,制成可降解的镁合金心血管支架,且不会像不锈钢、钛合金支架那样,可能导致血管内膜增生。

实际病例证明,镁合金材料可促进体外成骨细胞黏附、分化和增殖,并能促进骨质形成,但是镁合金的耐腐蚀性差,有可能在骨折愈合之前就已降解而失去支撑作用,所以控制镁合金的腐蚀速率或者提高镁合金材料的耐腐蚀性能是非常重要的。

研究发现,镁合金中的杂质元素越少,其耐腐蚀性能越好,之所以选择纯镁或含钇(Y)元素的镁合金为镁基生物植入材料,是因为其添加钇元素,明显提高了其耐腐蚀性能。

Mg 的腐蚀与杂质元素的溶限量有关,原因就在于杂质元素的存在促进了微电池电偶腐蚀。Fe、Cu 和 Ni 元素是引起镁合金材料在体液环境中腐蚀的有害元素,对纯镁来说,控制Fe、Cu 和 Ni 元素在 Mg 中的最高溶限量非常重要,超过溶限值后,纯镁的腐蚀速率将急剧升高。为了验证这个结果,选择纯度为 99.9% 的镁,其中 Fe 元素含量为 0.049%,远高于 Fe 在纯镁中的溶限量,另外选择高纯镁中所有杂质元素含量均低于溶限的材料进行对比,发现含Fe 元素超溶限值的镁在 37 ℃的 0.9% NaCl 模拟体液中具有低的开路腐蚀电位和高的腐蚀速率,而低于溶限的高纯镁由于含有较少的杂质元素故表现出高的耐腐蚀性能。

实际上,镁合金材料的加工处理状态对于其耐腐蚀性能也是有影响的。纯镁经过锻造或轧制后,体液中的表面开路腐蚀电位得到提高,腐蚀速率较铸造纯镁有明显降低,这与其晶粒细化及充分的固溶处理有关。纯镁经过锻造或轧制后,晶粒尺寸得到明显的细化,铸造纯镁的晶粒尺寸约 200 μm,经过锻造,晶粒被打碎细化至 60 μm 左右,经过温轧和冷轧及再结晶细化后,纯镁的晶粒尺寸约 30 μm,而且经锻造和轧制后的纯镁试样还可以在 673 K 温度下固溶处理 2 h,使纯镁中杂质元素及夹杂物充分扩散固溶到晶粒内部,有效降低发生电偶腐蚀的风险,提高了纯镁材料的耐腐蚀性能。

大量研究证实,镁及镁合金材料作为可降解并具有成骨诱导作用的骨科内植材料具有好的前景,但首先要解决其耐腐蚀性能差,同时能够控制其腐蚀速度,实现镁合金植入材料的可控降解,这样镁合金材料在骨科植入材料领域的应用就会得到快速发展。

7.3.3 钛及钛合金的腐蚀

钛及钛合金在人体环境内,能抵抗分泌物的腐蚀且无毒,是生物医用金属材料中的重要材料。由于其具有优良的生物相容性、耐腐蚀性、综合力学性能,已成为牙种植体、义齿支架、头盖骨、主动瓣膜、骨骼固定夹、骨创伤产品以及人工关节(人造髋关节、膝关节、肩关节、胁关节)等人体硬组织替代产品和修复产品的重要材料。

当病人的新肌肉纤维环包在这些"钛骨"上时,就开始维系着人体的正常生活。钛在人体中分布广泛,能刺激吞噬细胞,使人的免疫力增强(现已被证实)。医学实践证明:钛制人体硬组织替代产品可以长期植入于人体内部,其优良的生物相容性与稳定性不会使人产生过敏,对皮肤、神经与味觉没有不良影响。

钛及钛合金应当说是耐腐蚀性能非常优良的金属材料。但是在植入人体环境中,也会发生腐蚀现象。如金属钛在义齿修复中常作为可摘和固定义齿的合金,但是钛及钛合金在人体口腔环境中也表现出一定的局部腐蚀性。

(1) 孔蚀(点蚀)

孔蚀主要集中在植入材料的某些活性点上,并向内部深处发展,是钛和钛合金在含氯离子的介质中经常发生的类型。原因是钛合金是一种典型的钝态材料,表面的钝化膜在含有氯离子的介质中,很容易受到破坏溶解。原因是环境中的氯离子优先选择吸附在钛合金钝化膜上,把氧原子排挤掉,然后和钝化膜中的阳离子结合成可溶性的氯化物,结果在新露出的钛基底金属的特定点(材料内部硫化物夹杂、晶界上有碳化物沉积、表面伤痕、划痕等)上生成小蚀坑(蚀核)。人们已经观察到了 Ti6Al4V 骨内段钛、钒、贫化现象,以及出现小孔腐蚀迹象。TiNi 形状记忆合金也是一种主要的人体植入材料,在人工模拟体液和 NaCl 溶液中也会出现点腐蚀现象,并且随着人体环境介质 pH 值降低和 Cl^- 浓度升高,材料发生点腐蚀电位 E_b 值负移,发生点腐蚀的敏感性增大。研究还发现低电位活性溶解形成的蚀孔内存在富 Ti 贫 Ni 析出相,孔蚀主要在该处形成。

(2) 电偶腐蚀

凡具有不同电极电位的金属材料互相接触,在同一介质中就有可能发生电偶腐蚀。异种金属在同一介质中接触,电位低的金属作为阳极发生腐蚀溶解,电位较高的金属则作为阴极不发生腐蚀。对于口腔中多种修复材料的相互匹配、接触,是否适合在同一口腔中应用,需要注意,需要根据口腔修复材料的电偶序,合理选择应用金属材料进行修复体的制作。

(3) 细菌腐蚀

钛合金修复材料在口腔中出现细菌腐蚀的问题,引起国内外学者的广泛重视,研究发现口腔环境中修复合金对口腔微生物有一定的敏感性,如失光泽、放线杆菌微生物的聚集、钛及钛合金有腐蚀痕迹等。而牙种植体金属表面的微生物聚集,导致种植体材料的微生物菌腐蚀。种植体材料表面发生失泽、引起炎症,都与材料发生腐蚀有关。钛及钛合金受到微生物的腐蚀,也呈局部腐蚀的特征。另外种植义齿的钛合金引起的缝隙腐蚀也不能忽视。

当然,在人体环境中植入钛合金材料发生腐蚀的风险还是比较低的,除了与这种材料具有优良的耐腐蚀性能有关外,还与这种材料在制备加工过程中的表面光滑、平整、低粗糙度、化学或者电化学钝化处理有关。

7.3.4　生物医用金属材料的表面防护与腐蚀控制

作为人体植入材料常用的不锈钢、镁合金、钛合金等医用金属材料,其的主要问题是:由于人体生理环境的影响,会造成这些金属材料发生不同程度的腐蚀现象,从而引起对于人体机能的副作用,甚至导致植入材料的效能失败。因此,医用金属材料要满足临床应用,要具有良好的生物相容性和生物安全性,还要有良好的耐腐蚀性及力学性能等。

选择和使用无镍不锈钢作为制备植入人体器件的不锈钢材料,因为无镍不锈钢拥有更优良的综合性能和生物相容性,表面进行适当的化学抛光或者电化学抛光,然后进行钝化处理,使不锈钢材料在使用时同时满足环境腐蚀、磨损和生物相容性的要求。

对于镁及其合金生物金属材料,人们利用其容易腐蚀和人体中有益元素的特点,通过在镁合金材料里加入人体环境中抑制镁合金腐蚀速率的成分,控制镁合金材料的腐蚀降解速率,一定时间内,实现植入材料减少人类疾病的痛苦的目的,降解后残留在人体内部的成分不会产生毒副作用。

人们将锻态的 Ti6A14V 合金生物材料与低弹性模量的亚稳 β 钛合金铸锭 $Ti_{35}Nb_{10}Zr$、$Ti_{35}Nb_8Zr_2Mo$、$Ti_{20}Nb_{15}Zr_{10}Mo$ 在人工模拟体液中的腐蚀电化学行为进行对比发现,合金铸锭的自腐蚀电位 E_{corr} 比锻态的 Ti6A14V 合金具有高的自腐蚀电位,而且自腐蚀电流密度(腐蚀速率)I_{corr} 值都比 Ti6A14V 合金的 I_{corr} 值大。这是因为铸锭的钛合金比 Ti6A14V(锻态)合金粗糙。所以植入人体的钛合金产品的表面需要保持在低粗糙度状态,因此,钛合金或者钴铬合金等作为人体植入器件的表面都会进行化学或者电化学抛光、化学钝化处理,以提高植入材料在人体环境中的耐腐蚀等性能。

利用等离子注入技术对纯钛及钛合金零件表面进行氮离子注入,可以提高纯钛及钛合金器件的表面耐腐蚀性能。

用等离子喷涂技术在生物金属镍钛形状记忆合金器件表面喷涂一层 400 μm 厚的钽涂层。结果显示,经钽涂层处理后的镍钛形状记忆合金表现出低的维钝电流密度,极化电阻变大,自腐蚀电位及破钝化电位升高,而且涂层与镍钛合金基体之间的电偶电流密度值极小。说明在生物金属镍钛形状记忆合金表面涂覆钽涂层的表面改性处理,能有效提高基体金属的抗腐蚀性能,且涂层与基体金属之间没有电偶腐蚀发生。

7.4 电子信息材料及器件的环境腐蚀与腐蚀控制

随着现代社会的快速发展,微电子、光电子、新型元器件等支撑电子信息产业快速发展的基础材料就显得非常重要。电子信息材料产业的发展规模和技术水平已成为衡量一个国家经济发展、科技进步和国防实力的重要标志,在国民经济中具有重要的战略地位。特别是随着中国高新技术产业对信息材料需求的增加,电子信息材料正以每年 30% 的速度增长。

电子信息材料品种多,用途广,涉及面宽,主要包括以单晶硅为代表的微电子材料;用于信息探测和传输的通信、传感材料;以磁存储和光盘存储为主的数据存储材料;以及激光材料、柔性显示材料等光电子材料。这些基础材料及其产品支撑着通信、计算机、信息家电与网络技术等现代信息产业的发展。

电子行业中的电子元器件种类繁多,指标精度、功能要求都非常高。在服役过程中,保证材料与电子元器件的稳定性非常关键,服役环境条件的影响,是否会引起电子信息材料与元器件的腐蚀老化,是需要相关科技工作者在电子信息材料制备、元器件制造、封装、维护等过程中高度关注的问题。

7.4.1 电子信息材料及电子元器件环境腐蚀失效

当前电子行业的发展迅速,电子元器件的应用也越来越广,其应用要求、性能指标也越来越高,实际应用中,任何一点细微的偏差都可能带来严重的后果。另外,随着电子元器件的长期服役,在服役环境条件(温度、湿度、气氛、脏污等)使元器件表面镀层、三防涂层、封装效果等表现出腐蚀、失效等各种故障;进而影响整个电子系统的运行及可靠性,因此需要针对这些电子元器件的腐蚀、失效原因进行详细分析,采用专业的现代表面分析技术和仪器设备,提升电子仪器故障排查及判断的准确度,为后续新型元器件、电子信息材料的科学设计、精细化制造、先进封装工艺技术、合理维护等提供科学论据。

电子元器件及电子设备材料的腐蚀近似于金属材料的大气环境腐蚀,但其比通常的大气环境的腐蚀更敏感、更复杂。因为,电子信息系统的日益小型化、电子元器件体积的减小及相互间距离的缩短,使电子信息材料更细薄,功能性更强,电场梯度更大,使现代电子元器件及系统对环境腐蚀更敏感。例如,铜或者镀铜层(还有镀金、镀银、镀镍、镀锡等)是一类重要的金属电子材料,广泛应用于电子线路板、电子元器件中,在自然大气环境中随着服役时间的延长,倾向于发生多种形式的腐蚀,应当给予高度关注。

电子仪器系统或装置一旦置于大气环境中,因空气的潮湿及温度的变化等影响,可能会导致仪器内金属或者镀层材料发生大气腐蚀,引起集成电路和电子元器件的短路、断路、接触不良等故障。即使微量的吸附水膜或腐蚀产物都会对集成电路及电子元器件的可靠性产生不良影响。同时,电子信息仪器系统正常使用时对大气环境的要求远超过人类健康对环境的要求,即使在这样的环境中,电子设备的长期服役环境引起的材料腐蚀老化现象仍然存在。

影响电子信息材料、元器件及仪器系统材料腐蚀的主要因素有:

① 环境相对湿度,是影响电子器件金属材料腐蚀的主要因素,与其他环境因素协同作用,使材料的腐蚀速度增大。但是当环境相对湿度不高时($\leqslant 60\%$),即使存在其他腐蚀环境因素,器件金属材料也几乎不会发生腐蚀(硫化氢环境除外)。当环境相对湿度$\geqslant 60\%$时,才会发生器件金属材料的腐蚀,当环境相对湿度超过 75%时,材料的腐蚀速度会增大。另外,高湿度环境往往会使金属表面的吸附水膜增加,当吸附水膜厚度达到 1 μm 时,材料的腐蚀加重。如果服役环境中有二氧化硫、氮氧化物、尘埃以及氯化物等成分,会促进器件金属材料表面上吸附水膜的形成,增加器件表面吸附水膜的厚度,从而加速器件金属材料的腐蚀老化。

② 干湿交替服役环境,当电子器件金属材料暴露于大气环境中时,由于环境温度(器件工作时发热、高温天气)和相对湿度发生变化,使金属材料器件常处于干、湿交替状态。当环境相对湿度低时,器件金属材料表面处于干燥状态;当相对湿度较高时,器件金属材料表面形成一定厚度的吸附液膜。当金属材料处于一种干湿交替的大气环境中时,干湿交替影响了器件金属材料表面盐浓度及吸附水膜厚度的变化,进而影响器件金属材料的腐蚀速率。

③ 温度,环境温度变化是影响电子信息系统稳定性的重要因素,40 ℃以下的大气环境,对器件金属腐蚀老化的速度影响不大;40 ℃以上的环境,器件金属材料的腐蚀速度增加,尤其对铜及其合金一类的材料,其腐蚀的速度会更大。电子信息仪器系统如果长时间工作,周围的环境温度很容易超过 40 ℃,因此,控制电子信息系统装置附近的环境温度非常重要。

④ 环境中腐蚀性气体的影响,腐蚀电子器件材料的环境中气体主要来自两方面:一是大气中的污染气体成分,臭氧、氮的氧化物、硫化物等;二是与电子仪器、元器件使用的有机化合物材料发生分解,所产生的污染性气体等。这些环境气体成分可以溶解进入器件金属表面的水膜中,形成含腐蚀性离子的电解质液膜,从而加速电子信息系统金属材料的腐蚀进程,当其中两种或多种气体同时存在时,还可能发生协同作用而加剧电子信息系统金属材料的腐蚀老化。

⑤ 尘埃,大气环境中的尘埃附着在电子元器件金属表面上,这些环境尘埃中通常含各种盐类,如硫酸根、硝酸根及氯离子等水溶性成分。在一定相对湿度的环境中,器件金属表面上形成一层水膜,而附着尘埃中的可溶性盐,将溶解在水膜中形成腐蚀性电解质水膜,加速器件、

设备等产品的金属材料的腐蚀失效。此外,尘埃还可以加速金属表面水膜的形成,溶解在水膜中作为腐蚀离子加速腐蚀反应。应用不同的电子元器件,由于金属材料或者金属镀层存在电位差,可能会发生更为严重的电偶腐蚀等。

⑥ 在电子元器件及系统装备加工、组装的过程中,助焊剂、清洗剂等残留物的存在,将导致电子器件和产品系统发生腐蚀失效,因此需要加强对电子元器件和产品系统的清洗,避免残留物如助焊剂和清洗剂含有的卤素成分,保证电子系统的可靠运行和元器件金属材料免受环境腐蚀。

⑦ 电场,电子仪器系统在运行过程中,器件金属之间将产生电场,这种电场将导致金属表面有电流流过,金属之间产生阳极导电丝或阴极枝晶,从而使电子仪器系统提前失效。

电子信息系统与电子元器件的应用广泛,一个仪器设备系统由多个电子元件及单元组成,如二极管、电阻、电容器、电位器、连接器、电子显示器件、开关、芯片以及传感器等,这些电子元器件在电子信息行业以及电子设备中发挥着至关重要的作用。

随着各类电子元器件的长期应用,其很容易表现出较为严重的损伤失效、腐蚀失效等问题,致使电子元器件失效,常见的失效模式有:电子元器件表面出现微裂纹、磨损(机械动作)、变形、腐蚀、熔融与蒸发(发热的影响)、断裂(应力的作用)等问题,都会影响电子器件与电子设备的正常使用。

影响电子元器件的几种失效与上述介绍的服役环境因素有关,包括电子元器件周围存在的腐蚀性因素等,随着电子元器件的长期应用,发生腐蚀失效的风险在不断增加。一般而言,不同类型的电子元器件的失效都有规律可循,如电阻器的失效一般表现为断路故障、接触损坏、绝缘体击穿以及机械损伤等。电容器常见的失效问题则为击穿、退化、机械损伤以及开路问题等。继电器常见失效问题则表现为接触不良、灵敏度退化、弹簧片断裂、触点粘结或者是线圈短路、断线等。开关常见的失效表现为接触不良、弹簧断裂以及绝缘不当、跳步不清晰等。因此,可以根据这些元器件的失效规律与特征,采取相应的措施,保障电子信息材料、元器件的使用可靠性。

7.4.2　电子元器件腐蚀失效分析

分析电子信息材料、元器件的环境失效与腐蚀失效行为,关键是要明确其腐蚀失效的类型与可能原因,进而才能够确定合理的解决问题的办法。一些电子元器件存在的失效缺陷可以直接通过目视观察,如断裂、蒸发、熔融以及微裂纹等发现。但一些小的电子元器件,很难直接目视观察到失效故障的本质问题,需要借助于材料分析的专业仪器和技术手段,恰当准确地评价失效故障的原因,为防止器件材料腐蚀等失效提供控制措施的依据。

(1) 光学显微镜

借助于光学显微镜分析电子元器件的失效特征,通过对电子元器件腐蚀失效部位的放大处理,从微观结构、形貌等找出故障特征,明确电子元器件及处理可能存在的损伤、腐蚀、失效的原因。还可以借助于光学显微镜的明场、暗场以及微分干涉相衬等手段实现不同观察模式的设定,更好地判断器件材料失效故障的特征。

(2) 红外显微镜分析

在电子元器件腐蚀失效分析中,用红外显微镜可以直接观察到电子元器件内部芯片的具体状况,避免为了观察电子元器件故障部位进行切割处理对失效器件带来的人为损伤,进而能够便捷地观察发现电子元器件的故障特征。这种方法的精度相对较高,能够对微小器件实现快速分析,找出器件故障发生的可能原因。

(3) X 射线谱仪分析

利用 X 射线谱仪可以分析故障电子元器件的相组成及微观结构,比较器件腐蚀失效不同部位的微观结构特征,分析电子元器件表面腐蚀失效的可能原因。另外还可以利用 X 射线谱仪分析元器件表面的镀层内应力大小,从不同的角度帮助分析探讨元器件环境失效的原因。

(4) 声学显微镜分析

借助于声学显微镜的超声功能,检测电子元器件中相关部件的完整性,尤其是可以获得金属、塑料、陶瓷等材料的检测分析结果,能够不通过破坏的手段了解电子元器件的环境失效故障缺陷等。这种分析方法可以实现对电子元器件材料的高衬度观察。

(5) 俄歇电子能谱分析

用俄歇电子能谱可以对电子元器件腐蚀失效故障实现多个方面的分析判断,通过器件表面元素成分分析,判断服役电子元器件的故障成分特征,尤其是对半导体器件能够得到更多的分析信息。该方法是用电子束轰击电子元器件,促使其形成俄歇电子,再根据俄歇电子分析的结果判断元器件的腐蚀失效等故障问题。

(6) 综合分析与建议

实际上,如果元器件出现腐蚀、磨损、老化失效等故障后,就会导致电子设备信号变化(不稳定)、中断(不工作)等。要解决这个问题,首先要了解电子元器件及相应设备的服役环境条件,初步判断发生故障的类型,如腐蚀失效、老化失效、磨损失效、载荷失效等表面现象。建立电子元器件失效故障树,提出电子元器件及设备发生失效故障的分析研究思路与测试技术路线。再通过故障分析仪器的观察测试进行分析,了解电子元器件故障的失效受损部位的特征和具体程度,从服役环境作用、工作状态、故障特征等进行综合分析研究,最终对电子元器件服役环境中的失效故障给出准确评价;同时还要给出控制电子元器件服役环境失效的措施与建议,以此来提升电子元器件及电子设备的可靠性和稳定性。

对电子元器件进行失效分析,然后不断地进行工艺调整和技术改进,以此来提升电子元器件及电子设备的可靠性和稳定性。

7.4.3　电子元器件的腐蚀失效控制

随着集成电路的快速发展,对电子元器件的质量提出了更高的要求,但是再精密的电子元器件也难免会出现失效的情况。因为大量的电子元器件及电子设备在长期服役过程中,环境条件的变化是难免的,对于室内应用的设备及电子元器件等产品,人们可以采取控制室内的环境温度、湿度,尽量避免空气污染等措施,但是设备及元器件的局部发热,器件镀层缺陷(厚度不够、孔隙、基体表面粗糙等),器件生产、封装过程中的残余应力,焊接残留物等都会在长期服役过程中暴露出失效故障的隐患,有时候几种隐患叠加,就会发生电子元器件的失效故障。

电子元器件及电子设备材料在服役环境中发生腐蚀失效的控制措施有:

① 适当增加器件表面镀层的厚度,如 Ni 底层和镀 Au 层的厚度,尽量减少镀金层的孔隙率,提高形状复杂电子器件表面镀金层厚度的均匀性和表面耐腐蚀性能等。

② 严格控制器件电镀工艺过程,避免器件电镀表面出现的针孔、裂纹等缺陷,以及引入氧化物颗粒等附着物等,保证器件镀层的高质量。

③ 严格控制 PCB 及元器件装配、芯片封装等各个环节的工艺规范,增加元器件质量项目指标,加强产品检验控制要求。

④ 尽量控制电子设备的环境条件,包括温度、湿度、气氛等服役环境条件。加强电子设备的工作维护和清洁保养,防止元器件表面的尘埃附着。

⑤ 发现出现器件环境失效故障,要及时分析研究,找出改进的相应措施,保证电子元器件及电子设备可靠稳定地工作。

总之,防止元器件材料的各种失效是非常重要的,相信随着电子信息产业的快速发展,相应的电子信息新材料会不断涌现和应用,相应的元器件的服役环境失效故障会得到有效控制。

思考题与习题

1. 请说出结构材料与功能材料的不同特征。举例分析讨论功能材料的腐蚀失效与材料特性、服役环境、工作状态的关系。

2. 高分子材料发生老化的主要原因有哪些?结合 1~2 个典型的高分子材料产品及典型的应用环境(大气环境、海洋环境等)进行分析讨论。

3. 光老化是高分子材料最常见的一种老化失效方式,采取什么样的措施可以减轻高分子材料的光老化失效?

4. 结晶态的高分子塑料产品和非晶态的高分子塑料产品,为什么耐寒性不同? 反之,在可接受的高温条件下,两种塑料产品耐高温性能如何?

5. 从应用材料的角度讨论为什么要重视高分子材料的生物腐蚀与降解特性?

6. 高分子材料在制作加工、贮存运输和使用过程中发生老化失效的内外因素有哪些?

7. 根据什么指标判断高分子材料在服役环境中的老化失效?

8. 为什么钕铁硼永磁体材料中的富 Nd 相和富 B 相是导致发生电化学腐蚀的主要原因? 如何提高钕铁硼永磁体材料表面的耐腐蚀性能?

9. 根据钕铁硼永磁体零件表面的几种常用防护涂镀层进行综合分析,设计满足在海洋大气环境使用的钕铁硼永磁体零件表面复合涂层防腐蚀体系,并且对所设计的复合防护涂层体系进行分析讨论。

10. 分析钕铁硼永磁体零件表面进行化学镀、电镀的技术难点。如何防止析氢引起的磁体磁性能的损失?

11. 为什么说纳米 CeO_2 颗粒的掺杂,能明显提高钕铁硼磁体零件上环氧树脂涂层的防腐蚀能力? 加入其他什么类型的颗粒也可以具有类似的效果?

12. 生物医用金属材料植入人体环境需要满足什么性能? 目前选择的这些生物医用金属材料分别有什么特点?

13. 镁及其合金材料不耐腐蚀,为什么还成为一种植入人体的重要材料? 为什么要实现镁合金植入材料的可控降解?

14. 钛及钛合金在人体环境内,能抵抗分泌物的腐蚀且无毒,还有什么优良特性使它成了生物医用金属材料中的重要材料?

15. 分析探讨钛及钛合金产品在人体口腔环境中表现出一定的局部腐蚀的原因。

16. 根据电化学腐蚀原理,对于体液环境中常用的生物医用金属材料(可以选择不锈钢、钛合金、镁合金等),提出植入人体的金属材料表面防腐蚀设计方案。

17. 为什么说电子元器件及电子设备材料的腐蚀比通常的大气环境的腐蚀更敏感、更复杂?

18. 在电子元器件及设备材料出现腐蚀、磨损、老化失效等故障后,如何开展分析评价工作,查找电子元器件及设备材料发生失效故障的原因?

19. 大气环境中的尘埃附着对于电子元器件金属表面的影响如何? 为什么说会加速器件、设备等产品金属材料的腐蚀失效?

20. 以 PCB 线路板、芯片等电子元器件及电子设备的表面镀层为例,分析讨论在典型服役环境中控制表面镀层发生腐蚀失效的相应措施。

参考文献

[1] 肖纪美,曹楚南.材料腐蚀学原理[M].北京:化学工业出版社,2002.

[2] 刘永辉,张佩芬.金属腐蚀学原理[M].北京:航空工业出版社,1993.

[3] 魏宝明.金属腐蚀理论及应用[M].北京:化学工业出版社,1984.

[4] 孙秋霞.材料腐蚀与防护[M].北京:冶金工业出版社,2002.

[5] 梁成浩.金属腐蚀学导论[M].北京:机械工业出版社,1999.

[6] 何业东,齐慧滨.材料腐蚀与防护概论[M].北京:机械工业出版社,2005.

[7] 刘道新.材料的腐蚀与防护[M].西安:西北工业大学出版社,2006.

[8] 曹楚南.中国材料的自然环境腐蚀[M].北京:化学工业出版社,2005.

[9] 中国腐蚀与防护学会,《金属腐蚀手册》编辑委员会.金属腐蚀手册[M].上海:上海科学技术出版社,1987.

[10] 冶金工业部钢铁研究总院.金属和金展覆盖层腐蚀试验方法标准汇编[M].北京:中国标准出版社,1998.

[11] 吴荫顺.腐蚀试验方法与防腐蚀检测技术[M].北京:化学工业出版社,1996.

[12] 黄建中,左禹.材料的耐蚀性和腐蚀数据[M].北京:化学工业出版社,2003.

[13] 美国腐蚀工程师协会.腐蚀与防护技术基础[M].朱日彰,译.北京:冶金工业出版社,1987.

[14] 李金桂,赵闺彦.腐蚀和腐蚀控制手册[M].北京:国防工业出版社,1988.

[15] 黄淑菊.金属腐蚀与防护[M].西安:西安交通大学出版社,1988.

[16] 李金桂.现代表面工程设计手册[M].北京:国防工业出版社,2000.

[17] Brooks C R,Choudhury A.工程材料的失效分析[M].谢斐娟,孙家骧,译.北京:机械工业出版社,2003.

[18] Pierre R Roberge.腐蚀工程手册[M].吴荫顺,李久青,曹备,等译.北京:中国石化出版社,2003.

[19] 麦克考利 R A.陶瓷的腐蚀[M].高南,张启富,顾宝珊,译.北京:冶金工业出版社,2003.

[20] 许维钧,马春来,等.核工业中的腐蚀与防护[M].北京:国防工业出版社,1993.

[21] 李恒德,马春来.材料科学与工程国际前沿[M].济南:山东科学出版社,2002.

[22] 胡士信.阴极保护手册[M].北京:化学工业出版社,1999.

[23] 中国腐蚀与防护学会.腐蚀科学与防腐蚀工程技术新进展[M].北京:化学工业出版社,1999.

[24] 柯伟.中国腐蚀调查报告[M].北京:化学工业出版社,2003.

[25] 尤里克 H H,瑞维亚 R W.腐蚀与腐蚀控制[M].翁永基,译.北京:石油工业出版社,1994.

[26] 朱日彰.金属腐蚀学[M].北京:冶金工业出版社,1989.

[27] 胡茂圃.腐蚀电化学[M].北京:冶金工业出版社,1991.

[28] 李荻.电化学原理[M].北京:北京航空航天大学出版社,1999.

[29] 陈鸿海.金属腐蚀学[M].北京:北京理工大学出版社,1995.

[30] 曹楚南.腐蚀电化学原理[M].北京:化学工业出版社,1985.

[31] 曹楚南.腐蚀电化学原理 [M].2 版.北京:化学工业出版社,2004.

[32] 方坦纳 M G,等.腐蚀工程[M].左景伊,译.北京:化学工业出版社,1982.

[33] 黄永目.金属腐蚀与防护原理[M].上海:上海交通大学出版社,1989.

[34] 查全性.电极过程动力学导论[M].北京:科学出版社,2001.

[35] 田昭武.电化学研究方法[M].北京:科学出版社,1984.

[36] 博克里斯 J O M,德拉齐克 D M.电化学科学[M].夏熙,译.北京:人民教育出版社,1980.

[37] 宋诗哲.腐蚀电化学方法[M].北京:化学工业出版社,1988.

[38] 巴德 A J,福克纳 L R.电化学方法——原理与应用[M].谷林英,译.北京:化学工业出版社,1986.

[39] 杨武.金属的局部腐蚀[M].北京:化学工业出版社,1993.

[40] 化学工业部化工机械研究院.腐蚀与防护手册:腐蚀理论·测试及监测[M].北京:化学工业出版社,1989.

[41] 辛湘杰.钛的腐蚀、防护及工业应用[M].合肥:安徽科学技术出版社,1984.

[42] 李获,左尚志,郭宝兰.LY12 铝合金剥蚀行为的研究[J].中国腐蚀与防护学报,1995,15(3):203-209.

[43] 梁成浩.离子注入 Cr、Mo、Al 对碳钢缝隙腐蚀行为的影响[J].腐蚀科学与防护技术,1996,9(8):233-237.

[44] 刘双梅,刘道新.TA7 钛合金/耐热不锈钢电偶腐蚀敏感性研究[J].材料工程,2000(1):17-19,30.

[45] 褚武扬.断裂与环境断裂[M].北京:科学出版社,2000.

[46] 肖纪美.应力作用下的金属腐蚀[M].北京:化学工业出版社,1990.

[47] 黄克智,肖纪美.材料的损伤断裂机理和宏微观力学理论[M].北京:清华大学出版社,1999.

[48] 周仲荣,Leo Vincent.微动磨损[M].北京:科学出版社,2002.

[49] 李东紫.微动损伤与防护技术[M].西安:陕西科学技术出版社,1992.

[50] 何明鉴.机械构件的微动疲劳[M].北京:国防工业出版社,1994.

[51] 左景伊.应力腐蚀破裂[M].西安:西安交通大学出版社,1985.

[52] 乔利杰,王燕斌,褚武扬.应力腐蚀机理[M].北京:科学出版社,1993.

[53] 余宗森.钢的高温氢腐蚀[M].北京:化学工业出版社,1984.

[54] 郑文龙,于青.钢的环境敏感断裂[M].北京:化学工业出版社,1988.

[55] 徐滨士,朱绍华,等.表面工程的理论与技术[M].北京:国防工业出版社,1999.

[56] 孙家枢.金属的磨损[M].北京:冶金工业出版社,1992.

[57] 姜晓霞,李诗卓,李曙.金属的腐蚀磨损[M].北京:化学工业出版社,2003.

[58] Sudarshan T R.表面改性技术[M].范玉殿,译.北京:清华大学出版社,1992.

[59] 王光雍.自然环境的腐蚀与防护[M].北京:化学工业出版社,1997.

[60] 朱相荣.金属材料的海洋腐蚀与防护[M].北京:国防工业出版社,1999.

[61] 孙跃,胡津.金属腐蚀与控制[M].哈尔滨:哈尔滨工业大学出版社,2003.

[62] 夏兰廷.海洋腐蚀与防护[M].北京:冶金工业出版社,2003.

[63] 张东林,任建平.舰面设备海上环境防腐蚀研究[J].航天工艺,2001(1):37-39.

[64] 罗永赞.一种新型高强度耐海水腐蚀不锈钢研究[J].中国造船,2000,41(1):64-68.

[65] 黄强.锆合金耐腐蚀性能研究综述[J].核动力工程,1996,17(3):262-267.

[66] 师昌绪.新型材料与材料科学[M].北京:科学出版社,1988.

[67] 田永奎.金属腐蚀与防护[M].北京:机械工业出版社,1995.

[68] 马特松 E.腐蚀基础[M].黄建中,译.北京:冶金工业出版社,1990.

[69] 朱立群.材料表面现代防护理论与技术[M].西安:西北工业大学出版社,2012.

[70] 张世艳,罗丹,杨瑛,等.30CrMnSiA 高强钢在工业和海洋大气环境中的腐蚀行为研究[J].装备环境工程,2017,14(5):25-30.

[71] 谷美邦.海洋环境下低合金钢腐蚀行为研究[J].材料开发与应用,2012,27(1):40-42.

[72] 董超芳,骆鸿,肖葵,等.316L 不锈钢在西沙海洋大气环境下的腐蚀行为评估[J].四川大学学报(工程科学版),2012,44(3):179-184.

[73] 骆鸿,李晓刚,肖葵,等.304 不锈钢在西沙海洋大气环境中的腐蚀行为[J].北京科技大学学报,2013,35(3):332-338.

[74] 吕小军,张琦,刁鹏,等.用电化学方法研究碳纤维增强树脂基复合材料的腐蚀失效行为[J].复合材料学报,2005,22(3):35-39.

[75] Sun S Q,Zheng Q F,Wen J G. Long-term atmospheric corrosion behavior of aluminum alloys 2024 and 7075 in urban,coastal and industrial environments [J]. Corrosion Science,2009,51(4):719-727.

[76] 刘明,蔡健平,孙志华,等.7B04 铝合金海洋性大气腐蚀研究[J].装备环境工程,2010,7(6):163-166.

[77] Wang B B,Wang Z Y,Han W,et al. Atmospheric corrosion of aluminum alloy 2024-T3 exposed to salt lake environment in Western China [J]. Corrosion Science,2012,59 (6):63-70.

[78] 刘艳洁,王振尧,柯伟.2024 - T3 铝合金在模拟海洋大气环境中的腐蚀行为[J].中国有色金属学报, 2013,23(5):1208-1216.

[79] Melchers R E. Bi-modal trend in the long-term corrosion of aluminum alloys[J].Corrosion Science,2014, 82(5):239-247.

[80] 张腾,何宇廷,高潮,等.2A12 - T4 铝合金长期大气腐蚀损伤规律[J].航空学报,2015,36(2):661-671.

[81] 郑传波,李春岭,益帼,等.高强铝合金 6061 和 7075 在模拟海洋大气环境中的腐蚀行为[J].材料保护, 2014,47(6):38-41.

[82] 高安江,岳亮.南海海洋大气环境下铝合金腐蚀与防护研究[J].世界有色金属,2017(4):15-17.

[83] 卞贵学,陈跃良,张勇,等.飞机用铝合金腐蚀行为和腐蚀预测研究现状及问题分析[J].装备环境工程, 2018,15(5):54-61.

[84] 杨文涛,隆小庆.飞机上钛合金的特殊腐蚀形式[J].全面腐蚀控制,2008,22(2):42-45.

[85] 陈君,阎逢元,王建章.海水环境下 TC4 钛合金腐蚀磨损性能的研究[J].摩擦学学报,2012,32(1):1-6.

[86] 唐洋洋,袁守谦,卫琛浩,等.TC4 钛合金表面处理技术对腐蚀性能的影响[J].热加工工艺,2015,44(8): 21-23.

[87] 杨勇进,张晓云,孙志华,等.TC4 钛合金厚板电偶腐蚀与防护研究[J].装备环境工程,2016,13(4): 149-156.

[88] 朱玉琴,苏艳,舒畅,等.TC18 钛合金在海洋大气环境中的腐蚀行为研究[J].装备环境工程,2018,15 (3):35-38.

[89] 王猛,秦志凤.高分子材料老化机理及防治方法[J].化工设计通信,2017,43(1):46.

[90] 疏秀林,施庆珊,欧阳友生,等.几种高分子材料微生物腐蚀的研究进展[J].塑料工业,2009,37(10):1-4.

[91] Perrin F X,Merlatti C,Aragon E,et al. Degradation study of polymer coating:Improvement in coating weatherability testing and coating failure prediction[J]. Progress in Organic Coatings,2009,64(4): 466-473.

[92] 黄亚江,叶林,廖霞,等.复杂条件下高分子材料老化规律、寿命预测与防治研究新进展[J].高分子通报, 2017(10):52-63.

[93] 疏秀林,施庆珊,冯静,等.高分子材料微生物腐蚀的研究概况[J].腐蚀与防护,2008,29(8):499-502.

[94] 胡少中,张新,张勇.影响高分子材料老化的因素与应对措施[J].塑料助剂,2014(1):51-54.

[95] 徐迪,张立娟,戴婷,等.高分子材料耐候试验技术初探[J].云南化工,2018,45(1):41-42.

[96] 雷明凯,潘巨利.生物医用金属材料的腐蚀[J].生物医学工程学杂志,2001,18(4):624-628.

[97] 宋振纶.NdFeB 永磁材料腐蚀与防护研究进展[J].磁性材料及器件,2012,43(4):1-6.

[98] 谢发勤,郜涛,邹光荣.NdFeB 磁体组成相的电化学腐蚀行为[J].腐蚀科学与防护技术,2002,14(5): 260-262.

[99] 李春玲,马元泰,李瑛,等.模拟海洋大气环境中 NdFeB(M35)初期腐蚀行为特征[J].电化学,2010,16 (4):406-410.

[100] Witte F,Kaese V,Haferkamp H,et al. In vivo corrosion of four magnesium alloys and the associated bone response[J].Biomaterials,2005,26(17):3557-3563.

[101] 宋应亮,徐君伍,马轩祥.口腔环境中钛及钛合金腐蚀研究现状[J].国外医学生物医学工程分册,2000, 23(4):243-246.

[102] Song G L. Control of biodegradation of biocompatible magnesium alloys[J].Corrosion Science,2007,49

(4):1696-1701.

[103] Akay M,Spratt G R . Evaluation of thermal ageing of a carbon fibre reinforced bismalemide[J]. Composites Science and Technology,2008,68(15-16):3081-3086.

[104] Candido G M,Costa M L, Rezende M C,et al. Hygrothermal effects on quasi-isotropic carbon epoxy laminates with machined and molded edges[J]. Composites Part B,2008,39(3)：490-496.

[105] 陆春慧,郑元俐.牙科金属材料的微生物腐蚀[J].国际口腔医学杂志,2010,37(1):89-93.

[106] 穆山,李军念,王玲.海洋大气环境电子设备腐蚀控制技术[J].装备环境工程,2012,9(4):59-63.

[107] 杜迎,管光宝.集成电路抗腐蚀能力的研究[J].电子产品可靠性与环境试验,2005,23(4):30-33.

[108] 朱立群,杜岩滨,李卫平,等.手机 PCB 镀金接插件腐蚀失效实例分析[J].电子产品可靠性与环境试验,2006,24(4):4-8.

[109] 刘宇通.电子元器件的失效机理和常见故障分析[J].数字通信,2012,39(3):92-96.

[110] 曾晓雁,吴懿平.表面工程学[M].北京:机械工业出版社,2004.

[111] 朱立群.功能膜层的电沉积理论与技术[M].北京:北京航空航天大学出版社,2005.